Herbert Bernstein

Mikrocontroller in der Elektronik

FRANZIS
PC & ELEKTRONIK

Herbert Bernstein

Werkbuch Mikrocontroller

Mikrocontroller programmieren und in der Praxis einsetzen

Bibliografische Information der Deutschen Bibliothek

Die Deutsche Bibliothek verzeichnet diese Publikation in der Deutschen Nationalbibliografie; detaillierte Daten sind im Internet über http://dnb.ddb.de abrufbar.

Satz: Fotosatz Pfeifer, 82166 Gräfelfing
art & design: www.ideehoch2.de
Druck: Bercker, 47623 Kevelaer
Printed in Germany

ISBN 978-3-645-65014-4

Vorwort

ATMEL hat mehrere leistungsfähige 8-Bit- und 32-Bit-Mikrocontroller in seinem Programm. Für das Werkbuch der Mikrocontroller wurden der ATtiny2313 und der ATtiny26 verwendet. Beide Mikrocontroller verwenden für die Speicherung des Programms einen 2-Kbyte-Flash-Speicher, der über eine „In-System-Programmierung" (3-Draht-ISP-Schnittstelle) programmiert wird. Die Programmierung übernehmen diese Bausteine selbstständig durch eine interne „High Voltage" Programmierung.

Mit dem bekannten „digitalen" 8-Bit-Mikrocontroller ATtiny2313, einem Industriestandard in einem praktischen 20-poligen DIL-Gehäuse, steht für den Elektroniker ein kostengünstiger Mikrocontroller zur Verfügung. Mit diesem Baustein lassen sich zahlreiche Aufgaben aus dem Bereich der Hobbyelektronik und aus der Praxis lösen.

Der „analoge" 8-Bit-Mikrocontroller ATtiny26, ebenfalls ein Industriestandard in einem praktischen 20-poligen DIL-Gehäuse, hat mehrere 10-Bit-AD-Wandler zur Verfügung. Mit dem AD-Wandler lassen sich zahlreiche Versuche durchführen.

Die Versuche mit dem ATtiny2313 und ATtiny26 sind einfach auf einer Lochrasterplatine aufgebaut und man benötigt für die einzelnen Aufbauten etwa eine Stunde Lötzeit. Die Bauelemente erhalten Sie im Versandhandel.

Die Versuche werden alle im AVR-Assembler programmiert. Entwickler, Studenten und Schüler können auf komfortable Weise die ATMEL-Software für ihre Anwendungen auf dem PC implementieren und testen. Die sehr leistungsfähige Entwicklungsumgebung mit der Bezeichnung „AVR-Studio" bündelt alle benötigten Funktionen – vom Assembler bis zum Simulator.

Wie bekommt man nun das Programm in Assemblersprache in den Mikrocontroller? Man muss es übersetzen, entweder in Hexadezimal- oder in Binärzahlen. Vor 20 Jahren musste man ein Programm in Assemblersprachen manuell übersetzen, Befehl für Befehl, und dies bezeichnete man als Hand-Assemblierung. Wie im Fall der Umwandlung hexadezimal in binär, ist die Hand-Assemblierung eine Routine-Aufgabe, die uninteressant, sich wiederholend und anfällig für zahllose kleine Irrtümer ist. Verwenden der falschen Zeile, Vertauschen von Ziffern, Auslassen von Befehlen und falsches Lesen der Codes sind nur einige der Fehler, die einem unterlaufen können. Die meisten Mikrocontroller machten früher die Aufgaben noch komplizierter, indem sie verschiedene Befehle mit unterschiedlichen Wortlängen verwendeten. Manche Befehle sind nur ein Wort lang, während andere eine Länge von zwei oder drei Worten besitzen. Einige Befehle benötigen Daten im zweiten und dritten Wort und andere benötigen Speicheradressen, Registernummern oder andere Informationen.

Die Assemblierung ist eine weitere routinemäßige Aufgabe, die wir einem Mikrocontroller überlassen können. Der Mikrocontroller macht niemals Fehler beim Übersetzen von Codes. Er weiß immer, wieviele Worte und welches Format jeder Befehl benötigt. Ein Programm, das eine derartige Aufgabe ausführt, wird Assembler genannt. Das Assemblerprogramm übersetzt ein Anwenderprogramm oder Quellprogramm, das mit Mnemonics geschrieben wurde, in ein Programm in Maschinensprache (oder Objektprogramm), das der Mikrocontroller ausführen kann. Die Eingabe für den Assembler ist ein Quellprogramm und er gibt ein Objektprogramm aus.

Assembler besitzen eigene Regeln, die man erlernen muss. Diese enthalten die Verwendung bestimmter Markierungen oder Kennzeichen (wie Zwischenräume, Kommata, Strichpunkte oder Doppelpunkte) an den entsprechenden Stellen, korrekte Aussprache, die richtige Steuer-Information und vielleicht auch die ordnungsgemäße Platzierung von Namen und Zahlen. Diese Regeln stellen nur ein kleines Hindernis dar, das man leicht überwinden kann.

Ferner muss man beim Programmieren in Assemblersprache eine sehr detaillierte Kenntnis des verwendeten Mikrocontrollers besitzen. Man muss wissen, welche Register und Befehle der Mikrocontroller hat, wie die Befehle die verschiedenen Register genau beeinflussen, welche Adressierverfahren der Mikrocontroller verwendet und eine Unmenge weiterer Informationen. Keine dieser Informationen ist für die Aufgabe, die der Mikrocontroller letztlich ausführen muss, relevant.

Ich bedanke mich bei meinen Studenten für die vielen Fragen, die viel zu einer besonders eingehenden Darstellung wichtiger und schwieriger Fragen beigetragen haben. Meiner Frau Brigitte danke ich für die Erstellung der Zeichnungen, Herrn Gerhard Zwilling und der Firma ATMEL für die Unterstützung.

Inhalt

1 Hard- und Software für den 8-Bit-Mikrocontroller ATtiny2313

Der Baustein ATtiny2313 ist ein vielseitig verwendbarer 8-Bit-Mikrocontroller von Atmel und wegen seines einfachen Aufbaus und seiner leichten Programmierbarkeit auch bei Hobby-Elektronikern und im physikalischen Schulunterricht weit verbreitet, wenn praktische Übungen und Buchbeispiele kostengünstig zu realisieren sind.

Die Mikrocontroller AVR von Atmel unterteilen sich in folgende Gruppen:

- ATmega: große AVR-Controller mit bis zu 256-Kbyte-Flash-Speicher in 28- bis 100-poligen Gehäusen und mit integriertem Hardware-Multiplizierer.
- ATtiny: kleinere AVR-Controller mit bis zu 16-Kbyte-Flash-Speicher in 6- bis 20-poligen Gehäusen.
- AT90USB: ATmega mit integriertem USB-Controller.
- AT90CAN: ATmega mit CAN-Controller.
- Sondertypen: einige Spezialmodelle, z. B. zur Ansteuerung von Akku-Ladegeräten, LCD-Anzeigen und für Motoren- und Lichtsteuerungen.
- AT90S: veraltete Typen, die „klassischen" AVRs.

1.1 Merkmale des Mikrocontrollers ATtiny2313

Der Mikrocontroller ATtiny2313 ist in einem 20-poligen DIL-Gehäuse untergebracht und es handelt sich um einen 8-Bit-Mikrocontroller. Im Gegensatz zum 8051 mit seiner CISC-Architektur (Complex Instruction Set Computer) verwendet der Mikrocontroller von Atmel eine RISC-Architektur (Reduced Instruction Set Computer). Die maximale Taktfrequenz liegt bei 12 MHz und hat bei der Abarbeitung der Befehle fast keine Bedeutung.

Bei den Versuchen in diesem Buch wird ohne Quarz beim Mikrocontroller ATtiny2313 gearbeitet. Die Arbeitsfrequenz liegt bei internen 8 MHz, die aber auf 1 MHz heruntergeteilt werden.

Bei dem 8051-Mikrocontroller ist normalerweise ein Quarz bei 12 MHz erforderlich. Die Frequenz wird intern durch 12 geteilt und damit arbeitet ein 8051 eigentlich mit 1 MHz. Benötigt ein Befehl beim Mikrocontroller 8051 zwei Taktzyklen, kann er nur 500.000 Befehle pro Sekunde abarbeiten. Ein AVR-Mikrocontroller mit 8 MHz (interne Takterzeugung) arbeitet dagegen fast acht Millionen Befehle pro Sekunde ab.

Der Mikrocontroller ATtiny2313 verwendet eine schnelle und leistungsarme RISC-Architektur in CMOS-Technologie. Der Befehlssatz hat sehr leistungsstarke 120 Befehle und die meisten Befehle lassen sich innerhalb eines Taktzyklus abarbeiten. Bei einer Taktfrequenz von 12 MHz ergeben sich typisch 12 MIPS (Mega Instructions per second) und die Arbeitsweise ist voll statisch. 32 Arbeitsregister mit einem 8-Bit-Format stehen zur Verfügung und davon können sechs Register als drei 16-Bit-Register verwendet werden.

Als interner Programmspeicher stehen 2-Kbyte-EEPROM (Electrically Erasable Programmable Read Only Memory) zur Verfügung und über eine ISP-Schnittstelle (In-System-Programmable) lässt sich das Assemblerprogramm im Mikrocontroller ATtiny2313 abspeichern. Es ist kein teures Programmiergerät erforderlich und die Programmierung kann direkt in der Schaltung durchgeführt werden, wenn man die Hardware entsprechend auslegt. Die Schreib-Löschzyklen liegen in der Größenordnung von 10.000. Der interne Arbeitsspeicher hat 128 Bytes.

Die Programmierung erfolgt über den standardisierten SPI-Bus (Serial Periphere Interface oder auch Microwire bezeichnet). Es handelt sich um ein Bussystem, bestehend aus drei Leitungen für die serielle synchrone Datenübertragung zwischen dem PC und dem AVR-Mikrocontroller. Der Anschluss für den SPI-Bus ist standardisiert, wird aber in den Bauanleitungen in diesem Buch nicht verwendet. Der Bus besteht aus folgenden Leitungen:

- MOSI (Master Out/Slave In) bzw. SDO (Serial Data Out) oder DO
- MISO (Master In/Slave Out) bzw. SDI (Serial Data In) oder DI
- SCK (Shift Clock) oder Schiebetakt

Über den SPI-Bus erfolgt auch die Datenkommunikation zwischen den verschiedenen Mikrocontrollern in einem System. Für den SPI-Bus gibt es kein festgelegtes Protokoll und die Taktfrequenz für den SPI-Bus kann bis 10 MHz betragen. Es gibt verschiedene integrierte Bausteine, die als Slaveeinheiten an dem SPI-Bus betrieben werden können, das reicht von externen Echtzeituhren (RTC = Real Time Clock), mehrstelligen 7-Segment-Anzeigen bis zu Grafikanzeigen mit vorgegebenem Protokoll.

Die Programmierbeispiele in diesem Buch sind in Assembler geschrieben und die dazugehörige Software von Atmel (Studio) ist kostenlos aus dem Internet herunterzuladen. Man lernt hierbei den Aufbau und die Wirkungsweise des Mikrocontrollers besser kennen. Das Programmieren in Assembler ist wesentlich aufwendiger als bei höheren Programmiersprachen wie z. B. C und Basic. Programmieren in Assembler ist jedoch für den Anfänger besonders fehleranfällig und es kann lange dauern, bis das Programm richtig arbeitet. Aus diesem Grund wurden die höheren Programmiersprachen entwickelt. Das Programmieren in C ist besonders einfach, wenn bereits vorhandene Programmblöcke zur Verfügung stehen, die sich miteinander kombinieren lassen.

1.1.1 Anschlüsse des Mikrocontrollers ATtiny2313

Abb. 1.1 zeigt das Anschlussschema des Mikrocontrollers ATtiny2313.

Das 20-polige DIL-Gehäuse, in dem sich der Mikrocontroller ATtiny2313 befindet, ist einfach zu handhaben, wie in diesem Kapitel gezeigt wird. An Pin 10 und Pin 20 schließt man die Betriebsspannung und Masse an. Für die ersten Versuche verwendet man eine Betriebsspannung von U_b = 4,8 V und 0 V (Masse), was einem Batterieblock mit vier Akkumulatoren entspricht.

PortA sind bidirektionale I/O-Schnittstellen mit internen „pull-up"-Widerständen, die sich einzeln ansteuern lassen. Der ATtiny2313 hat drei PA-Anschlüsse für den Reset und für den externen Quarz. Arbeitet PortA als Ausgabeeinheit, kann man diese als Stromsenke oder als Stromquelle programmieren. Arbeiten diese als Eingänge, programmiert man sie als aktive „pull-up"-Widerstände. Schaltet man auf den Reset-Eingang ein 0-Signal, wird der Mikrocontroller zurückgesetzt und die Anschlüsse an PortA sind passiv. In dieser Versuchsanordnung wird immer ohne Quarz gearbeitet und dies ergibt eine Arbeitsfrequenz von etwa 1 MHz, wobei dieser Frequenzwert einen Toleranzbereich um ca. ± 5 % hat.

PortB sind bidirektionale I/O-Schnittstellen mit internen „pull-up"-Widerständen, die sich einzeln ansteuern lassen. Der ATtiny2313 hat acht PB-Anschlüsse. Arbeitet

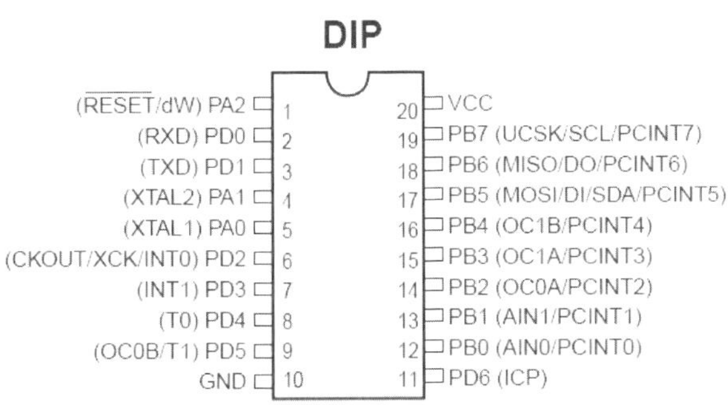

Abb. 1.1: Anschlussschema des Mikrocontrollers ATtiny2313

PortB als Ausgabeeinheit, kann man diese als Stromsenke oder als Stromquelle programmieren. Arbeitet er als Eingabeeinheit, kann man sie als aktive „pull-up"-Widerstände programmieren. Schaltet man auf den Reset-Eingang ein 0-Signal, wird der Mikrocontroller zurückgesetzt und die Anschlüsse an PortB sind passiv. Jeder der PB-Anschlüsse ist separat über das gemeinsame Steuerregister auf seine Aufgabe einzeln zu programmieren.

PortD sind bidirektionale I/O-Schnittstellen mit internen „pull-up"-Widerständen, die sich einzeln ansteuern lassen. Der ATtiny2313 hat sieben PD-Anschlüsse. Arbeitet PortD als Ausgabeeinheit, kann man ihn als Stromsenke oder als Stromquelle programmieren. Arbeitet er als Eingabeeinheit, kann man sie als aktive „pull-up"-Widerstände programmieren. Schaltet man auf den Reset-Eingang ein 0-Signal, wird der Mikrocontroller zurückgesetzt und die Anschlüsse an PortD sind passiv. Jeder der PD-Anschlüsse ist separat über das gemeinsame Steuerregister auf seine Aufgabe einzeln zu programmieren.

Mit einem 0-Signal an Pin 1 (Reset) wird der Mikrocontroller zurückgesetzt.

- PD0: Pin 2 arbeitet als RXD-Eingang (Receiver Data) für den internen USART (Universal-Synchronous-Asynchronous Receiver/Transmitter) und dies ist der Anschluss für den Empfänger der seriellen Schnittstelle. Außerdem dient der Pin als PCINT11 für den Interruptwechsel 2 der Interruptquelle 11.
- PD1: Pin 3 ist der TXD (Transmitter Data) für den internen USART und der Anschluss für den Sender der seriellen Schnittstelle. Außerdem dient der Pin als PCINT12 für den Interruptwechsel 2 der Interruptquelle 12.
- PD2: Pin 4 hat mehrere Funktionen. Für den externen Interrupt INT0 stellt der Pin den Interrupteingang dar. Für den USART (Universal-Synchronous-Asynchronous Receiver/Transmitter) ist der XCK-Ausgang als synchroner Übertragungstakt vorgesehen. Als CKOUT-Ausgang kann man den Systemtakt des ATtiny2313 abgreifen. Außerdem dient der Pin als PCINT13 für den Interruptwechsel 2 der Interruptquelle 13.
- PD3: Dieser Eingang INT1 (Pin 5) ist für den externen Interrupt vorhanden. Außerdem dient der Pin als PCINT14 für den Interruptwechsel 2 der Interruptquelle 14.
- PD4: Für den internen Zeitgeber und Zähler T0 schließt man das externe Taktsignal (Pin 6) an. Außerdem dient der Pin als PCINT15 für den Interruptwechsel 2 der Interruptquelle 15.
- PD5: Pin 9 lässt sich als „OC0B"-Ausgang (Timer/Counter 0 Compare Match B output) programmieren, wenn der Zeitgeber oder Zähler intern verglichen wird, ob der Zählerstand gleich oder ungleich ist. Für den internen Zeitgeber und Zähler T1 schließt man das externe Taktsignal an. Außerdem dient der Pin als PCINT16 für den Interruptwechsel 2 der Interruptquelle 16.

- PD6: Für den internen Zeitgeber und Zähler T1 schließt man an Pin 11 den Fangbereich für das externe Taktsignal an. Außerdem dient der Pin als PCINT17 für den Interruptwechsel 2 der Interruptquelle 17.
- PB0: Pin 12 ist der AIN0-Eingang für den analogen Komparator. Außerdem dient der Pin als PCINT0 für den Interruptwechsel 0 der Interruptquelle 0.
- PB1: Pin 13 ist der AIN1-Eingang für den analogen Komparator. Außerdem dient der Pin als PCINT1 für den Interruptwechsel 0 der Interruptquelle 1.
- PB2: Pin 14 ist der Ausgang OC0A für den internen Zeitgeber/Zähler 0. Außerdem dient der Pin als PCINT2 für den Interruptwechsel 0 der Interruptquelle 2.
- PB3: Pin 15 ist der Ausgang OC1A für den internen Zeitgeber/Zähler 1. Außerdem dient der Pin als PCINT3 für den Interruptwechsel 0 der Interruptquelle 3.
- PB4: Pin 16 ist der Ausgang OC1B für den internen Zeitgeber/Zähler 1. Außerdem dient der Pin als PCINT4 für den Interruptwechsel 0 der Interruptquelle 4.
- PB5: Pin 17 hat drei Funktionen. Für eine 3-Drahtverbindung nach USI (Univeral Serial Interface) arbeitet er als Eingang DE. Für eine 2-Drahtverbindung nach USI arbeitet er als Eingang SDA. Außerdem dient der Pin als PCINT5 für den Interruptwechsel 0 der Interruptquelle 5. Die MISO-Funktion (Master In/Slave Out) ist der Anschluss für die Programmierung.
- PB6: Pin 18 arbeitet als Ausgang DO für eine 3-Drahtverbindung nach USI. Außerdem dient der Pin als PCINT6 für den Interruptwechsel 0 der Interruptquelle 6. Die MOSI-Funktion (Master Out/Slave In) ist der Anschluss für die Programmierung.
- PB7: Pin 19 arbeitet als Taktleitung USCK für eine 3-Drahtverbindung nach USI oder als Taktleitung SCL für eine 3-Drahtverbindung nach USI. Außerdem dient der Pin als PCINT7 für den Interruptwechsel 0 der Interruptquelle 7.

1.1.2 Interner Aufbau des Mikrocontrollers ATtiny2313

Der ATtiny2313 arbeitet als 8-Bit-Mikrocontroller für allgemeine Anwendungen und ist dank seines außerordentlich geringen Bedarfs an zusätzlichen Bausteinen äußerst kostengünstig für kleine Mikrocontrollersysteme. Im Wesentlichen verwendet man diesen Mikrocontroller für digitale Aufgaben, denn es ist kein AD-Wandler vorhanden.

Der ATtiny2313 enthält außer den Funktionen, die der Befehlsausführung dienen, auch noch mehrere Einheiten für die Takterzeugung, die Systembus-Steuerung und die Prioritätsauswahl für die Interruptsteuerung. Der ATtiny2313 überträgt die internen Daten und Befehle auf einen 8-Bit-Datenbus. Der Prozessor des ATtiny2313 erzeugt Steuersignale, die zur Auswahl interner und externer Bausteine und zur Durchführung von Lese- und Schreiboperationen sowie zur Anwahl von I/O-Kanälen verwendet werden können.

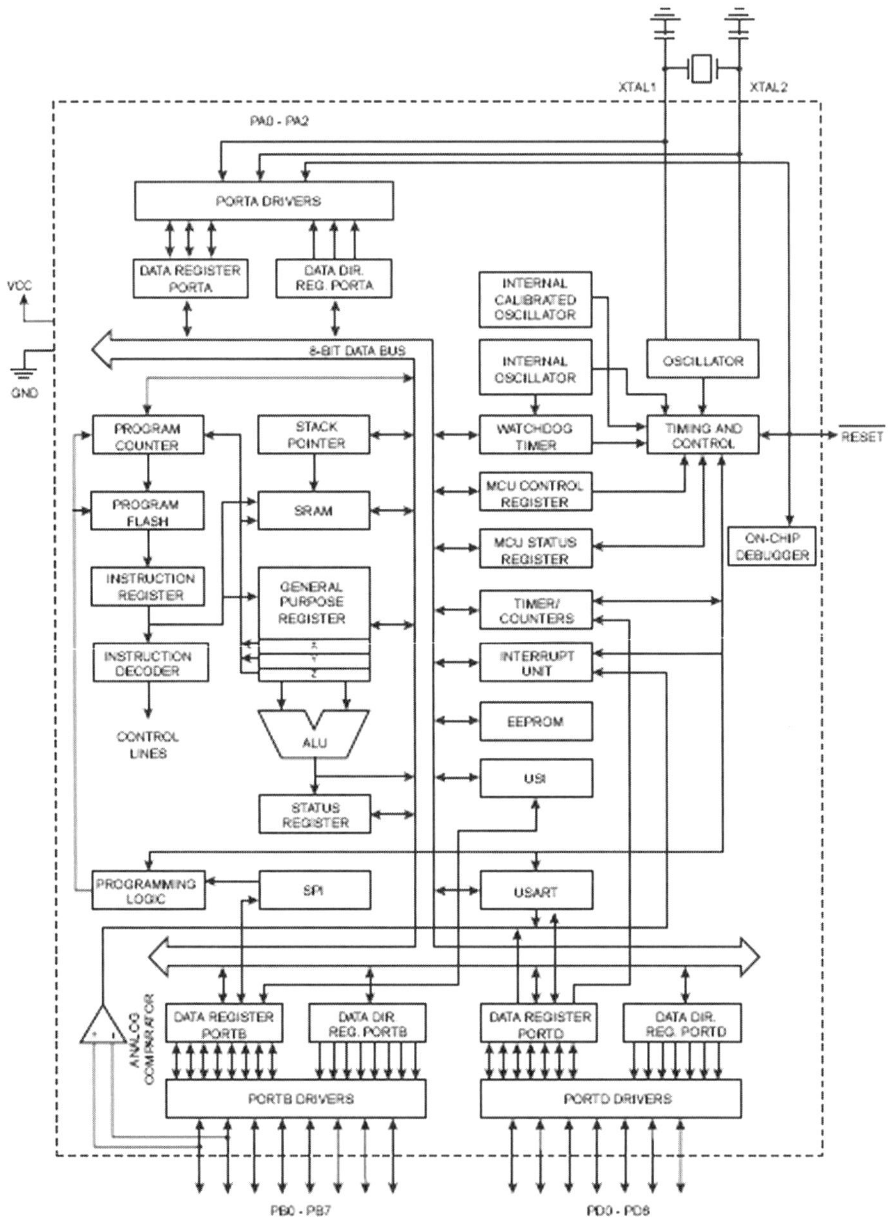

Abb. 1.2: Interner Aufbau des Mikrocontrollers ATtiny2313

Der ATtiny2313 ist mit internen 8-Bit-Registern (General Purpose Register) ausgestattet. Den Registern von R0 (Addr. 0x00) bis R25(Addr. 0x19) folgen die Register R26 (Addr. 0x1A) bis R31 (Addr. 0x1F), die als interne 16-Bit-Register (X, Y und Z) zusammengefasst werden können.

Die Register werden wie folgt unterschieden:

- Der Akkumulator ist das Register aller Akkumulator-Befehle. Dazu gehören arithmetische, logische, Lade- und Speicherbefehle sowie I/O-Anweisungen. Der Akkumulator ist ein 8-Bit-Register und arbeitet in Verbindung mit einem Statusregister, wo die Flags gespeichert werden.
- Der Programmzähler (PC oder Program Counter) zeigt auf den Speicherplatz des nächsten auszuführenden Befehls. Der Programmzähler hat eine 16-Bit-Adresse.
- Die Mehrzweckregister (General Purpose Register) lassen sich als allgemeine Register verwenden, abhängig vom auszuführenden Befehl.
- Der Stackpointer (SP) ist ein besonderer Datenzeiger, der stets auf das Ende des Stack (die Adresse des letzten gültigen Eintrags) zeigt. Es ist ein unteilbares 16-Bit-Register.
- Das Statusregister enthält sechs Flags von je einem Bit, in welchen je eine Zustandsinformation des Prozessors registriert wird und dadurch kann auch die Arbeitsweise des Prozessors gesteuert werden.

1.1.3 Statusregister

Im Statusregister (SREG) werden die Flags gespeichert, wie Tabelle 1.1 zeigt.

Tabelle 1.1: Aufbau des Statusregisters (SREG)

7	6	5	4	3	2	1	0
I	T	H	S	V	N	Z	C

- Bit 7 – I: Global Interrupt Enable

Das Signal ist kein Flag vom Prozessor des Mikrocontrollers, sondern zeigt, ob ein globaler Interrupt gesperrt oder freigegeben ist. Dieses Bit kontrolliert das separate Kontrollregister (MCU Control Register). Hat das Bit ein 0-Signal, kann kein Interrupt eine Funktion auslösen.

- Bit 6 – T: Bit Copy Storage

Das Signal ist kein Flag vom Prozessor des Mikrocontrollers, sondern zeigt, ob ein Kopierbefehl BLD (Bit LoaD) und ein Speicherbefehl BST (Bit STore) ausgeführt worden ist.

- Bit 5 – H: Half Carry Flag

Das Hilfscarry-Flag zeigt einen Überlauf aus dem Bit 3 des Akkumulators an. Dieses Flag wird im Allgemeinen für die BCD-Arithmetik (Arithmetik mit binär codierten Dezimalzahlen) verwendet. Die folgende Addition setzt oder löscht das Hilfs-Carrybit.

Bit-Nr.	7	6	5	4	3	2	1	0
2E =	0	0	1	0	1	1	1	0
+74 =	0	1	1	1	0	1	0	0
A2	1	0	1	0	0	0	1	0

1
↑ Hilfs-Carrybit = 1

Das Hilfs-Carrybit wird durch Additions-, Subtraktions-, Inkrement-, Dekrement- und Vergleichsbefehle verändert.

- Bit 4 – S: Sign Bit

Im Mikrocontroller ATtiny2313 ist grundsätzlich kein Vorzeichen eines Datenbytes festgelegt. Man kann daher ein Byte mit dem numerischen Wert 128 als plus 128 oder aber auch als minus 128 interpretieren. Zur Unterscheidung der beiden Möglichkeiten verwendet man das Bit 7 als Vorzeichen. Hat es den Wert 1, so wird die Zahl im Byte als negativ angesehen (von minus 1 bis minus 128), hat Bit 7 den Wert 0, so wird die Zahl des Bytes als positive Zahl (von 0 bis plus 127) interpretiert. Bei arithmetischen und logischen Operationen wird das Signbit dem Bit 7 des Ergebnisses gleichgesetzt und es kann dann als Bedingungsbit abgefragt werden.

Bit-Nr.	7	6	5	4	3	2	1	0
2E =	0	0	1	0	1	1	1	0
+74 =	0	1	1	1	0	1	0	0
A2	1	0	1	0	0	0	1	0

1
↑ Sign Bit = 1

- Bit 3 – V: Two's Complement Overflow

Dieses Flag wird gesetzt, wenn bei einer 2er-Arithmetik ein Überlauf entstanden ist. Es soll zuerst eine Subtraktion ohne Zweierkomplement durchgeführt werden.

Bit-Nr.	7	6	5	4	3	2	1	0
2E =	0	0	1	0	1	1	1	0
–74 =	0	1	1	1	0	1	0	0
B2 =	1	0	1	0	0	0	1	0

Führt man die Subtraktion im Zweierkomplement aus, wird der Subtrahend komplementiert.

Bit-Nr.	7	6	5	4	3	2	1	0	
2E =	0	0	1	0	1	1	1	0	
–8C	1	0	0	0	1	1	0	0	
	1	0	0	0	1	0	1	1	⇐ Komplement und Addition
	1	0	1	1	0	0	0	1	
1									⇐ Übertrag
	⟶							1	⇐ Korrektur mit Addition
B2 =	1	0	1	1	0	0	1	0	⇐ korrekte Subtraktion

0
↑ V-Bit = 0

Dieses Flag wird rückgesetzt, da bei einer Zweierkomplement-Arithmetik kein Überlauf entstanden ist.

- Bit 2 – N: Negatives Flag

Dieses Flag wird gesetzt, wenn bei einer arithmetischen oder logischen Operation ein negatives Ergebnis entstanden ist.

Bit-Nr.	7	6	5	4	3	2	1	0	
2E =	0	0	1	0	1	1	1	0	
–10 =	0	0	0	1	0	0	0	0	
	1	1	1	0	1	1	1	1	⇐ Komplement und Addition
9C =	1	0	0	1	1	1	0	1	
0									⇐ Übertrag
	⟶							1	⇐ Korrektur mit Addition
BF =	1	0	1	1	1	1	1	0	⇐ korrekte Subtraktion

0
↑ N-Bit = 0

- Bit 1 – Z: Zero Flag

Dieses Bedingungsbit (Nullbit) wird dann gesetzt, wenn das Ergebnis eines arithmetischen oder logischen Befehls null ist. Das Zerobit wird rückgesetzt, wenn das Ergebnis dieses Befehls ungleich null ist.

Ist das Ergebnis gleich null und das Carrybit gesetzt, so wird das Zerobit ebenfalls gesetzt.

Bit-Nr.	7	6	5	4	3	2	1	0
	1	0	1	0	0	1	1	1
	0	1	0	1	1	0	0	1
	0	0	0	0	0	0	0	0

1
↑ Überlauf ⇒ Null-Ergebnis:
von Bit 7 Zerobit auf 1 gesetzt

- Bit 0 – C: Carry Flag

Das Carrybit C (Überlaufbit oder Übertragsbit) wird durch verschiedene Befehle gesetzt und kann direkt abgefragt werden. Die Operationen, die das Carrybit verändern, sind Addition, Subtraktion, zyklisches Schieben und logische Operationen. So kann z. B. die Addition von zwei 1-Byte-Zahlen einen Überlauf (Carry) an der höchsten Stelle hervorrufen.

Bit-Nr.	7	6	5	4	3	2	1	0
AE =	1	0	1	0	1	1	1	0
+74 =	0	1	1	1	0	1	0	0
122	0	0	1	0	0	0	1	0

1

↑ Überlauf = 1, setzt Carrybit = 1

Eine Addition mit Überlauf an der höchsten Stelle setzt das Carrybit. Eine Addition ohne Überlauf setzt das Carrybit zurück. Hier soll noch eigens darauf hingewiesen werden, dass Addition, Subtraktion, zyklisches Schieben und logische Befehle das Carrybit in verschiedenartiger Weise behandeln.

1.1.4 I/O-Einheiten mit Treiber

Die Schnittstellen zwischen den internen und externen Einheiten bilden 3-Bit-Treiber von PORTA, 8-Bit-Treiber von PORTB und 7-Bit-Treiber von PORTD. Diese Treiber arbeiten bidirektional und intern befindet sich das Datenregister bei den Ausgaberegistern, d. h. die Datenregister übernehmen den Datenaustausch und die anderen sind nur für die Datenausgabe zuständig. Jeder Port lässt sich einzeln und separat über das Steuerregister programmieren.

Jede Leitung des Registers besteht aus zwei getrennten Puffern mit drei Zuständen (Tristate), wodurch ein direkter Busanschluss möglich ist und die Bidirektionalität erreicht wird. Auf der einen Seite des Treibers ist der Ausgang des einen Puffers mit dem Eingang eines anderen zusammengeschaltet. An dieser Seite werden externe Teilsysteme angeschlossen, da diese Schnittstelle direkt TTL-kompatibel ist und einen hohen Strom treiben kann.

Alle I/O-Einheiten übernehmen den internen und externen Datenaustausch. Jeder dieser Pins kann mehrere Funktionen ausführen. So lässt sich hier eine externe Prioritätssteuerung für Interruptanforderung durchführen und man hat bis zu 15 verschiedene Möglichkeiten für die Interruptquellen. Es lassen sich 15 Anforderungssignale verarbeiten und der Interruptcontroller bestimmt die höchste Priorität, vergleicht diese mit einem softwaregesteuerten Register für die jeweils ablaufende Programmebene und unterbricht den Mikrocontroller bei gleichzeitiger Abgabe der Zeigerinformation zum Aufruf des benötigten Service-Programms.

1.1.5 Programmierbarer USART

Der USART ist eine universelle Synchron-/Asynchron-Sender/Empfänger-Einheit für die Datenübertragung in Verbindung mit externer Peripherie. Für den seriellen Sende- und Empfangsbetrieb sind Pin 2 (RXD) und Pin 3 (TXD) vorgesehen. Der ATtiny2313 hat zwei kaskadierte Register im Sender und Empfänger und diese ermöglichen einen schnellen Vollduplexbetrieb. Die Betriebsarten sind der Synchron- und der Asynchronbetrieb.

Der USART übernimmt vom Mikrocontroller die Zeichen in Paralleldarstellung und wandelt sie für das Senden in einen seriellen Datenstrom um. Gleichzeitig kann er einen seriellen Datenstrom empfangen und daraus für den Mikrocontroller die Zeichen in Paralleldarstellung erzeugen. Der USART meldet dem Mikrocontroller, wenn die Interrupteinheit ein neues Zeichen zum Senden annehmen kann oder ein Zeichen für den Mikrocontroller empfangen hat. Der Mikrocontroller kann jederzeit den Zustand der Einheit abfragen. Dabei werden ihm zugleich Aussagen über Datenübertragungsfehler und den Zustand von Steuerschlüssen geliefert.

Die Eigenschaften im Asynchronbetrieb sind:

- Taktfrequenz wahlweise das 1-, 16- oder 64-Fache der Übertragungsgeschwindigkeit
- Störimpulse werden nicht als Anlaufschritte interpretiert
- Länge des Sperrschritts wahlweise 1, 1½ oder 2 Bit
- Erzeugung des BREAK-Zustands
- Automatische Erkennung und Anzeige des BREAK-Zustands
- Übertragungsgeschwindigkeit bis zu 64 kBit/s

Eigenschaften im Synchronbetrieb:

- Wahlweise interne oder externe Zeichensynchronisation
- Automatisches Einschieben von Synchronzeichen
- Übertragungsgeschwindigkeiten bis zu 1 Mbit/s

Der USART ist ein universeller Synchron-/Asynchron-Sender/Empfänger. Wie auch bei anderen Ein-/Ausgabe-Einheiten in Mikrocontrollersystemen wird seine Funktion zur Erzielung größtmöglicher Flexibilität durch die Systemsoftware programmiert. Dies geschieht durch Übergabe von Steuerwörtern (Mode-, Kommando-, SYNC1-, SYNC2-Wort), die in Registern gespeichert werden und bis zum Überschreiben durch neue Ausgaben dort zur Verfügung stehen. Außerdem kann der

Mikrocontroller den Status von Sender und Empfänger durch Einlesen eines Statusworts aus einem Register im Baustein abfragen. Dieses Konzept ist für praktisch jedes heute gebräuchliche serielle Datenübertragungsverfahren geeignet.

Für die serielle Datenübertragung mit einem Mikrocontroller muss der Sender die vom ATtiny2313 in Paralleldarstellung gelieferten Zeichen in den zu sendenden seriellen Datenstrom überführen, und der Empfänger muss aus dem empfangenen seriellen Datenstrom zum Abholen durch den Mikrocontroller Zeichen in Paralleldarstellung erzeugen. Das Umwandeln von Parallel- in Seriendarstellung im Sender erfolgt durch das Sende-Schieberegister, das Umwandeln von Serien- in Paralleldarstellung im Empfänger durch das Empfangs-Schieberegister. Um dem Mikrocontroller mehr Freizügigkeit für den Zeitpunkt zu geben, zu dem er ein Zeichen an den Sender übergibt und ein Zeichen aus dem Empfänger abholt, enthält der Sender außerdem noch ein Sende-Parallelregister und der Empfänger ein Empfangs-Parallelregister. Der Mikrocontroller übergibt seine Zeichen immer an das Sende-Parallelregister, und der Sender holt es von dort in das Sende-Schieberegister, sobald er das vorhergehende Zeichen ausgesendet hat. Entsprechend gelangt das empfangene Zeichen im Empfänger zunächst in das Empfangs-Schieberegister, und der Empfänger übergibt es von dort in das Empfangs-Parallelregister, von wo es der Mikrocontroller abholen kann.

Der Sender muss außer der Parallel-Serien-Wandlung der Zeichen noch Bits oder Zeichen, die nur für das spezielle Übertragungsverfahren benötigt werden, in den seriellen Datenstrom einfügen, und der Empfänger muss diese Bits und Zeichen wieder entfernen. Damit wird der Übertragungsweg „transparent", d. h. der Anwender braucht sich nicht mit den Besonderheiten des Übertragungsverfahrens zu befassen, sondern tauscht mit Sender und Empfänger nur noch einfache Zeichen aus.

1.1.6 Zähler- und Zeitgebereinheit

Die beiden Zähler- und Zeitgebereinheiten sind programmierbar und arbeiten voneinander unabhängig als 16-Bit-Zähler. Die Einheit ist ein allgemein einsetzbarer Mehrfachzeitgeber, der von der Systemsoftware behandelt wird wie eine Anzahl gewöhnlicher Ein-/Ausgabe-Kanäle.

Die beiden Zähler- und Zeitgebereinheiten lösen eines der in Mikrocontrollersystemen am häufigsten auftretenden Probleme, die programmgesteuerte Erzeugung präziser Verzögerungszeiten. Zur Erfüllung seiner Anforderungen setzt der Programmierer statt den in der System-Software vorgesehenen Zeitschleifen die Zähler- und Zeitgebereinheit ein.

Nachdem der Zähler mit dem gewünschten Anfangswert programmiert wurde, ist er startbereit. Nach Ablauf des Zähldurchlaufs wird ein Zählende-Signal gegeben, das zur Auslösung einer Programmunterbrechung verwendet werden kann. Es ist daraus bereits zu ersehen, dass der Programmieraufwand relativ gering ist und dass z. B. zwei Zeitverzögerungen per Hardware gleichzeitig nebeneinander ablaufen können, indem den einzelnen Zählern verschiedene Unterbrechungsebenen zugewiesen werden.

Andere Zähler-/Zeitgeber-Aufgaben, die normalerweise keine Zeitverzögerungsschaltungen sind, aber in Mikrocontrollersystemen verwendet werden, können ebenfalls von Zähler- und Zeitgebereinheit ausgeführt werden, z. B.:

- Steuerbarer Signalgenerator
- Ereigniszähler
- Binärer Frequenzmultiplizierer
- Echtzeituhr
- Digital einstellbare monostabile Kippstufe
- Komplexer Motor-Steuerbaustein

Die über die Datenbus-Schnittstelle hereinkommenden Daten werden dann in das Steuerwort-Register übernommen. Mit den im Steuerwort-Register gespeicherten Informationen wird die Arbeitsweise jedes Zählers bestimmt sowie die Auswahl der Zählart (dual oder dezimal) und das Laden der Zählerregister gesteuert. In das Steuerwort-Register kann nur eingeschrieben und nicht ausgelesen werden.

Die zwei Zähler sind funktionell vollkommen identisch. Jeder Zähler besteht aus einem vorbelegbaren 16-Bit-Abwärtszähler, der wahlweise für duales oder dezimales Zählen eingestellt werden kann. Die Funktion wird durch die Auswahl des Steuerwortes im Steuerwort-Register bestimmt. Die Zähler arbeiten voneinander unabhängig und können parallel in vollkommen verschiedenen Betriebsarten betrieben werden. Im Format des Steuerwortes sind spezielle Kennzeichen zum Laden des Zähleranfangswertes enthalten, sodass der Aufwand an Systemsoftware möglichst gering bleibt. Der Anwender kann bei Verwendung eines Zählers als Ereigniszähler den Zählerinhalt mit einem einfachen Lesebefehl auslesen. Für das Lesen der Zählerinhalte während des Zählens besitzt der ATtiny2313 ein spezielles Steuerwort und eine Logik, sodass der Eingangstakt nicht gesperrt werden muss.

Die Arbeitsweise der Zähler- und Zeitgebereinheit wird vollständig über die System-Software festgelegt. Der Mikrocontroller muss dazu einige Steuerworte an die Zähler- und Zeitgebereinheit ausgeben. Mit diesen Steuerworten werden die Betriebsart, die Anzahl der zu ladenden Zählerbytes und duales oder dezimales (BCD)-Zählen festgelegt.

Einmal initialisiert, ist die Zähler- und Zeitgebereinheit bereit, jene Zeitgeberaufgaben durchzuführen, die ihr per Software zugewiesen wurde. Der laufende Zählvorgang jedes Zählers ist völlig unabhängig von denen der anderen Zähler. Mit einer Zusatzlogik des Bausteins können die am häufigsten auftretenden Probleme im Zusammenhang mit der Überwachung und Verarbeitung von externen, asynchronen Signalen in einem Mikrocontrollersystem gelöst werden.

Betriebsart 0: Unterbrechungsanforderung bei Zählernulldurchgang

Der Zählerausgang liegt nach dem Ausgeben des Steuerwortes auf 0-Signal. Nachdem der Zähleranfangswert in den ausgewählten Zähler eingeschrieben wurde und der Zählvorgang begonnen hat, bleibt der Zählerausgang weiterhin auf 0-Signal. Bei Erreichen des Zählerendstandes (0) geht der Ausgang auf 1-Signal und bleibt dort solange, bis ein neuer Zähleranfangswert oder ein neues Steuerwort geladen wird. Der Zähler selbst wird auch nach Erreichen des Zählerendstandes weiter dekrementiert.

Wird während des Zählens der Zähler neu geladen, so erfolgt

1. beim Laden des ersten Bytes der Abbruch des laufenden Zählvorgangs,
2. beim Laden des zweiten Bytes der Start mit dem neuen Anfangswert.

Durch ein 0-Signal am GATE-Eingang (ein programmierbarer Anschlusspin von PB oder PD) wird das Zählen gesperrt und durch ein 1-Signal wieder freigegeben.

Betriebsart 1: Programmierbare monostabile Kippstufe

Der Zählerausgang geht nach einer positiven Signalflanke auf den GATE-Eingang (ein programmierbarer Anschlusspin von PB oder PD) und mit der nächsten Periode des Eingangstaktes auf 0-Signal.

Nach Erreichen des Endstandes (0) geht der Zählerausgang wieder auf 1-Signal über. Das Einschreiben eines neuen Zähleranfangswertes zu einem Zeitpunkt, bei dem der Ausgang auf 0-Signal liegt, hat keinen Einfluss auf den laufenden Zählvorgang. Der neue Anfangswert wird erst nach erneutem Triggern übernommen. Der aktuelle Zählerstand ist ohne weiteren Einfluss auf den Zählvorgang selbst jederzeit auslesbar (über einen Lesebefehl des Mikrocontrollers).

Die monostabile Kippstufe ist beliebig oft neu triggerbar, d. h., der Ausgang bleibt nach jeder ansteigenden Flanke des GATE-Eingangssignals (ein programmierbarer Anschlusspin von PB oder PD) auf 0-Signal, bis der Zähler vom Anfangswert bis zum Endwert (0) gezählt hat.

Betriebsart 2: Taktgenerator, Teiler durch N

Der Zählerausgang geht während eines Zählerdurchlaufs für eine Periode des Eingangstaktes auf 0-Signal. Die Anzahl der Taktperioden von einem Ausgangsimpuls zum nächsten ist gleich dem geladenen Zähleranfangswert. Wird zwischen zwei Ausgangsimpulsen der Zähler mit einem neuen Anfangswert geladen, wird erst die laufende Zählperiode beendet, bevor der Zähler mit dem neuen Wert startet.

Mit einem 0-Signal am GATE-Eingang (ein programmierbarer Anschlusspin von PB oder PD) wird am Zählerausgang ein 1-Signal erzeugt. Geht der GATE-Eingang wieder auf 1-Signal über, startet der Zähler erneut mit dem geladenen Anfangswert. Der GATE-Eingang ist daher zum Synchronisieren des Zählers geeignet.

Nachdem das Steuerwort für Betriebsart 2 eingeschrieben wurde, bleibt der Zählerausgang solange auf 1-Signal, bis der Zähleranfangswert vollständig geladen ist. Der Zähler ist also auch über die Software synchronisierbar.

Betriebsart 3: Rechteckgenerator

Diese Betriebsart ist ähnlich wie Betriebsart 2 mit dem Unterschied, dass der Zählerausgang solange auf 1-Signal bleibt, bis der halbe Zähleranfangswert abgezählt wurde (gilt für geradzahlige Startwerte). Anschließend geht der Ausgang auf 0-Signal, bis die andere Hälfte abgezählt ist. Bei ungeradzahligen Zähleranfangswerten N ist der Ausgang für (N + 1)/2 Eingangstakte auf 1-Signal und für (N –1)/2 Takte auf 0-Signal. Wird der Zähler während des Zählens mit einem neuen Anfangswert geladen, wird nach dem nächsten Wechsel des Ausgangssignals mit dem neuen Wert weitergearbeitet.

Betriebsart 4: Softwaregesteuertes Signal (Strobe)

Nach der Ausgabe des Steuerwortes für diese Betriebsart liegt der Zählerausgang auf 1-Signal. Nach dem Laden des Zähleranfangswertes startet der Zähler. Bei Erreichen des Endstandes 0 liegt am Ausgang für eine Taktperiode 0-Signal und anschließend dauerhaft wieder 1-Signal an.

Wird während eines Zählerdurchlaufs ein neuer Zähleranfangswert eingegeben, zählt der Zähler sofort nach beendeter Eingabe mit dem neuen Wert weiter. Wird der Zähler nach Beendigung eines Zählerdurchlaufs neu geladen, startet er ebenfalls nach vollendeter Eingabe mit dem neuen Wert. Mit einem 0-Signal am GATE-Eingang (ein programmierbarer Anschlusspin von PB oder PD) kann das Zählen unterbrochen werden.

Betriebsart 5: Hardwaregesteuertes Signal (Strobe)

Der Zähler fängt mit der ansteigenden Flanke eines Triggersignals auf den GATE-Eingang (ein programmierbarer Anschlusspin von PB oder PD) zu zählen an und erzeugt am Ausgang, bei Erreichen des Endwertes (0), für die Länge einer Taktperiode 0-Signal. Der Zähler ist beliebig oft neu triggerbar. Der Ausgang wird dabei solange nicht auf 0-Signal gehen, bevor nicht der mit der positiven Flanke des Triggersignals gestartete Zählerdurchlauf beendet ist.

1.1.7 Programmierbare Interruptsteuerung

Der ATtiny2313 beinhaltet die internen Interruptquellen von Tabelle 1.2.

Diese 19 internen Interruptquellen werden noch von 15 programmierbaren Interruptsteuerungen unterstützt, die über Port PB und PD extern anliegen.

Die programmierbare Interruptsteuerung kann bis zu 15 Eingänge extern bedienen und damit stehen je nach Programmierung über die PB- und PD-Pins vektorisierte

Tabelle 1.2: Interne Interruptquellen

Vektor	Programmadresse	Quelle	Interrupt
1	0x0000	RESET	Externer Pin, Betriebsspannungsrückstellung, Watchdog-Reset
2	0x0001	INT0	Externer Interrupt Request 0
3	0x0002	INT1	Externer Interrupt Request 1
4	0x0003	TIMER1_CAPT	Timer/Counter1 Capture Event
5	0x0004	TIMER1_COMPA	Timer/Counter1 Compare Match A
6	0x0005	TIMER1_OVF	Timer/Counter1 Overflow
7	0x0006	TIMER0_OVF	Timer/Counter0 Overflow
8	0x0007	USART0, RX	USART0, RX Complete
9	0x0008	USART0, UDRE	USART0, Data Register Empty
10	0x0009	USART0, TX	USART0, TX Complete
11	0x000A	ANALOG COMP	Analog Comparator
12	0x000B	PCINT	Pin Change Interrupt
13	0x000C	TIMER1 COMPB	Timer/Counter1 Compare Match B
14	0x000D	TIMER0 COMPA	Timer/Counter0 Compare Match A
15	0x000E	TIMER0 COMPB	Timer/Counter0 Compare Match B
16	0x000F	USI START	USI Start Condition
17	0x0010	USI OVERFLOW	USI Overflow
18	0x0011	EE READY	EEPROM Ready
19	0x0012	WDT OVERFLOW	Watchdog Timer Overflow

und priorisierte Unterbrechungen für den ATtiny2313 zur Verfügung. Die Interruptsteuerung ist so ausgelegt, dass für die Behandlung von priorisierten Unterbrechungen auf mehreren Ebenen der Software- und der Realzeitsteuerungsaufwand verringert wird. Seine verschiedenen Betriebsarten gestatten die Optimierung unterschiedlicher Systemanforderungen.

Die Struktur von Mikrocontrollersystemen erfordert, dass E/A-Geräte wie Tastaturen, Anzeigeeinheiten, Sensoren und andere Komponenten in einer effizienten Weise bedient werden, damit eine große Anzahl von Systemaufgaben ohne oder mit nur geringem Einfluss auf den Datendurchsatz vom Mikrocontroller bearbeitet werden können.

Bei kleinen Anwendungen mit geringem Softwareaufwand wird die Abfragemethode (Polling) eingesetzt. Dabei muss der Mikrocontroller jedes Gerät zyklisch auf eine Bedienungsanforderung abfragen. Daraus lässt sich sofort ableiten, dass ein Teil des Hauptprogramms dieses fortwährende Abfragen durchführen muss (Abfrageschleife) und dass diese Methode den Datendurchsatz beeinträchtigt, wodurch die Anzahl der vom Mikrocontroller übernehmbaren Aufgaben begrenzt und die Kosteneffektivität der Peripherie verringert wird.

Der Mikrocontroller führt das Hauptprogramm aus und unterbricht nur dann das ablaufende Programm, wenn ihm vom Peripheriegerät selbst mitgeteilt wird, dass es bedient werden will. Bei diesem Verfahren müsste ein externes, asynchrones Eingangssignal dem Mikrocontroller mitteilen, dass er den gerade ausgeführten Befehl beendet und dann mit einem neuen Programm beginnt, mit dem das anfordernde Gerät bedient wird. Nachdem die Bedienung beendet ist, wird der Mikrocontroller genau dort im Hauptprogramm weiterfahren, wo er es vorher verlassen hatte. Dieses Verfahren wird als Unterbrechung (Interrupt) bezeichnet. Man kann sofort erkennen, dass der Datendurchsatz sich merklich erhöht und dass deshalb mehr Aufgaben vom Mikrocontroller ausgeführt werden können, wodurch seine Kosteneffektivität weiter steigt.

Die programmierbare Unterbrechungssteuerung (PIC) arbeitet wie ein Verwalter in einer unterbrechungsgesteuerten Umgebung. Sie nimmt Anforderungen von den Peripheriegeräten entgegen, ermittelt die Anforderung mit der größten Wichtigkeit (höchsten Priorität), überprüft, ob die gerade eingetroffene Anforderung eine höhere Priorität aufweist als die gerade bediente Anforderung und sendet anschließend ein Unterbrechungssignal an den Mikrocontroller.

Für jedes Peripheriegerät oder jede periphere Anordnung ist normalerweise ein den funktionellen oder operationellen Anforderungen entsprechendes Programm vorhanden, welches als „Bedienroutine“ bezeichnet wird. Die programmierbare Unterbrechungssteuerung muss nach dem Aussenden des Unterbrechungssignals an den Mikrocontroller an diesen Informationen weitergeben, die den Befehlszähler im

Mikrocontroller auf die dem anfordernden Gerät entsprechende Bedienroutine „zeigen" lassen. Dieser Zeiger ist eine Adresse in einer Vektortabelle und wird bei der Beschreibung des ATtiny2313 als Vektordatum bezeichnet.

Die programmierbare Interruptsteuerung übernimmt zwei Arten von Kommandoworten, die vom Mikrocontroller erzeugt werden:

- Initialisierungsworte: Die programmierbare Interruptsteuerung muss vor Beginn der Operationen mit zwei oder vier aufeinanderfolgenden Bytes in ihren Anfangszustand gebracht werden.
- Steuerworte: Diese Kommandoworte bestimmten die Betriebsart für die programmierbare Interruptsteuerung:
  a) Voll verschachteltes Verfahren (fully nested)
  b) Rotierende Priorität
  c) Spezial-Masken-Verfahren
  d) Abfrageverfahren (Polling)

Die Steuerworte werden nach jeder Initialisierung in den Baustein geschrieben.

Jede Unterbrechungsanforderung kann individuell durch das mit einem Steuerwort programmierte Unterbrechungsmasken-Register (IMR) maskiert werden. Jedes Bit im IMR maskiert den entsprechenden Unterbrechungskanal, falls es auf 1-Signal gesetzt ist. Zum Beispiel: Bit 0 maskiert IR0, Bit 1 maskiert IR1 und so fort. Das Maskieren eines Unterbrechungskanals beeinflusst die anderen Kanäle nicht.

- Spezial-Masken-Betriebsart: In einigen Anwendungsfällen ist es denkbar, dass während eines Unterbrechungsprogramms die System-Prioritätsstruktur per Software geändert werden soll, z. B., ein Unterbrechungsprogramm soll für einen Teil seiner Laufzeit niedrige priorisierte Unterbrechungsanforderungen sperren und für einen anderen Teil der Laufzeit einige von diesen Anforderungen wieder freigeben. Die Schwierigkeit dabei ist: Wird eine Unterbrechungsanforderung durch den Prozessor bestätigt (INTA), wurde das ISR-Bit aber noch nicht durch ein EOI-Kommando zurückgesetzt, so sperrt die programmierbare Interruptsteuerung alle niedriger priorisierten Anforderungen.

Für diesen Fall ist die Spezial-Masken-Betriebsart vorgesehen. Wenn in der Spezial-Masken-Betriebsart mit OCW1 ein Maskenbit gesetzt ist, werden weitere Unterbrechungsanforderungen auf dieser Ebene gesperrt, Anforderungen aller anderen Ebenen (sowohl höher als auch niedriger priorisierte) sind jedoch freigegeben, soweit sie nicht maskiert sind. Dadurch können beliebige Unterbrechungsanforderungen durch das Masken-Register selektiert werden.

- Gepufferte Betriebsart: Wird die programmierbare Interruptsteuerung in großen Systemen eingesetzt, in denen sie kaskadiert ist und Bustreiber erforderlich sind, existiert das Problem, die Treiber freizugeben. In der gepufferten Betriebsart sendet die programmierbare Interruptsteuerung über einen Anschluss ein Treiber-Freigabe-Signal. In dieser Betriebsart wird ein Ausgang immer dann aktiviert, wenn die programmierbare Interruptsteuerung Daten auf den Datenbus sendet.

Diese Eigenschaft ist nur in großen Systemen erforderlich und durch die Software wird festgelegt, ob die programmierbare Interruptsteuerung als Master- oder Slave-Baustein arbeitet.

- Voll verschachtelte Betriebsart (fully nested): Die programmierbare Interruptsteuerung verwendet die voll verschachtelte Betriebsart nach der Initialisierung, wenn kein Steuerwort ausgegeben wurde. In dieser Betriebsart sind die Unterbrechungsanforderungen von 0 bis 15 einer festen Priorität zugeordnet (IR0 höchste). Nachdem eine Unterbrechung quittiert wurde, wird die Anforderung mit der höchsten Priorität ermittelt und ihr Vektor auf den Bus ausgegeben. Zusätzlich wird ein Bit des Unterbrechungsbedienungsregisters (ISR0 bis ISR15) gesetzt. Dieses Bit bleibt gesetzt, bis der Mikrocontroller ein Unterbrechungsende-Kommando unmittelbar vor der Rückkehr aus dem Bedienprogramm ausgibt oder wenn das AEOI-Bit (Automatic End Of Interrupt) gesetzt ist, bis zur fallenden Flanke des letzten INTA-Impulses. Alle weiteren Unterbrechungen mit niedrigerer Priorität sind gesperrt, wenn das ISR-Bit gesetzt ist, während Unterbrechungen mit höherer Priorität weiterhin freigegeben sind (die aber nur dann quittiert werden, wenn der Mikrocontroller seinen eigenen Unterbrechungseingang durch die Software freigegeben hat).

Nach der Initialisierung hat IR0 die höchste und IR15 die niedrigste Priorität. Prioritäten können verändert werden, wie es unter „rotierende Priorität" beschrieben wird.

- Die spezial-voll verschachtelte Betriebsart: Diese Betriebsart ist in großen Systemen sinnvoll, in denen die programmierbare Interruptsteuerung kaskadiert ist und die Priorität jedes externen Interruptcontrollers bewahrt bleiben soll. In diesem Fall wird der Master-Baustein durch ICW4 mit der spezial-voll verschachtelten Betriebsart programmiert. Diese Betriebsart ist ähnlich der normal verschachtelten Betriebsart, nur mit externem Interruptcontroller.
- Abfragebetrieb (Polling): Der Mikrocontroller muss für dieses Verfahren seinen Unterbrechungseingang sperren. Die Bedienung eines Gerätes wird mit einem Abfragekommando erreicht und dieses wird vom Mikrocontroller ausgegeben. Die programmierbare Interruptsteuerung behandelt den nächsten Impuls als Unterbrechungsquittierung, setzt das entsprechende ISR-Flipflop, wenn eine Anforderung vorliegt und bestimmt die Prioritätsebene. Die Unterbrechungsanforderung wird zwischen den Impulsen eingefroren. Im Abfragebetrieb muss vor jedem Lesen ein Steuerwort an den Baustein ausgegeben werden.

Diese Betriebsart kann dort mit Erfolg eingesetzt werden, wo ein in mehreren Ebenen gemeinsames Programm vorliegt, sodass die INTA-Sequenz nicht benötigt wird.

- Unterbrechungsende (EOI): Das ISR-Bit kann entweder automatisch mit der steigenden Flanke des letzten INTA-Impulses zurückgesetzt werden oder durch ein Unterbrechungsende-Kommando (EOI), das an die programmierbare Interruptsteuerung vor Beendigung des Unterbrechungsprogramms ausgegeben werden muss.

Das EOI-Kommando hat zwei Formen: spezifisch und nicht spezifisch. Wird die programmierbare Interruptsteuerung so betrieben, dass die voll verschachtelte Struktur erhalten bleibt, kann der Prozessor ermitteln, welches Bit mit dem EOI-Kommando zurückgesetzt werden muss. Wird ein nicht spezifisches EOI-Kommando an den Interruptcontroller ausgegeben, wird automatisch von allen gesetzten Bits das ISR-Bit mit der höchsten Priorität zurückgesetzt. Denn in der voll verschachtelten Betriebsart ist die höchste gesetzte Ebene im ISR notwendigerweise auch die zeitlich letzte Ebene, die quittiert wurde, und damit auch die nächste Programmebene, von der zurückgekehrt wird.

Wird die programmierbare Interruptsteuerung jedoch so betrieben, dass die voll verschachtelte Struktur gestört werden kann (wie es bei der rotierenden Priorität geschieht), kann der Baustein nicht mehr die zeitlich als letzte quittierte Ebene ermitteln. In diesem Fall muss intern ein spezifisches EOI-(SEOI-)Kommando ausgegeben werden, welches die zurückzusetzende ISR-Ebene mit dem Kommando enthält. Diese kann auch die Ebene niedrigster Priorität sein, wie es im Abschnitt zur rotierenden Priorität erläutert wird.

- Automatisches Beenden einer Unterbrechung (AEOI): In dieser Betriebsart führt die programmierbare Interruptsteuerung automatisch ein nicht spezifiziertes Unterbrechungsende (EOI) aus. Vom Systemstandpunkt aus ist dabei zu beachten, dass diese Betriebsart nicht benutzt werden sollte, wenn eine verschachtelte Mehrebenen-Unterbrechungsstruktur mit nur einer programmierbaren Interruptsteuerung erforderlich ist.
- Betriebsart A (Automatisches Rotieren von gleich priorisierten Unterbrechungsanforderungen): Es gibt Anwendungen, bei denen eine Anzahl von Unterbrechungsanforderungen die gleiche Priorität besitzen.

In der Betriebsart A bekommt eine Anforderung, die soeben bedient wurde, die niedrigste Priorität zugeordnet.

Bei einer erneuten Anforderung muss ein anforderndes Gerät im ungünstigsten Fall solange warten, bis die anderen 15 Anforderungen je einmal bedient wurden.

- Betriebsart B (Rotieren durch Software): Der Programmierer kann die Priorität der Anforderungen durch Festlegung der niedrigsten Priorität ändern. Damit wird automatisch die Priorität aller anderen Anforderungen neu festgelegt.

Beispiel: Wenn IR5 als niedrigst priorisierte Anforderung programmiert wird, hat IR6 anschließend die höchste Priorität.

Zu beachten ist, dass in dieser Betriebsart der interne Zustand für die programmierbare Interruptsteuerung softwaregesteuert mit einem Steuerwort geändert wird. Die Betriebsart ist unabhängig vom EOI-Kommando, das ebenfalls mit dem Steuerwort gegeben wird. Das Wechseln der Priorität kann während eines EOI-Kommandos geschehen, aber auch unabhängig davon.

- Betriebsart Pegelgetriggert: Diese Betriebsart wird durch ein Bit im Steuerwort programmiert. Ist das Bit gesetzt, wird eine Unterbrechungsanforderung durch ein Signal am Eingang erkannt. Eine Flanke ist dabei nicht nötig. Die Anforderung muss vor dem EOI- Kommando (End of Interrupt) oder bevor die Zentraleinheit das Unterbrechungssystem wieder freigegeben hat, zurückgenommen werden, da sonst eine weitere Unterbrechungsanforderung bearbeitet wird.

1.1.8 AVR-Assemblersprache

In Tabelle 1.3 sind die AVR-Assemblerbefehle nach Funktion geordnet.

Tabelle 1.3: AVR-Assemblerbefehle

Funktion	Unterfunktion	Befehl	Flags	Takt
Register setzen	0	CLD r1	Z N V	1
	255	SER rh		1
	Konstante	LDI rh,k255		1
Kopieren	Register ⇒ Register	MOV r1,r2		1
	SRAM ⇒ Register direkt	LDS r1,k65535		2
	SRAM ⇒ Register	LD r1,rp		2
	SRAM ⇒ Register mit INC	LD r1,+rp		2
	DEC, SRAM ⇒ Register	LD r1,-rp		2
	SRAM, indiziert ⇒ Register	LDD r1,ry+k63		2
	Port ⇒ Register	IN r1,p1		1
	Stack ⇒ Register	POP r1		2
	Pogrammspeicher Z ⇒ R0	LPM		3
	Register ⇒ SRAM, direkt	STS k65535,r1		2
	Register ⇒ SRAM	ST rp,r1		2
	Register ⇒ SRAM mit INC	ST +rp,r1		2
	DEC, Register ⇒ SRAM	ST –rp,r1		2
	Register ⇒ SRAM, indiziert	STD +ryk63,r1		2
	Register ⇒ Port	OUT p1,r1		1
	Register ⇒ Stack	PUSH r1		2

Tabelle 1.3: (*Fortsetzung*)

Funktion	Unterfunktion	Befehl	Flags	Takt
Addition	8 Bit, +1	INC r1	Z N V	1
	8 Bit	ADD r1,r2	Z C N V H	1
	8 Bit + Carry	ADC r1,r2	Z C N V H	1
	16 Bit, Konstante	ADIW rd,k63	Z C N V S	2
Subtraktion	8 Bit, –1	DEC r1	Z N V	1
	8 Bit	SUB r1,r2	Z C N V H	1
	8 Bit, Konstante	SUBI rh,k255	Z C N V H	1
	8 Bit – Carry	SBC r1,r2	Z C N V H	1
	8 Bit – Carry, Konstante	SBCI, rh,k255	Z C N V H	1
	16 Bit	SBIW rd,k63	Z C N V S	2
Schieben	Logisch, links	LSL r1	Z C N V	1
	Logisch, rechts	LSR r1	Z C N V	1
	Rotieren, links über Carry	ROL r1	Z C N V	1
	Rotieren, rechts über Carry	ROR r1	Z C N V	1
	Arithmetisch, rechts	ASR r1	Z C N V	1
	Nibbletausch	SWAP r1		1
Binär	UND	AND r1,r2	Z N V	1
	UND, Konstante	ANDI rh,k255	Z N V	1
	ODER	OR r1,r2	Z N V	1
	ODER, Konstante	ORI rh,k255	Z N V	1
	EXCLUSIV-ODER	EOR r1,r2	Z N V	1
	Einer-Komplement	COM r1	Z C N V	1
	Zweier-Komplement	NEG r1	Z C N V H	1
Bits ändern	Register, Setzen	SBR rh,k255	Z C V	1
	Register, Rücksetzen	CBR rh,255	Z C V	1
	Register, Kopieren nach T-Flag	BST r1,b7	T	1
	Register, Kopie von T-Flag	BLD r1,b7		1
	Port, Setzen	SBI pl,b7		2
	Port, Rücksetzen	CBI pl,b7		2
Statusbit setzen	Zero-Flag	SEZ	Z	1
	Carry-Flag	SEC	C	1
	Negativ-Flag	SEN	N	1
	Zweierkompliment-Überlauf-Flag	SEV	V	1
	Halbübertrag-Flag	SEH	H	1

Tabelle 1.3: (*Fortsetzung*)

Funktion	Unterfunktion	Befehl	Flags	Takt
	Signed-Flag	SES	S	1
	Transfer-Flag	SET	T	1
	Interrupt-Enable-Flag	SEI	I	1
Statusbit rücksetzen	Zero-Flag	CLZ	Z	1
	Carry-Flag	CLC	C	1
	Negativ-Flag	CLN	N	1
	Zweierkompliment-Überlauf-Flag	CLV	V	1
	Halbübertrag-Flag	CLH	H	1
	Signed-Flag	CLS	S	1
	Transfer-Flag	CLT	T	1
	Interrupt-Enable-Flag	CLI	I	1
Vergleiche	Register, Register	CP r1,r2	Z C N V H	1
	Register, Register + Carry	CPC r1,r2	Z C N V H	1
	Register, Konstante	CPI rh,k255	Z C N V H	1
	Register, ≤0	TST r1	Z N V	1
Unbedingte Verzweigung	Relativ	RJMP k4096		2
	Indirekt, Adresse in Z	IJMP	I	2
	Unterprogramm, relativ	RCALL k4096		3
	Unterprogramm, Adresse in Z	ICALL		3
	Return vom Unterprogramm	RET		4
	Return vom Interrupt	RETI		4
Bedingte Verzweigung	Statusbit gesetzt	BRBS b7,k127		1/2
	Statusbit rückgesetzt	BRBC b7,k127		1/2
	Springe bei gleich	BREQ k127		1/2
	Springe bei ungleich	BRNE k127		1/2
	Springe bei Überlauf	BRCS k127		1/2
	Springe bei Carry = 0	BRCC k127		1/2
	Springe bei gleich oder größer	BRSH k127		1/2
	Springe bei kleiner	BRLO k127		1/2
	Springe bei negativ	BRMI k127		1/2
	Springe bei positiv	BRPL k127		1/2
	Springe bei größer oder gleich (Vorzeichen)	BRGE k127		1/2
	Springe bei kleiner Null (Vorzeichen)	BRLT k127		1/2

Tabelle 1.3: (*Fortsetzung*)

Funktion	Unterfunktion	Befehl	Flags	Takt
	Springe bei Halbübertrag	BRHS k127		1/2
	Springe bei Halb-Carry = 0	BRHC k127		1/2
	Springe bei gesetztem T-Bit	BRTS k127		1/2
	Springe bei gelöschtem T-Bit	BRTC k127		1/2
	Springe bei Zweierkomplement-überlauf	BRVS k127		1/2
	Springe bei Zweierkomplement-Flag = 0	BRVC k127		1/2
	Springe bei Interrupt freigegeben	BRIE k127		1/2
	Springe bei Interrupt gesperrt	BRID k127		1/2
Bedingte Sprünge	Registerbit = 0	SBRC r1,b7		1/2/3
	Registerbit = 1	SBRS r1,b7		1/2/3
	Portbit = 0	SBIC p1,b7		1/2/3
	Portbit = 1	SBIS p1,b7		1/2/3
	Vergleiche, Sprung bei gleich	CPSE r1,r2		1/2/3
Andere	No Operation	NOP		1
	Sleep	SLEEP		1
	Watchdog Reset	WDR		1

In Tabelle 1.3 werden für die Assemblerbefehle diverse Abkürzungen und Wertebereiche angegeben. Bei dem 16-Bit-Register ist das untere (niederwertige) 8-Bit-Register angegeben. Bei Konstanten wird die Angabe von Sprungzielen automatisch vom Assembler aus den Labels berechnet. Tabelle 1.4 zeigt Kategorie, Bedeutung und Wertebereich an.

Tabelle 1.4: Bedeutung der Abkürzungen von Tabelle 1.3

Kategorie	Abk.	Bedeutung	Wertebereich
Register	r1	Allgemeines Quell- und	R0 bis R31
	r2	Zielregister	R0 bis R31
	rh	Allgemeines Quellregister	R16 bis R31
	rd	Oberes Register	R24 (R25), R26 (R27), R28 (R29),
	rp	16-Bit-Register	R30 (R31)
	ry	Pointerregister	X = R26 (R27), Y = R28 (R29),
		Pointerregister mit Ablage	Z = R30 (R31)
			Y = R28 (R29), Z = R30 (R31)

Tabelle 1.4: (*Fortsetzung*)

Kategorie	Abk.	Bedeutung	Wertebereich
Konstante	k63	Pointer-Konstante	0...63
	k127	Bedingte Sprungdistanz	–64...+63
	k255	8-Bit-Konstante	0...255
	k4096	Relative Sprungdistanz	–2048...+2047
	k65535	16-Bit-Adresse	0...65535
Bit	b7	Bitposition	0...7
Port	p1	Beliebiger Port	0...63
	p1	Unterer Port	0...31

1.1.9 Speichereinheiten

Die Speichereinheiten sind in einen Programmspeicher mit 1024 Bytes und Datenspeicher mit 128 Bytes aufgeteilt. Für den Programmspeicher gelten die Adressen von 0x0000 bis 0x03FF und für den Datenspeicher die Adressen von 0x0000 bis 0x00DF. Tabelle 1.5 zeigt die Aufgliederung des Datenspeichers.

Tabelle 1.5: Aufgliederung des Datenspeichers

32 Register	0x0000 bis 0x001F
64 I/O-Register	0x0020 bis 0x005F
Internes SRAM (128 x 8)	0x0060 bis 0x00DF

Adressen und Name der Register sind in Tabelle 1.6 gezeigt.

Tabelle 1.6: Adressen und Name der Register

Adresse	Name	Bit 7	Bit 6	Bit 5	Bit 4	Bit 3	Bit 2	Bit 1	Bit 0
0x3F (0x5F)	SREG	I	T	H	S	V	N	Z	C
0x3E (0x5E)	Reserved	–	–	–	–	–	–	–	–
0x3D (0x5D)	SPL	SP7	SP6	SP5	SP4	SP3	SP2	SP1	SP0
0x3C (0x5C)	OCR0B	Timer/Counter0 – Compare Register B							
0x3B (0x5B)	GIMSK	INT1	INT0	PCIE	–	–	–	–	–
0x3A (0x5A)	EIFR	INTF1	INTF0	PCIF	–	–	–	–	–
0x39 (0x59)	TIMSK	TOIE1	OCIE1A	OCIE1B	–	ICIE1	OCIE0B	TOIE0	OCIE0A
0x38 (0x58)	TIFR	TOV1	OCF1A	OCF1B	–	ICF1	OCF0B	TOV0	OCF0A
0x37 (0x57)	SPMCSR	–	–	–	CTPB	RFLB	PGWRT	PGERS	SELFPRGEN
0x36 (0x56)	OCR0A	Timer/Counter0 – Compare Register A							
0x35 (0x55)	MCUCR	PUD	SM1	SE	SM0	ISC11	ISC10	ISC01	ISC00
0x34 (0x54)	MCUSR	–	–	–	–	WDRF	BORF	EXTRF	PORF
0x33 (0x53)	TCCR0B	FOC0A	FOC0B	–	–	WGM02	CS02	CS01	CS00
0x32 (0x52)	TCNT0	Timer/Counter0 (8-Bit)							
0x31 (0x51)	OSCCAL	–	CAL6	CAL5	CAL4	CAL3	CAL2	CAL1	CAL0

Tabelle 1.6: (*Fortsetzung*)

Adresse	Name	Bit 7	Bit 6	Bit 5	Bit 4	Bit 3	Bit 2	Bit 1	Bit 0
0x30 (0x50)	TCCR0A	COM0A1	COM0A0	COM0B1	COM0B0	–	–	WGM01	WGM00
0x2F (0x4F)	TCCR1A	COM1A1	COM1A0	COM1B1	COM1B0	–	–	WGM11	WGM10
0x2E (0x4E)	TCCR1B	ICNC1	ICES1	–	WGM13	WGM12	CS12	CS11	CS10
0x2D (0x4D)	TCNT1H	Timer/Counter1 – Counter Register High Byte							
0x2C (0x4C)	TCNT1L	Timer/Counter1 – Counter Register Low Byte							
0x2B (0x4B)	OCR1AH	Timer/Counter1 – Compare Register A High Byte							
0x2A (0x4A)	OCR1AL	Timer/Counter1 – Compare Register A Low Byte							
0x29 (0x49)	OCR1BH	Timer/Counter1 – Compare Register B High Byte							
0x28 (0x48)	OCR1BL	Timer/Counter1 – Compare Register B Low Byte							
0x27 (0x47)	Reserved	–	–	–	–	–	–	–	–
0x26 (0x46)	CLKPR	CLKPCE	–	–	–	CLKPC3	CLKPC2	CLKPC1	CLKPC0
0x25 (0x45)	ICR1H	Timer/Counter1 – Input Capture Register High Byte							
0x24 (0x44)	ICR1L	Timer/Counter1 – Input Capture Register Low Byte							
0x23 (0x43)	GTCCR	–	–	–	–	–	–	–	PSR10
0x22 (0x42)	TCCR1C	FOC1A	FOC1B	–	–	–	–	–	–
0x21 (0x41)	WDTCSR	WDIF	WDIE	WDP3	WDCE	WDE	WDP2	WDP1	WDP0
0x20 (0x40)	PCMSK	PCINT7	PCINT6	PCINT5	PCINT4	PCINT3	PCINT2	PCINT1	PCINT0
0x1F (0x3F)	Reserved	–	–	–	–	–	–	–	–
0x1E (0x3E)	EEAR	EEPROM Address Register							
0x1D (0x3D)	EEDR	EEPROM Data Register							
0x1C (0x3C)	EECR	–	–	EEPM1	EEPM0	EERIE	EEMPE	EEPE	EERE
0x1B (0x3B)	PORTA	–	–	–	–	–	PORTA2	PORTA1	PORTA0
0x1A (0x3A)	DDRA	–	–	–	–	–	DDA2	DDA1	DDA0
0x19 (0x39)	PINA	–	–	–	–	–	PINA2	PINA1	PINA0
0x18 (0x38)	PORTB	PORTB7	PORTB6	PORTB5	PORTB4	PORTB3	PORTB2	PORTB1	PORTB0
0x17 (0x37)	DDRB	DDB7	DDB6	DDB5	DDB4	DDB3	DDB2	DDB1	DDB0
0x16 (0x36)	PINB	PINB7	PINB6	PINB5	PINB4	PINB3	PINB2	PINB1	PINB0
0x15 (0x35)	GPIOR2	General Purpose I/O Register 2							
0x14 (0x34)	GPIOR1	General Purpose I/O Register 1							
0x13 (0x33)	GPIOR0	General Purpose I/O Register 0							
0x12 (0x32)	PORTD	–	PORTD6	PORTD5	PORTD4	PORTD3	PORTD2	PORTD1	PORTD0
0x11 (0x31)	DDRD	–	DDD6	DDD5	DDD4	DDD3	DDD2	DDD1	DDD0
0x10 (0x30)	PIND	–	PIND6	PIND5	PIND4	PIND3	PIND2	PIND1	PIND0
0x0F (0x2F)	USIDR	USI Data Register							
0x0E (0x2E)	USISR	USISIF	USIOIF	USIPF	USIDC	USICNT3	USICNT2	USICNT1	USICNT0
0x0D (0x2D)	USICR	USISIE	USIOIE	USIWM1	USIWM0	USICS1	USICS0	USICLK	USITC
0x0C (0x2C)	UDR	USART Data Register (8 Bit)							
0x0B (0x2B)	UCSRA	RXC	TXC	UDRE	FE	DOR	UPE	U2X	MPCM
0x0A (0x2A)	UCSRB	RXCIE	TXCIE	UDRIE	RXEN	TXEN	UCSZ1	RXB8	TXB8
0x09 (0x29)	UBRRL	UBRRH[7:0]							
0x08 (0x28)	ACSR	ACD	ACBG	ACO	ACI	ACIE	ACIC	ACIS1	ACIS0
0x07 (0x27)	Reserved	–	–	–	–	–	–	–	–
0x06 (0x26)	Reserved	–	–	–	–	–	–	–	–
0x05 (0x25)	Reserved	–	–	–	–	–	–	–	–
0x04 (0x24)	Reserved	–	–	–	–	–	–	–	–
0x03 (0x23)	UCSRC	–	UMSEL	UPM1	UPM0	USBS	UCSZ1	UCSZ0	UCPOL
0x02 (0x22)	UBRRH	–	–	–	–	USBRRH[11:8]			
0x01 (0x21)	DIDR	–	–	–	–	–	–	AIN1D	AIN0D
0x00 (0x20)	Reserved	–	–	–	–	–	–	–	–

1.2 Schaltungstechnik und Assembler-Programmierung

Die Peripherie des Mikrocontrollers besteht in dem ersten Beispiel „test1" aus einer Taste und zwei Leuchtdioden. *Abb. 1.3* zeigt die einfache Schaltung. Ist die Taste nicht gedrückt, hat Eingang PB0 ein 1-Signal und Ausgang PB7 liegt auf 1-Signal. Wird der Taster betätigt, schaltet der Eingang auf 0-Signal und der Ausgang ebenfalls auf 0-Signal. Beide LEDs emittieren ein Licht.

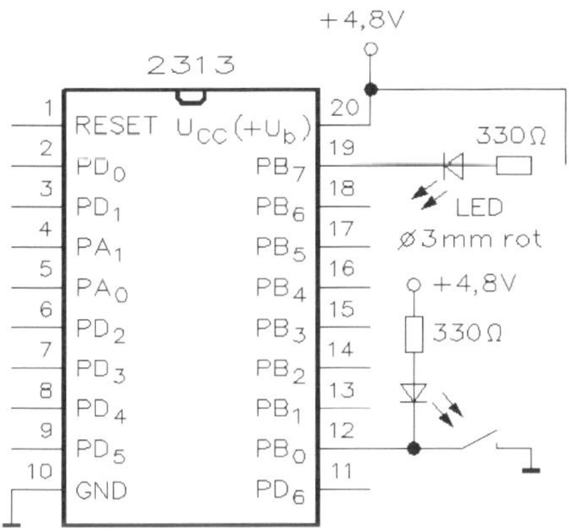

Abb. 1.3: Peripherie des Mikrocontrollers ATtiny2313

Die Schaltung gestaltet sich sehr einfach, d. h. GND (Masse) und VCC ($+U_b$) sind direkt mit dem Batteriepaket der Akkumulatoren zu verbinden. An Pin PB0 wird der Taster angeschlossen. Über Widerstand und Leuchtdiode liegt der Eingang von PB0 auf 1-Signal. Die Leuchtdiode emittiert kein Licht. Betätigt man die Taste, liegt der Eingang von PB0 auf Masse und die Leuchtdiode signalisiert ein 0-Signal.

Pin PB7 stellt den Ausgang dar und hat der Ausgang ein 1-Signal, bleibt die Leuchtdiode dunkel. Schaltet Pin PB7 auf 0-Signal, fließt ein Strom von $+U_b$ über die Leuchtdiode und den Widerstand in den Ausgang hinein. Der Strombegrenzungswiderstand errechnet sich aus:

$$R = \frac{+U_b - U_D}{I_D}$$

Der Strombegrenzungswiderstand R ist abhängig von der Betriebsspannung, von der Schleusenspannung der Leuchtdiode ($U_D \approx 1{,}6$ V, je nach Farbe) und dem Durchlassstrom (U_D je nach Größe).

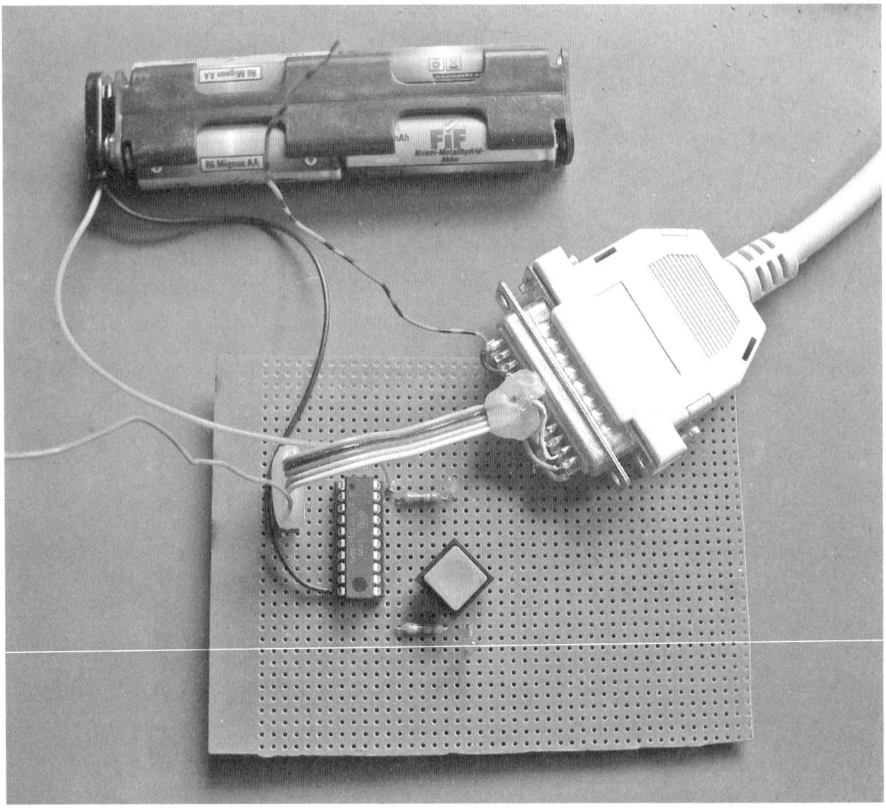

Abb. 1.4: Peripherie (ein Schalter und zwei LEDs) des Mikrocontrollers ATtiny2313 mit der selbst gebauten PC-Programmierschnittstelle

1.2.1 Anschluss an der parallelen PC-Schnittstelle

Die ISP-Schnittstelle (In-System-Programmable) ist normalerweise genormt, aber für die ersten Versuche kann man die Schaltung von *Abb. 1.5* verwenden.

Zur Kopplung von Rechnern und Peripheriegeräten eignet sich die Centronics-Schnittstelle. Bei einer maximalen Reichweite von 90 m beträgt die Übertragungsrate bis 100 Kbyte/s und bei einer Länge von 1 m liegt die Geschwindigkeit bei 1 Mbyte/s. Der Stecker ist ein 25-poliger DB25-Anschluss. Die Anschlussbelegung ist normalerweise für den Drucker:

Pin 1 (Strobe): Der PC signalisiert über diese Steuerleitung, dass die Daten gültig sind.
Pin 2 bis Pin 9 sind die acht Datenleitungen.
Pin 10 (Acknowledge): Der Drucker quittiert die Übernahme der Daten.

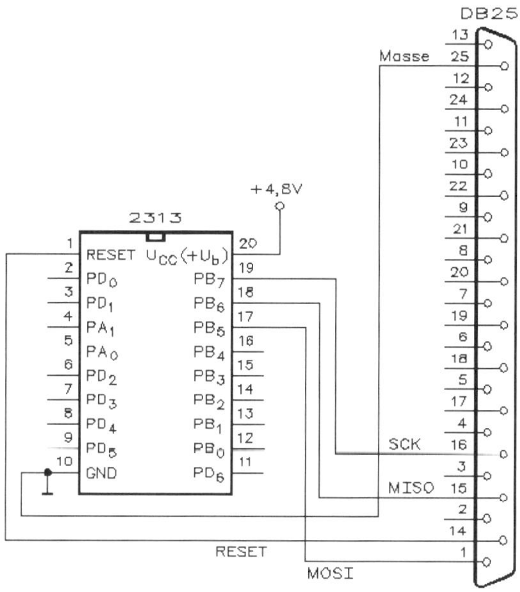

Abb. 1.5: ISP-Schnittstelle an der Druckerschnittstelle

Pin 11 (Busy): Der Anschluss dient dafür, dass der Drucker keine Daten empfangen kann.
Pin 12 (Paper Empty): Der Anschluss signalisiert, dass das Papier zu Ende ist.
Pin 13 (Select): Der Anschluss dient dazu, dass der Drucker angewählt ist.
Pin 14 bis Pin 25: Masse

Für die nicht genormte Schnittstelle wird die Steckverbindung nach *Abb. 1.5* hergestellt:

Pin 1: Anschluss für MOSI
Pin 14: Anschluss für RESET
Pin 15: Anschluss für MISO
Pin 16: Anschluss für SCK
Pin 25: Masseanschluss

Die Anschlussbelegung wurde willkürlich gewählt und funktioniert zusammen mit dem Atmel „Studio“.

1.2.2 Installation von Atmel „Studio“

Aus dem Internet können Sie ohne Probleme das Atmel „Studio“ herunterladen. Hierzu geben Sie „atmel.de“ ein und es erscheint ein Fenster mit „Microcontroller Solutions“. Klicken Sie „AVR 8- und 32-Bit“ an und es erscheint das Fenster über

„8- und 32-bit-MCU“ mit „Tools & Software“. Es erscheint ein weiteres Fenster. Gehen Sie auf die „Design-Software“ unter dem Namen „AVR Studio 4“ und klicken Sie „8-Bit-MCU“ an. Anschließend erscheint ein neues Fenster. Gehen Sie auf das Symbol einer CD mit der Registrierung von Version „AVR Studio 4.xx“. Um an die kostenlose Entwicklungssoftware zu kommen, müssen Sie die Fragen des „Software Download“ beantworten. Sind alle Fragen geklärt, erscheint auf der Windowsoberfläche ein Junikäfer.

Das Datenblatt erhalten Sie unter „View Mature Devices“ . Es öffnet sich ein Fenster. Gehen Sie auf „Devices“ unter „ATtiny2313“ und klicken Sie „ATtiny2313“ mit „228 Seiten“ an. Sie erhalten die gesamte Dokumentation für den 8-Bit-Mikrocontroller ATtiny2313. *Abb. 1.6* zeigt das Symbol von Atmel „Studio“.

Abb. 1.6: Symbol von Atmel „Studio“

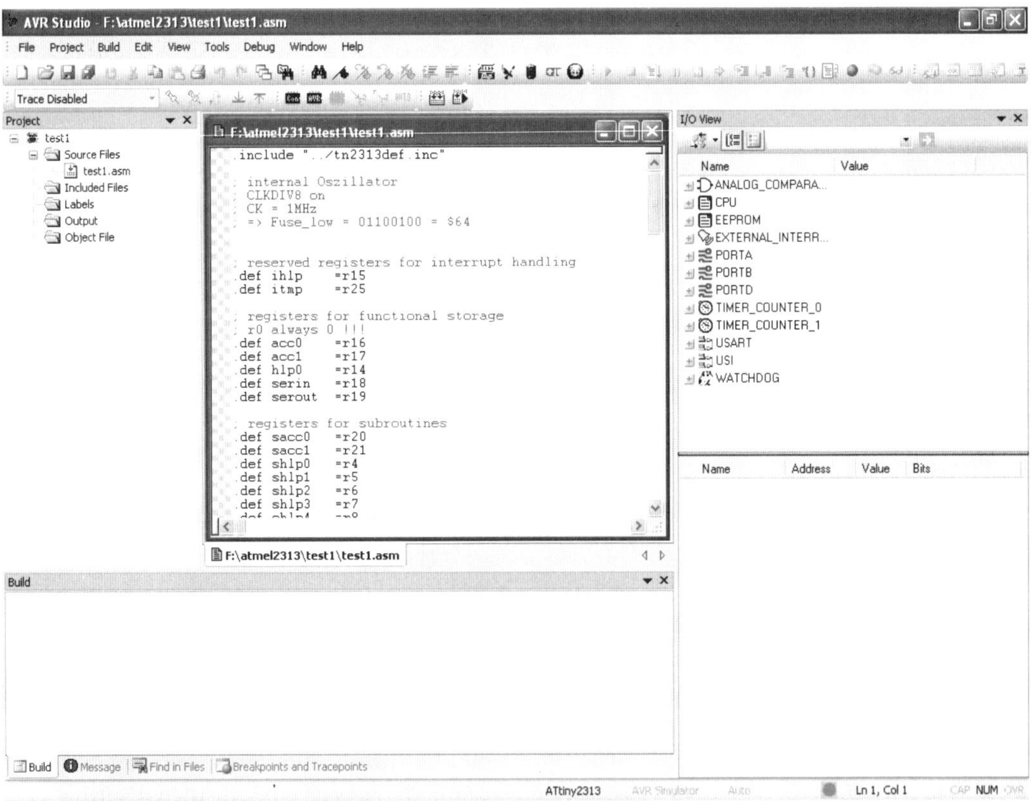

Abb. 1.7: Geöffnetes Fenster von Atmel „Studio“ (test1.asm)

Wenn Sie das Atmel „Studio“ anklicken und das Fenster von „test1.asm“ öffnen, erhalten Sie bereits den ersten Versuch, wie *Abb. 1.7* zeigt.

Das „test1“-Programm ist ein einfaches Beispiel für die Schaltung von *Abb. 1.3.* Der Taster ist offen und Port PB0 erkennt ein 1-Signal an. Die LED an Port PB0 ist dunkel. Schließt man den Schalter, erkennt der Eingang ein 0-Signal und die LED leuchtet. An Port PB7 gibt der Mikrocontroller ein 1-Signal aus und durch die LED fließt kein Strom. Bei einem 0-Signal am Ausgang fließt ein Strom und die LED leuchtet.

Wie die Schaltung von *Abb. 1.3* zeigt, ist kein Quarz erforderlich und der interne Oszillator des Mikrocontrollers arbeitet mit 8 MHz. Diese 8 MHz werden durch einen internen Frequenzteiler auf 1 MHz heruntergeteilt. Wenn Sie das Programm in *Abb. 1.7* betrachten, sehen Sie den Befehl „CLKDIV8 on“ und der interne Frequenzteiler ist eingeschaltet. Die Arbeitsfrequenz liegt bei 1 MHz und wird ausgegeben mit „CK = 1 MHz“.

Links oben sehen Sie in *Abb. 1.7* das Projektfenster, in der Mitte das Assemblerprogramm und rechts die Übersicht von den I/O-Ports und den internen Funktionseinheiten. Das Projekt besteht aus einem „Source File“ mit dem „test1.asm“, der Hinweis auf den Assembler.

In der nächsten Zeile steht „Included Files“. Durch Angabe der Include-Anweisung wird das Einfügen von kompletten Quelldateien (Dateien mit Standardvereinbarungen oder Standardmakros) veranlasst. Die so eingefügten Dateien können weitere Include-Anweisungen enthalten. Wenn der Dateiname in spitze Klammern gesetzt wird, so erfolgt die Dateisuche in vordefinierten Directories. Wenn der Dateiname in Anführungsstrichen eingeschlossen ist, dann wird zuerst das aktuelle Directory (in dem sich auch die Quelldatei befindet) durchsucht. Dabei sollte dann der vollständige oder relative Pfadname der Include-Datei angegeben werden. Wenn Sie diese Funktion anklicken, öffnet sich eine weitere Zeile mit „tn2313 def.inc“. Damit können Sie Informationen über die equ-Anweisungen des Assemblers erhalten.

Die equ-Anweisung ist eine wichtige Pseudoanweisung für den Assembler. Mit Hilfe dieser Anweisung können schwer zu merkende, absolute Adressangaben bzw. umfangreiche Ausdrücke sinnvollen Symbolen zugeordnet werden. Der Programmierer nutzt beim Erstellen des Programms die besser zu merkenden Symbole. Während des Assemblerlaufs werden die Symbole dann durch die Adressangaben oder Ausdrücke ersetzt. Damit lassen sich beim Assembler- bzw. Linkervorgang den Befehlssequenzen Adressbereiche des Mikrocontrollers zuordnen und der Programmierer erhält einen Überblick darüber, ob die Umsetzung vom Assembler bzw. Linker in der gewünschten Art durchgeführt wurde. Dann wird vom Assembler ein sogenanntes Listing erzeugt. Dies ist ein Papierausdruck des gesamten Programms mit allen Unterprogrammen im Assemblerformat mit den zugeordneten Adressen und dem ablauffähigen Mikrocontrollercode in hexadezimaler Darstellung. Auch die vom Anwender erstellten Kommentare sind in dem Listing zu finden. Dadurch ist das Assembler-Listing ein Hilfsmittel beim Suchen von Fehlern in der Integrations- bzw. Debugphase von Hard- und Software.

In der nächsten Zeile steht „Labels“. Der Assembler erkennt Labels daran, dass als letztes Zeichen vor einem Semikolon ein Doppelpunkt steht. Alles, was mit einem Doppelpunkt endet, ist ein Label, d. h. eine virtuelle Adresse, deren physikalischer Wert beim Compilieren ermittelt wird. Labels können Buchstaben oder Zahlen, ganze Sätze oder Sonderzeichen sein. Labels dürfen nicht mit einem Befehl in einer Zeile stehen. Labels dürfen nicht die Zeichen +, –, * oder / enthalten. Klicken Sie die Zeile an, öffnen sich weitere Zeilen und Sie sehen in alphabetischer Reihenfolge alle Interrupts. Klicken Sie einen Interrupt an, spricht das Programm auf den gewünschten Interrupt an.

Wenn der Assembler gestartet wurde, können Sie die Labels abrufen, wenn Sie mit der rechten Maustaste den Ordner anklicken. Es öffnet sich ein Fenster. Wenn nicht, starten Sie den Assembler und es erscheint Folgendes:

ANA_COMP: Programm springt nach einem Doppelklick auf diesen Befehl, wenn „L“ angeklickt wird.

EE_READY: Gibt die Informationen des EEPROM nach diesem Befehl aus.

INT0: Wenn „L“ angeklickt wird, springt das Programm und zeigt auf die markierte Stelle.

INT1: Wenn „L“ angeklickt wird, springt das Programm und zeigt auf die markierte Stelle.

Main: Das Hauptprogramm springt nach einem Doppelklick auf diesen Befehl, wenn „L“ angeklickt wird. Dabei handelt es sich um das geschriebene Programm unter „main“.

not_pressed: Das Programm springt nach einem Doppelklick auf diesen Befehl, wenn „L“ angeklickt wird. Dabei handelt es sich um das geschriebene Programm unter „not_pressed“.

PCINT: Programm springt nach einem Doppelklick auf diesen Befehl, wenn „L“ angeklickt wird.

RESET: Gibt nach einem Doppelklick die Informationen und führt diesen Befehl aus.

TIM0_OVF: Markiert den Überlauf des Timers 0 nach einem Doppelklick und zeigt auf die Stelle im Programm.

TIM1_CAPT: Markiert nach einem Doppelklick und zeigt auf die Stelle im Programm.

TIM1_COMPA: Markiert den Timer 1 nach einem Vergleich mit einem Doppelklick und zeigt auf die Stelle im Programm.

TIM1_OVF: Markiert den Timer 1 nach einem Überlauf mit einem Doppelklick und zeigt auf die Stelle im Programm.

TIMER0_COMPA: Kennzeichnet den Timer 0 nach einem Vergleich mit einem Doppelklick und zeigt auf die Stelle im Programm.

TIMER0_COMPB: Kennzeichnet den Timer 0 nach einem Vergleich mit einem Doppelklick und zeigt auf die Stelle im Programm.

TIMER1_COMPB: Kennzeichnet nach einem Doppelklick und zeigt auf die Stelle im Programm.

USART0_DER: Programm springt nach einem Doppelklick auf diesen Befehl, wenn „L" angeklickt wird.

USART0_RXC: Gibt nach einem Doppelklick die Informationen für diesen Befehl aus.

USARTT0_TXC: Kennzeichnet nach einem Doppelklick die Stelle im Programm.

USI_OVERFLOW: Markiert nach einem Doppelklick die Stelle im Programm.

USI_START: Gibt nach einem Doppelklick die Informationen für diesen Befehl aus.

WDT_OVERFLOW: Programm springt nach einem Doppelklick auf diesen Befehl, wenn „L" angeklickt wird.

Einige Labels sind reserviert und weisen dem Label eine feste Adresse zu. Es handelt sich hierbei um die Reset- und Interruptadressen. Diese reservierten Bezeichnungen sind Bestandteil des Treibers und werden bei Beginn des Assemblierens geladen.

In der nächsten Zeile steht „Outputs". Klicken Sie mit der rechten Maustaste die Zeile an, erscheint „test1.gen" und „test1.map". „test1.gen" zeigt an, dass es sich nicht um HEX-Formate von „Intel" oder „Motorola" zur seriellen Datenübertragung vom PC zur Versuchsschaltung handelt, sondern es wird ein generiertes File übertragen. Das Listing für „test1.gen" beginnt mit Adresse 0 und endet mit der letzten Adresse im Programm. Bei dem Programm ist das die Adresse 2A. Das Listing für „test1.map" zeigt die Namen mit den Adressen der Register an.

Mit der letzten Zeile kann man das „Object File“ auslesen. Hier erhalten Sie die Informationen über das gerade zu bearbeitende Testobjekt.

1.2.3 Programmieroberfläche des Assemblers

In der Mitte vom „Studio“ befindet sich die Programmieroberfläche des Assemblers mit dem fertigen Programm von „test1“. Die Programmieroberfläche ist in der Standardeinstellung sehr klein und kann über „VIEW“ ausgewählt werden. Klicken Sie „VIEW“ an und es erscheint „TOOLBARS“. Schieben Sie den Cursor auf „TOOLBARS“, öffnet sich eine Auswahlliste. Klicken Sie auf „I/O“ und „Project“. Es erscheint eine größere Arbeitsfläche auf „Studio“ wie *Abb. 1.8*, *Abb. 1.9* und *Abb. 1.10* zeigen.

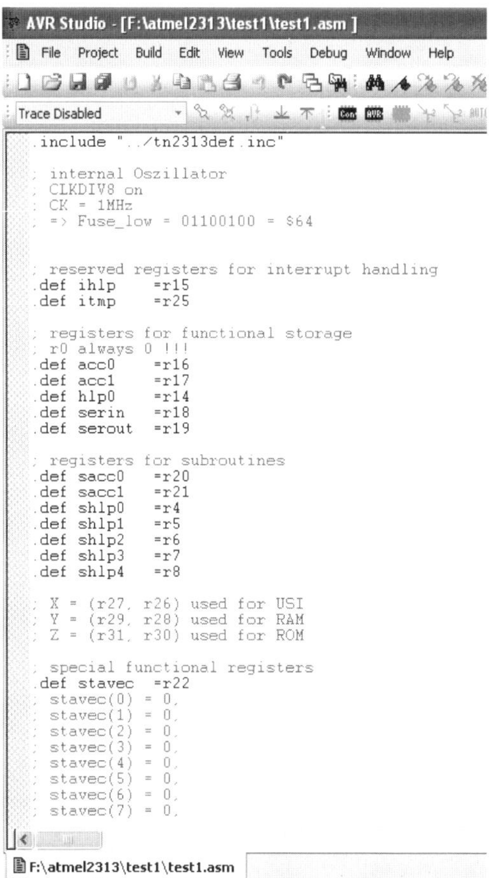

Abb. 1.8: Anfang des Assemblerprogramms „test1“

```
.def unused0 =r23
.def unused1 =r24

.equ CNTVAL  =$95 ;

; SRAM usage
; for time information
.equ MINS    =$60 ;
.equ SECS    =$61 ;

    rjmp RESET          ; Reset Handler
    rjmp INT0           ; External Interrupt0 Handler
    rjmp INT1           ; External Interrupt1 Handler
    rjmp TIM1_CAPT      ; Timer1 Capture Handler
    rjmp TIM1_COMPA     ; Timer1 CompareA Handler
    rjmp TIM1_OVF       ; Timer1 Overflow Handler
    rjmp TIM0_OVF       ; Timer0 Overflow Handler
    rjmp USART0_RXC     ; USART0 RX Complete Handler
    rjmp USART0_DRE     ; USART0,UDR Empty Handler
    rjmp USART0_TXC     ; USART0 TX Complete Handler
    rjmp ANA_COMP       ; Analog Comparator Handler
    rjmp PCINT          ; Pin Change Interrupt
    rjmp TIMER1_COMPB   ; Timer1 Compare B Handler
    rjmp TIMER0_COMPA   ; Timer0 Compare A Handler
    rjmp TIMER0_COMPB   ; Timer0 Compare B Handler
    rjmp USI_START      ; USI Start Handler
    rjmp USI_OVERFLOW   ; USI Overflow Handler
    rjmp EE_READY       ; EEPROM Ready Handler
    rjmp WDT_OVERFLOW   ; Watchdog Overflow Handler


; unused Interrupts
INT0:
INT1:
TIM1_CAPT:
TIM1_COMPA:
TIM1_OVF:
TIM0_OVF:
USART0_RXC:
USART0_DRE:
USART0_TXC:
ANA_COMP:
PCINT:

F:\atmel2313\test1\test1.asm *
```

Abb. 1.9: Mittelteil des Assemblerprogramms „test1“

```
; used Interrupts


; Initialize
RESET:
    ; set stackpointer to end off RAM
    ldi acc0, low(RAMEND)
    out SPL,acc0

    ; set PortA to input with Pullup
    ldi acc0, $ff
    out PORTA, acc0
    ldi acc0, $00
    out DDRA, acc0

    ; set PortB to input with Pullup
    ; set PortB(7) to output with value 1
    ldi acc0, $ff
    out PORTB, acc0
    ldi acc0, $80
    out DDRB, acc0

    ; set PortD to input with Pullup
    ldi acc0, $ff
    out PORTD, acc0
    ldi acc0, $00
    out DDRD, acc0

; Mainprogram
main:
    in acc0, PINB
    andi acc0,$01
    brne not_pressed
    ; button pressed
    ldi acc0, $7f
    out PORTB, acc0
    rjmp main

not_pressed:
    ldi acc0, $ff
    out PORTB, acc0
    rjmp main

F:\atmel2313\test1\test1.asm *
```

Abb. 1.10: Initialisierung des Assemblerprogramms „test1“

Normalerweise benötigt man nicht den umfangreichen Kopf für den Assembler, denn der Schaltungsaufbau von *Abb. 1.3* ist minimal. Der Programmkopf wird nur einmal geschrieben und steht dann immer für neue Programme zur Verfügung. Mit „.def ihlp“ wird Register 15 definiert und es handelt sich um ein einfaches Register (eingeschränkte Speicherfunktionen), wo Daten abgespeichert werden. Mit „.def itmp“ wird das Register 25 definiert und es handelt sich um ein höheres Register, wo man praktisch alle Daten des Programms abspeichern soll.

Im nächsten Block (registers for functional storage) werden die beiden Akkumulatoren „acc0“ und „acc1“ den Registern 16 und 17 zugewiesen. Die einfache Registerfunktion wird mit „def hlp0“ für Register 14 zugewiesen. Für die serielle Schnittstelle hat man Register 18 („.def serin“) und Register 19 („.def serount“).

Im nächsten Block (registers for subroutines) werden die Register für die Subroutinen (Unterprogrammaufrufe) definiert. Register 20 und 21 sind für höhere Subroutinen (sacc, subroutine acc0 und acc1) und die Register 4 bis 8 sind für niedere Subroutinen (shlp) zum Zwischenspeichern vorhanden. Bei der Behandlung für Unterprogrammaufrufe arbeitet man z. B. mit Sprungbefehlen und diese verursachen Änderungen in der Programmsteuerung. Es muss die Rücksprungadresse, die für die Rücksprungbefehle benötigt wird, hier abgelegt werden. Befehle dieser Klasse rufen ein Unterprogramm unter bestimmten Bedingungen auf. Ist die spezifizierte Bedingung erfüllt, wird die Rücksprungadresse in diesen Registern abgespeichert und die Befehlsausführung bei der Speicheradresse, die durch die Verkettung von einem 8- oder 16-Bit-Register gebildet wird, fortgesetzt. Ist die Bedingung nicht erfüllt, wird die Befehlsausführung beim nächsten Befehl fortgesetzt. Die Register X, Y und Z sind im 16-Bit-Format realisiert und damit kann man einen Speicherbereich von 0 bis 65535 (ffffh) erreichen.

Im nächsten Block (special functional registers) werden alle Spezialfunktionsregister definiert und die Speicherung erfolgt im Register 22. Register 23 und 24 werden nur für spezielle Programmierungsfälle benötigt und sind normalerweise gesperrt. Es folgt eine „.def stavec“-Anweisung mit der Zuweisung des Statusvektors an Register 22. Die acht darauffolgenden Zeilen ergeben das 8-Bit-Format für das „.def stavec“-Register mit den Statusvektoren.

Danach folgen mit SRAM die Definitionen für Minuten und Sekunden.

Mit den „rjmp“-Befehlen werden die folgenden Handler (Routine für checking peripherals) zurückgesetzt:

- rjmp RESET ; Reset Handler
- rjmp INT0 ; External Interrupt Handler
- rjmp INT1 ; External Interrupt Handler

- rjmp TIM1_CAPT ; Timer1 Capture Handler
- rjmp TIM1_COMPA ; Timer1 Compare A Handler
- rjmp TIM1_OVF ; Timer1 Overflow Handler
- rjmp TIM_OVF ; Timer0 Overflow Handler
- rjmp USART0_RXC ; USART0 RX Complete Handler
- rjmp USART0_DER ; USART0 UDR Empty Handler
- rjmp USART0_TXC ; USART0 TX Complete Handler
- rjmp ANA_COMP ; Analog Comparator Handler
- rjmp PCINT ; Pin Change Interrupt
- rjmp TIMER1_COMPB ; Timer1 Compare B Handler
- rjmp TIMER0_COMPA ; Timer0 Compare A Handler
- rjmp TIMER0_COMPB ; Timer0 Compare B Handler
- rjmp USI_START ; USI Start Handler
- rjmp USI_OVERFLOW ; USI Overflow Handler
- rjmp EE_READY ; EEPROM Ready Handler
- rjmp WDT_OVERFLOW ; Watchdog Handler

Anschließend folgen in dem Kopfprogramm die gesperrten Interrupts. Beim Starten der Schaltung in der minimalen Konfiguration müssen alle Interrupts nach der Programmierung unterdrückt bzw. gesperrt sein. Andernfalls kann es beim Starten des Programms zu Fehlern kommen.

Abb. 1.10 zeigt die Initialisierung des Programms. Die erste Programmschleife beginnt mit RESET und dem Setzen des Stackpointers auf das Ende des RAM mit dem Befehl „ldi acc0, low (RAMEND)". Bei dieser Adressierungsart folgt dem Befehlsbyte direkt das Datenbyte (8-Bit-Format) bzw. das Datenwort (16-Bit-Format), mit dem der Datentransfer stattfinden soll. Der Stackpointer ist ein Register mit der gleichen Breite wie der Programmzähler. Der Inhalt des Stackpointers adressiert, ähnlich wie der Programmzähler, eine Speicherstelle im Adressbereich des Mikrocontrollers. Prinzipiell kann mit dem Stackpointer so jede beliebige Speicherstelle des Mikrocontrollers erreicht werden. In der Praxis adressiert man jedoch nur einen kleinen Bereich des „Read-Write"-Speicherbereichs mit dem Stackpointer. Dieser Bereich im RAM-Speicher wird in der Praxis auch als Stack (Stapel) bezeichnet. Der Bereich des Stack wird vom Mikrocontroller als dynamisch verwalteter Speicher für temporäre Daten verwendet. Immer dann, wenn ein Datenbyte auf diesem Stackspeicher abgelegt wird, wird automatisch nach der Schreiboperation der Stackpointer um 1 dekrementiert. Der Stackpointer zeigt damit auf die nächstniedrigere, noch freie Speicherstelle. So kann dynamisch ein relativ großer Speicherbereich mit Daten gefüllt werden, ohne dass die Adressen des Bereichs explizit bekannt sein müssen. Einzige Voraussetzung ist, dass der Stack in der entgegengesetzten Richtung wieder ausgelesen wird. Auch dies wird vom Mikrocontroller automatisch durchgeführt. Immer dann, wenn ein Wert vom Stack zurückgelesen werden soll, wird zunächst der Stackpointer um eins inkrementiert und erst dann der Wert gelesen. Dies ist der zuletzt auf dem Stack abgelegte Datenwert. So kann sukzessive der gesamte Bereich des Stack wieder zurückgelesen werden.

Besonders günstig bezüglich der Speichernutzung ist auch die Tatsache, dass der Stackspeicher nach dem Zurücklesen der gespeicherten Daten für andere Daten erneut verwendet werden kann. Der Stack baut sich also dynamisch auf und wird auch dynamisch wieder abgebaut. Einziger Nachteil bei der Speicheradressierung durch den Stackpointer ist, dass die Daten nicht in beliebiger Reihenfolge zurückgelesen werden können. Der Stack muss grundsätzlich in umgekehrter Reihenfolge wieder ausgelesen werden. An den Inhalt einer beliebigen Speicherzelle kommt man daher unter Umständen erst nach vielen Rückleseoperationen heran. *Abb. 1.11* zeigt die Arbeitsweise eines Stackpointers und Stack an einem Mikrocontroller.

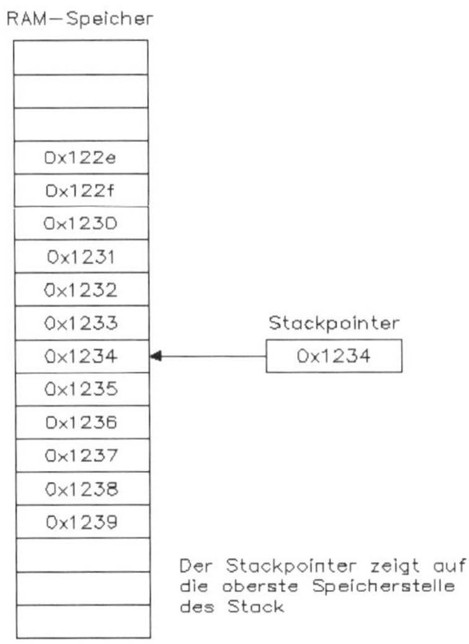

Abb. 1.11: Stackpointer und Stack an einem Mikrocontroller

Genutzt wird der Stackbereich des Mikrocontrollers in erster Linie bei der Unterprogrammtechnik und bei der Interruptverarbeitung. Bei einem Mikrocontrollerprogramm, das in Unterprogrammtechnik programmiert wurde, muss der Mikrocontroller bei jedem Unterprogrammaufruf den Programmzähler mit der Startadresse des entsprechenden Unterprogramms laden. Die Adresse der nächsten Anweisung des rufenden Programms wird also durch die Startadresse des Unterprogramms überschrieben und geht dadurch verloren. Eine weiteres Abarbeiten des Hauptprogramms wäre dadurch unmöglich. Alle Mikrocontroller speichern daher, bevor der Sprung zum Unterprogramm ausgeführt wird, die Adresse der nächsten auszuführenden Anweisung vom rufenden Programm in einen temporären Zwischenspeicher, dem Stack, ab. Nachdem das Unterprogramm abgearbeitet wurde, wird zunächst die gerettete Rücksprungadresse des Hauptprogramms in den Programmzähler zurückgeladen. Danach kann das Hauptprogramm problemlos fortgeführt werden. *Abb. 1.12* zeigt die Arbeitsweise für einen Aufruf eines Unterprogramms aus dem Hauptprogramm.

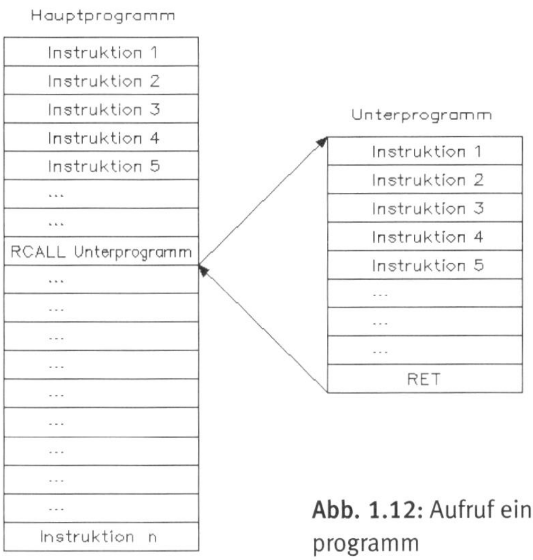

Abb. 1.12: Aufruf eines Unterprogramms aus einem Hauptprogramm

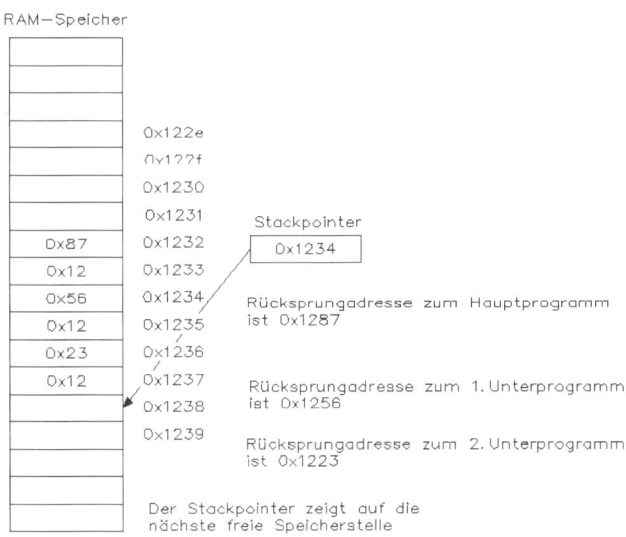

Abb. 1.13: Mikrocontrollerstack beim Aufruf mehrerer geschachtelter Unterprogramme

Natürlich kann ein Unterprogramm selbst auch ein weiteres Unterprogramm aufrufen. Dies lässt sich nahezu beliebig fortsetzen. Begrenzt wird die Zahl der geschachtelten Unterprogrammaufrufe nur durch die Größe des Stackspeicherbereichs.

Die Mikrocontrollerbefehle zum Aufruf eines Unterprogramms sind Call-Befehle bzw. JMP-Befehle. Beim Mikrocontroller kann sowohl bedingt als auch abhängig von Flags des Statusregisters bedingt zu Unterprogrammen verzweigt werden. Jedes Unterprogramm muss als letzte ausführbare Anweisung die Return (RET) Anweisung enthalten. Durch diese Anweisung wird die Adresse des Folgebefehls vom rufenden Programm zurückgeladen. Der Programmlauf wird dann im rufenden Programm fortgesetzt.

Neben der automatischen Verwaltung des Stackspeichers durch den Mikrocontroller kann auch der Anwender den Stack kontrollieren und dort Daten zwischenspeichern. Hierzu stellt der Mikrocontroller entsprechende Assemblerbefehle zur Verfügung. Die Push-Befehle dienen zum Ablegen von Informationen auf dem Stack und mit den Pop-Befehlen können diese Werte vom Stack zurückgeladen werden. Zum Abspeichern und Zurückladen von Registerinhalten auf dem Stackspeicher ist ein besonderes Befehlspaar vorgesehen.

Der Anwender nutzt die temporäre Speicherung von Daten auf dem Stack vorwiegend zum Retten von Registern, wenn in ein Unterprogramm verzweigt werden soll, und zur Übergabe von Parametern vom rufenden Programm in das Unterprogramm. Vom Anwender zu beachten ist, dass alle Werte, die auf dem Stack abgelegt wurden, auch wieder zurückgelesen werden müssen. Nur durch diese Maßnahme kann sichergestellt werden, dass der Stack nicht einseitig überläuft und die Unterprogrammtechnik einwandfrei funktioniert.

Ganz ähnlich wie die Unterprogrammtechnik arbeitet die Interruptverarbeitung. Hier wird durch ein inneres oder äußeres Signal dem Mikrocontroller mitgeteilt, dass er seine momentane Aufgabe unterbrechen soll, um eine spezielle andere Aufgabe abzuarbeiten. Nötig ist dies bei Echtzeitsystemen wie z. B. Messempfängern, bei denen zu bestimmten Zeitpunkten neue Messwerte von einer Analog-Digital-Wandler-Baugruppe aufgenommen und vorverarbeitet bzw. zwischengespeichert werden müssen. Würde die Verarbeitung oder Zwischenspeicherung nicht unmittelbar durchgeführt, wäre der Messwert unwiederbringlich verloren. Durch ein externes Signal, das sogenannte Interruptsignal, wird der Mikrocontroller aufgefordert, seine momentane Arbeit zu unterbrechen und eine Sonderaufgabe bevorzugt abzuarbeiten. Die Sonderaufgabe wird dabei in der Art eines Unterprogramms abgearbeitet, wie *Abb. 1.14* zeigt.

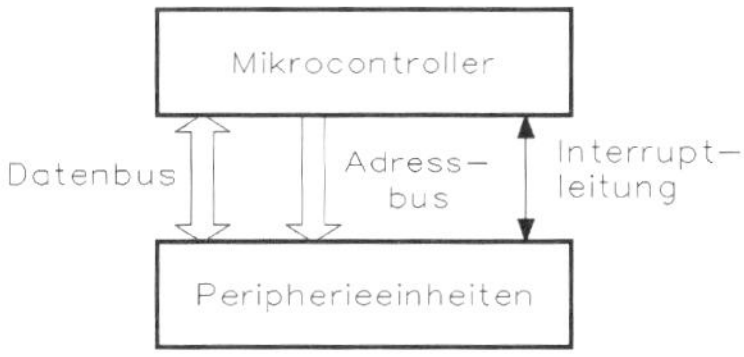

Abb. 1.14: Interruptanforderung bei einer Mikrocontrollerschaltung

Durch die Interruptanforderung wird im Mikrocontroller veranlasst, dass der gerade ausgeführte Befehl zu Ende geführt und dann die Startadresse des bevorzugt abzuarbeitenden Programms, der sogenannten Interruptroutine, in den Programmzähler geladen wird. Alle Mikrocontroller enthalten zu diesem Zweck fest vordefinierte Speicherzellen, die die Startadresse des Interruptprogramms, die sogenannten Interruptvektoren enthalten. Vom Anwender müssen diese beim Erstellen des Mikrocontrollerprogramms entsprechend vorbesetzt werden. *Abb. 1.15* zeigt das Handling der Interruptroutinen mithilfe der Interruptvektoren.

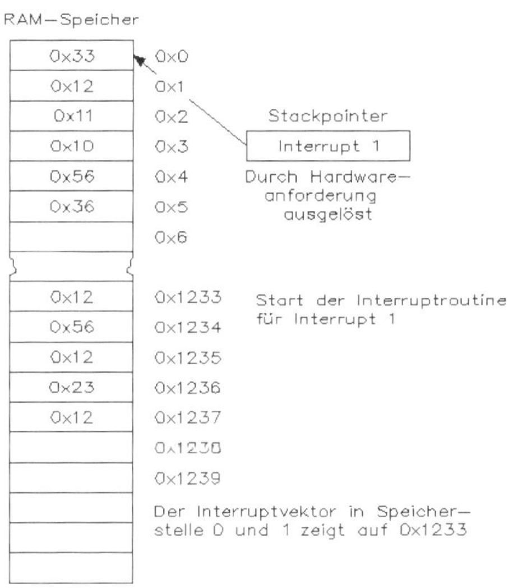

Abb. 1.15: Handling der Interruptroutinen mithilfe der Interruptvektoren

Damit nach der Abarbeitung der Interruptroutine an die Stelle zurückgekehrt werden kann, an der das Hauptprogramm unterbrochen wurde, wird vor dem Start der Interruptroutine zunächst noch die Rücksprungadresse des unterbrochenen Programms auf dem Mikrocontrollerstack abgelegt. Nun wird die Interruptroutine genau wie ein Unterprogramm abgearbeitet. Auch ein Interruptprogramm muss als letzte Anweisung die RET-Instruktion enthalten. Hierdurch wird genau wie bei einem Unterprogramm die Rücksprungadresse des unterbrochenen Programms vom Interruptstack geladen. Es wird dann mit der Abarbeitung des Hauptprogramms fortgefahren.

Sehr häufig müssen bei einem Echtzeitsystem gleich mehrere Aufgaben ausgeführt werden. Als Beispiel soll hier wieder der Messempfänger dienen. Bei einem solchen Gerät muss nicht nur ein Messwert, sofort wenn er anfällt, gespeichert bzw. ausgewertet werden, sondern auch ständig die Tastatur des Gerätes abgefragt werden, denn natürlich soll das Gerät auch auf Tastendrücke des Benutzers sofort reagieren. Die dritte Aufgabe könnte beispielsweise die sein, dass an einer seriellen Schnittstelle bereits aufbereitete Messdaten auf einen Drucker ausgegeben werden. All diese Aufgaben müssen, immer dann, wenn sie anfallen, sofort bearbeitet werden. Für den Mikrocontroller bedeutet dies, dass mehrere Quellen Programmunterbrechungen hervorrufen können, wie dies *Abb. 1.16* zeigt.

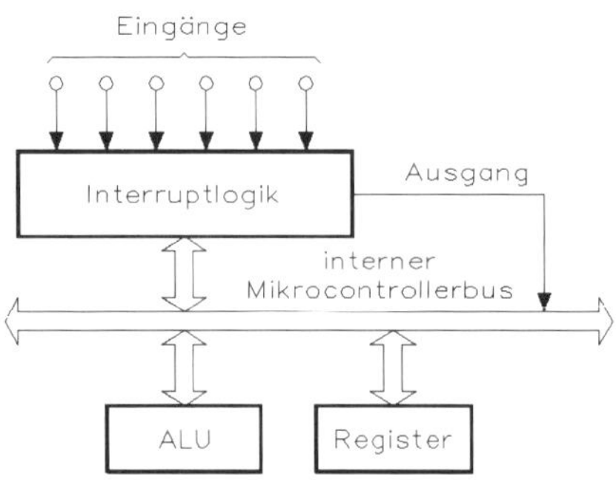

Abb. 1.16: Interruptmöglichkeiten bei Mikrocontrollern

Wenn ein Mikrocontroller mehrere interne und externe Interruptanschlüsse hat, stellt sich natürlich sofort die Frage, was passiert, wenn mehrere Interruptanforderungen zur gleichen Zeit beim Mikrocontroller eingehen. Dieses Problem ist mittels einer festen Prioritätsvorgabe zu lösen. Jeder Interruptleitung des Mikrocontrollers wird eine bestimmte Priorität zugeordnet. Wird an mehreren Leitungen zur gleichen Zeit eine Programmunterbrechung angefordert, wird zuerst die Routine bearbeitet, die der Interruptleitung mit der höchsten Priorität zugeordnet ist.

Mit „set PortA to input with Pullup“ wird der Eingang von PB0 vorbereitet. Wenn der Schalter offen ist, hat PB0 ein 1-Signal und daher muss mit „ldi acc0, $ff“ der Akkumulator mit 255 geladen werden. Danach wird der Inhalt vom Akkumulator auf PortA gegeben. Die Prozedur wiederholt sich und es wird DDRA-Register geladen.

Mit „set PortB to input with Pullup“ und „set PortB(7) to output with value 1“ wird die Ein- und Ausgabe initialisiert. Dazu wird der Akkumulator 0 mit „$ff“ geladen und auf PORTB ausgegeben. Anschließend wird das DDRB-Register für die Ausgabe geladen.

Mit „set PortD to input with Pullup“ wird PORTD auf eine Eingabe initialisiert und das DDRD-Register wird geladen. Danach ist die Initialisierung abgeschlossen und das Hauptprogramm beginnt.

Das Hauptprogramm beginnt mit „in acc0, PINB“ und Pin PB0 wird eingelesen. Der Akkumulator wird mit 1 geladen und anschließend ein Vergleich mit „brne not_pressed“ durchgeführt. Ist die UND-Bedingung erfüllt, springt das Programm zurück, denn der Taster ist nicht geschlossen, hat also ein 1-Signal. Wird der Taster gedrückt, wird das Programm fortgeführt.

1.2.4 Programmierung des Mikrocontrollers ATtiny2313

Wenn das Programm assembliert ist und der Assembler keine Fehler beinhaltet, kann mit der Programmierung des Mikrocontrollers ATtiny2313 begonnen werden. Für die ersten Versuche wird die Datenübertragung (*Abb. 1.17*) mit der parallelen Druckerschnittstelle durchgeführt.

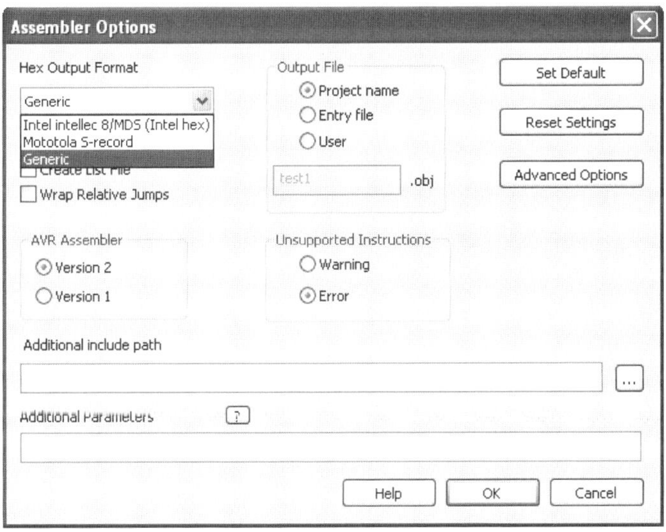

Abb. 1.17: Fenster für das Format der Datenübertragung zwischen Atmel „Studio“ und dem Versuchsaufbau

Klicken Sie „Project“ an und es öffnet sich ein Fenster mit „Assembler Options“. Wählen Sie „Hex Output Format“ aus:

Intel intellec 8/MDS (Intel hex)
Motorola S-record
Generic

Wählen Sie „Generic“ aus und schließen das Fenster. Jetzt müssen Sie das Fenster für die serielle Datenübertragung öffnen. Dazu klicken Sie den AVR in der Leiste an und das Fenster von *Abb. 1.18* öffnet sich.

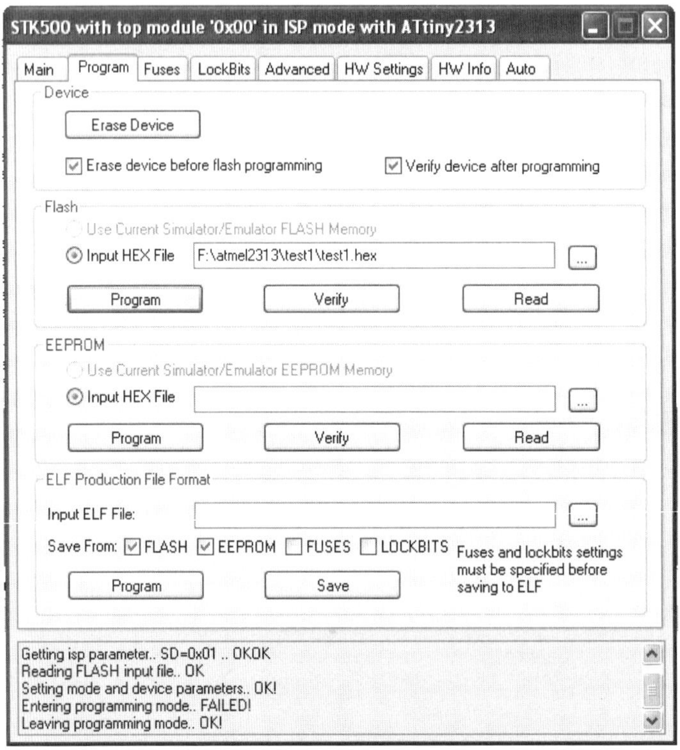

Abb. 1.18: Fenster für die physikalische Datenübertragung zwischen Atmel „Studio“ und dem Versuchsaufbau

Es öffnet sich ein Fenster mit der Datei „Program“ und diese wird nicht angeklickt, sondern „Main“. In diesem Teil befindet sich „Device an Signature Byte“. Klicken Sie „No device selected“ an, öffnet sich ein Fenster für die Atmel-Mikrocontroller und Sie können zwischen den einzelnen Typen wählen. Mit dem Balken „Signature not read“ können Sie die Nummer des Mikrocontrollers erhalten, wenn Sie „Read Signature“ anklicken, z. B.:

0x1E 0x91 0x0A

Mit „Programming Mode and Target Setting“ können Sie zwischen „ISP mode“ und „PP/HVSP mode“ wählen. Bei allen Versuchen wählt man den „ISP mode“ und dazu klickt man „Settings“ an. Es öffnet sich das Fenster für die Übertragungsraten und es stehen folgende Möglichkeiten zur Verfügung:

1,845 MHz
460,8 kHz
115,2 kHz
57,6 kHz
4,00 kHz
1,21 kHz

Da es sich bei den Versuchen um fliegende Aufbauten handelt und man die Daten mit einer der ersten drei Frequenzen überträgt, kann es zu Fehlern kommen. Wählt man z. B. eine Frequenz von 57,6 kHz aus und kommt es zu einer Fehlermeldung, können Sie die Übertragungsrate auf 37,6 kHz einstellen. Statt einer Zehntel Sekunde dauert dann die Datenübertragung eine Sekunde. Jede Veränderung ist mit einem Klick auf „Write“ und „Close“ abzuschließen. Im Fenster steht „ISP Frequency 37,6 kHz“.

Öffnen Sie anschließend das Fenster für „Program“. Mit „Erase Device“ können Sie separat den Mikrocontroller löschen. Wenn Sie das Programm von Atmel Studio in den Mikrocontroller übertragen wollen, müssen Sie unbedingt den Eintrag „Input HEX File“ lesen. Es steht dort z. B.:

„C:\atmel2321\test1\test1.hex“

Danach klicken Sie „Program“ an und Ihr Programm wird in den Mikrocontroller übertragen. Mit „Verify“ können Sie das Programm überprüfen, ob es richtig im Flash-Speicher abgelegt wurde.

Bevor Sie das Programm für die physikalische Datenübertragung starten, sind folgende Punkte zu beachten:

a) Schließen Sie das Kabel an die parallele Druckerschnittstelle an.
b) Stecken Sie den Programmierstecker an den Versuchsaufbau.
c) Schließen Sie den Akkumulator (Spannungsversorgung) richtig an.

Jetzt können Sie mit der Programmübertragung beginnen. Sie können den Flash-Speicher des Mikrocontrollers ATtiny2313 mit „Erase Device“ löschen, aber diese Löschfunktion ist nur erforderlich, wenn sich der Speicher nicht beschreiben lässt.

Das Programm wird in den Flash-Speicher geschrieben. Hierzu steht das „Input HEX File“ für die serielle Datenübertragung und dann „C:atmel2313/test1/test1.hex“, d. h. das Programm steht auf der Festplatte C unter atmel2313. Ist alles richtig, klicken Sie die Schaltfläche „Program“ an. Unten sehen Sie, dass die gesamte

Datenübertragung ordnungsgemäß abgelaufen ist. Wenn Sie die Datenübertragung kontrollieren wollen, können Sie mit „Verify" alles überprüfen.

Jetzt können Sie die Verbindung zwischen PC und Versuchaufbau entfernen. Danach arbeitet Ihr Versuchsaufbau ordnungsgemäß, auch wenn Sie die Stromversorgung von Ihrem Versuchsaufbau abschalten. Wenn Sie die Stromversorgung wieder einschalten, ist das Programm sofort vorhanden.

1.3 Programmierung eines Flipflopspeichers

Anhand eines neuen Beispiels wird die Schaltung von *Abb. 1.3* verwendet. Der Taster ist nicht gedrückt und der Eingang PB0 ist auf 1-Signal. Die Leuchtdiode am Ausgang PB7 wird durch den Mikrocontroller nicht angesteuert und ist dunkel. Der

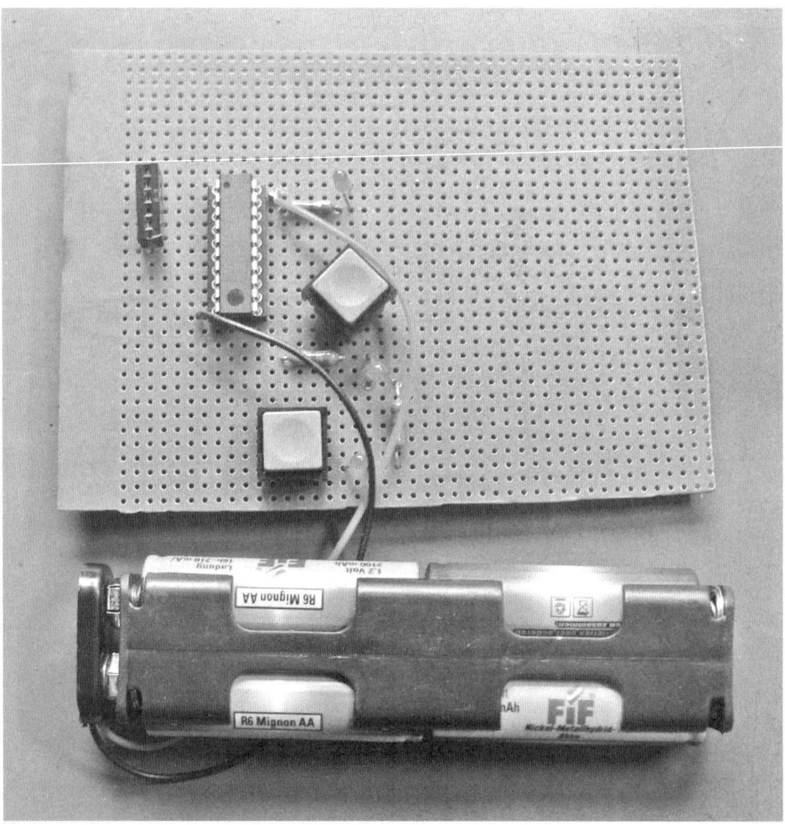

Abb. 1.19: Peripherie (zwei Taster und drei LEDs) des Mikrocontrollers ATtiny2313

Taster wird geschlossen und die Leuchtdiode am Ausgang PB7 emittiert. Lässt man den Schalter los, bleibt der Ausgang gesetzt und die Leuchtdiode signalisiert den Speicherzustand. Drückt man den Schalter nochmals, wird der Speicherzustand aufgehoben und die Leuchtdiode wird dunkel.

Wenn Sie das Programm starten, klicken Sie in der oberen Bildschirmleiste „Project" an und anschließend „New Project". Es öffnet sich das Fenster von *Abb. 1.20.*

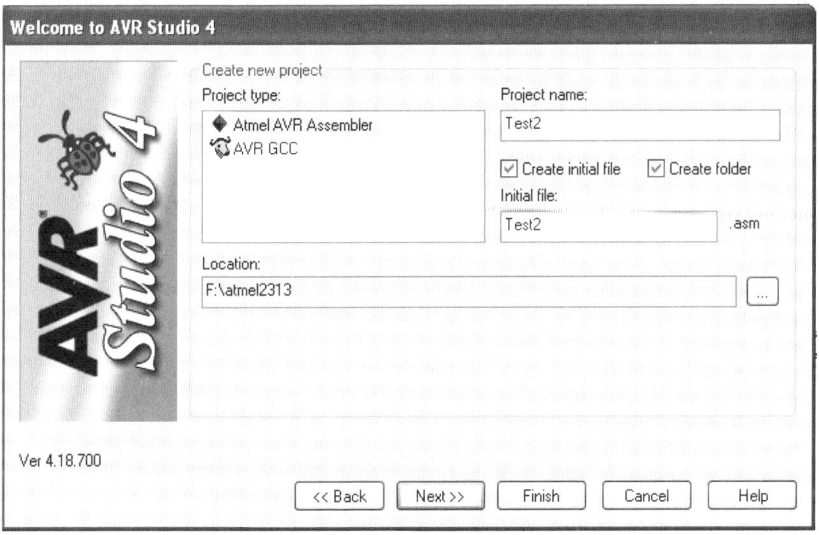

Abb. 1.20: Fenster für den Start des Projekts „test2"

Bei dem Fenster können Sie zwischen Assembler und der höheren Programmiersprache C wählen. Klicken Sie den Assembler an, werden die Fenster „Project name" und „Initial file" aktiviert. Geben Sie in „Project name" den Namen des Projekts ein und gleichzeitig erscheint in „Initial file" der gleiche Name. Ist die Definition abgeschlossen, drücken Sie auf „Finish". Es erscheint das Fenster von *Abb. 1.21.*

Wenn sich das Fenster von *Abb. 1.21* öffnet, sehen Sie links die Debuggerplattform für den ATtiny2313. Mikrocontroller-Hardware und Mikrocontroller-Software wurden in der Realisierungsphase getrennt entwickelt und getestet. In der Integrationsphase nun werden beide Produkte zusammengeführt. Die erstellte Software muss dazu in speziellen Speicherbausteinen auf der Mikrocontrollerbaugruppe implementiert werden. In der Regel wird dies jedoch nicht sofort zum Erfolg führen, da in dieser Phase meist noch Unstimmigkeiten zwischen Hard- und Software bestehen. Diese Unstimmigkeiten müssen natürlich beseitigt werden. *Abb. 1.22* zeigt das Sechs-Phasenmodell bei Entwicklungsprojekten mit Mikrocontrollern.

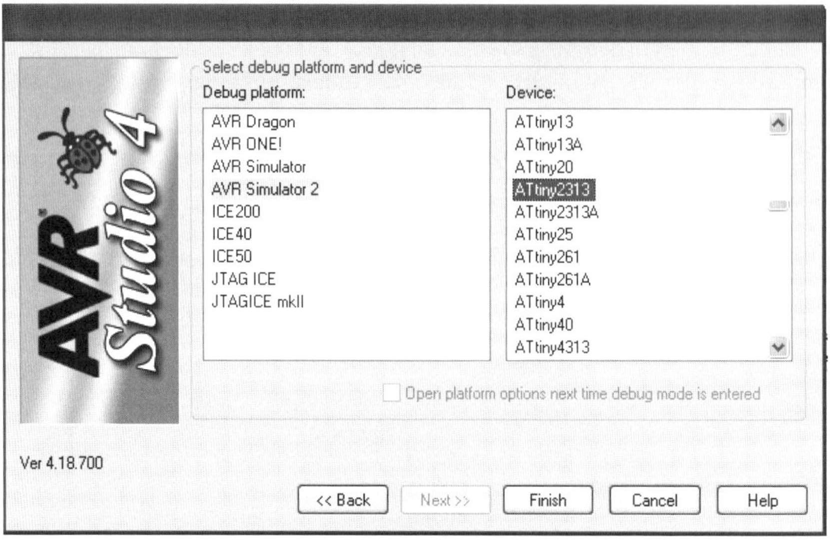

Abb. 1.21: Fenster für die Debuggerplattform und ATtiny2313

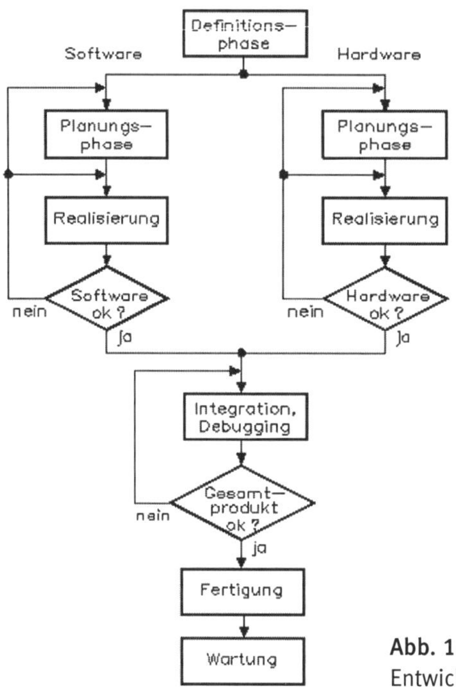

Abb. 1.22: Sechs-Phasenmodell bei Entwicklungsprojekten mit Mikrocontrollern

Hierzu benutzt man den Echtzeitemulator, der noch besprochen wird. Die besondere Ausstattung des Echtzeitemulators macht es möglich, dass Hard- und Software zusammen getestet werden können, ohne dass dazu ein Speicherbaustein oder ATtiny2313 programmiert werden muss. Der Emulator ersetzt bei den Tests den Programm- und Datenspeicher des Mikrocontrollers vollständig. Umfangreiche Kontrollmöglichkeiten des Emulators ermöglichen dem Entwickler, eventuelle Fehler in Hard- oder Software zu finden.

Die Debugphase nimmt oft sehr viel Zeit in Anspruch. Die Kosten, die hierdurch entstehen, sind entsprechend hoch. Werkzeuge, die den Entwickler in dieser Phase möglichst effizient unterstützen, können also beträchtlich dazu beitragen, Kosten zu sparen.

Nachdem alle erkannten Fehler beseitigt worden sind und die Software erfolgreich auf der Hardware implementiert worden ist, muss das ablauffähige Programm im ATtiny2313 gespeichert werden.

Sie wollen den Assemblerkopf vom Programm „test1“ in das Programm „test2“ übernehmen. Wenn die Einstellungen von *Abb. 1.21* durchgeführt worden sind, klicken Sie „Minimieren“ an. Dann klicken Sie den Windows-Explorer an, klicken den Arbeitsplatz an und danach die Festplatte, wo Sie „Atmel Studio“ abgespeichert haben. Es erscheint ein Ordner mit „atmel2313“ und in dem Ordner sind zwei Ordner mit „test1“ und „test2“ vorhanden. Klicken Sie den Ordner „test1“ an und markieren Sie „test1.asm“. *Abb. 1.23* zeigt Dateien von „test1“.

Markieren Sie die Datei „test1.asm“ und dann kopieren Sie die Datei nach „test2“. Öffnen Sie den Ordner „test2“ und kopieren Sie die Datei „test1“ in den Ordner. Löschen Sie dann „test2.asm“ und benennen Sie „test1.asm“ in test2.asm“ um. Das gesamte Assemblerprogramm befindet sich in dem Ordner „test2“.

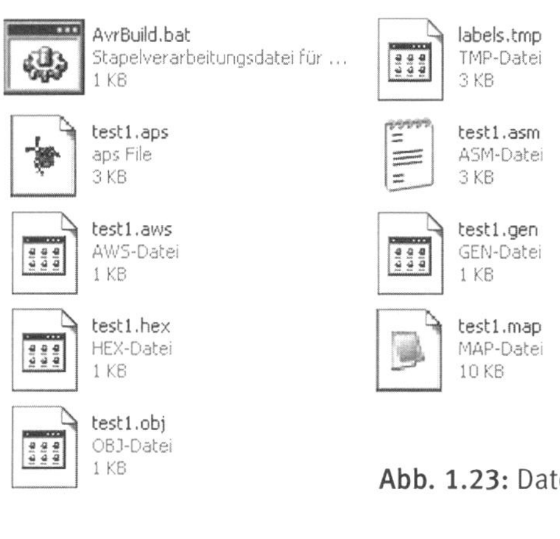

Abb. 1.23: Dateien von „test1“

Die Stapelverarbeitungsdatei „.bat" setzt man in der Regel für drei Aufgabengebiete ein:

- Der PC soll eine Folge von Befehlen ohne Eingriff des Benutzers ausführen.
- Bei der Abarbeitung einer komplexen Folge von Kommandos soll keines der Kommandos versehentlich vergessen werden.
- Häufig benutzte Kommandos können abgekürzt werden.

Mit „test1.aps" können Sie das Atmel „Studio" von der Windows-Oberfläche aufrufen.

Mit „test1.aps" (Symbol ist der Junikäfer) können Sie den Editor direkt über den Windows-Explorer öffnen und erhalten das Assemblerprogramm.

Mit „test1.map" erhalten Sie die Auflistung der internen Register mit Adressen.

Bei dem Programm in *Abb. 1.24* ist der Vorspann nicht gezeigt, sondern nur die Initialisierung und das Hauptprogramm. Mit „set PortA to input with Pullup" wird

```
    ldi acc0, low(RAMEND)
    out SPL,acc0

    ; set PortA to input with Pullup
    ldi acc0, $ff
    out PORTA, acc0
    ldi acc0, $00
    out DDRA, acc0

    ; set PortB to input with Pullup
    ; set PortB(7) to output with value 1
    ldi acc0, $ff
    out PORTB, acc0
    ldi acc0, $80
    out DDRB, acc0

    ; set PortD to input with Pullup
    ldi acc0, $ff
    out PORTD, acc0
    ldi acc0, $00
    out DDRD, acc0

    ; no button pressed
    ldi stavec, $00

; mainprogram
main:
    sbic PINB, 0
    rjmp not_pressed
    ; button pressed
    sbrc stavec, 0
    rjmp main

    ; toggle PORTB(7)
    in acc0, PORTB
    ldi acc1, $80
    eor acc0, acc1
    out PORTB, acc0

    ; store old button state
    sbr stavec, $01
    rjmp main

not_pressed:
    ; store old button state
    cbr stavec, $01
    rjmp main
```

Abb. 1.24: Programm für die Speicherung des Tasterzustandes

PortA für die externe Taktaufnahme gesperrt. Danach folgt das Setzen von PortB als Eingang und PortB(7) als Ausgang mit dem Wert 1. Hat PortB(7) ein 1-Signal, kann die externe LED kein Licht emittieren. Anschließend wird PortD nicht gesperrt.

Im Hauptprogramm wird im ersten Schritt mit „sbic PINB, 0" der Pin vom I/O-Register gelöscht und anschließend die Abfrage gestartet, ob der Taster an PB0 gedrückt ist oder nicht. Danach folgt mit „sbrc stavec, 0", ob das Register gelöscht ist, und dann mit „rjmp main" der Rücksprung, wenn die Taste an PB0 nicht gedrückt ist.

Mit „toggle PORTB(7)" wird Ausgang PB7 gesetzt oder gelöscht. Dazu wird PORTB in den Akkumulator mit „in acc0, PORTB" geschrieben. Dann wird der Akkumulator mit „ldi acc1, $80" geladen und anschließend werden beide Akkumulatoren mit EXOR verglichen. Das Ergebnis dieser logischen Operation steht dann im Akkumulator und wird über PORTB ausgegeben.

Mit „store old button state" erfolgt die Speicherung der Daten. „sbr stavec, $01" speichert das Bit im Statusvektor-Register und dann erfolgt wieder ein Rücksprung in das Hauptprogramm. Ist der Taster nicht gedrückt, also „not_pressed", wird das Register mit „cbr stavec, $01" zurückgesetzt.

Abb. 1.25 zeigt die Übersicht der einzelnen I/O-Funktionen und da mit dem Versuchsaufbau mit PORTB gearbeitet wird, klicken Sie PORTB an und erhalten:

- PortB Data Register
- PortB Data Direction
- PortB Input Pins

Mit dem Datenregister (DDRB) können Eingangs- und Ausgangsinformationen zwischengespeichert und kontrolliert PortB ein- oder ausgegeben werden. Die Adresse ist 0x17 (0x37) und es sind Schreib- und Lesebetrieb möglich. Mit dem Befehl „out DDRB, acc0" wird der Inhalt des Akkumulators in das DDRB-Register geschrieben und damit ist die Initialisierung abgeschlossen. Durch den Befehl „in acc0, PORTB" wird PortB ausgelesen und in den Akkumulator eingeschrieben.

Mit PINB-Register (Adresse 0x16) wird der Eingang bestimmt und PINB0 ist auf 0x01 gesetzt, d. h. Pin PB0 arbeitet als Eingang und der Zustand des Tasters wird eingeschrieben. Mit PORTB (Adresse 0x18) wird der Ausgang bestimmt und PORTB7 ist auf 0x80 gesetzt, d. h. Pin PB7 arbeitet als Ausgang und gibt den Zustand auf die Leuchtdiode.

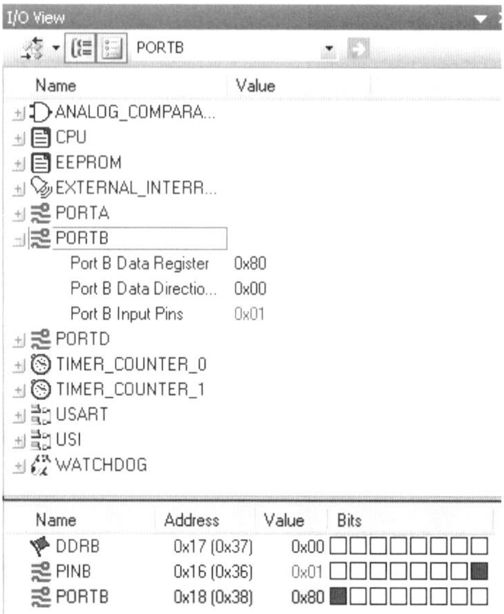

Abb. 1.25: Übersicht der I/O-Funktionen

1.4 Blinker mit interner Timerfunktion

Sie wollen den Assemblerkopf vom Programm „test2" in das Programm „test3" übernehmen. Wenn die Einstellungen von *Abb. 1.21* durchgeführt worden sind, klicken Sie „Minimieren" an. Dann klicken Sie „Windows-Explorer" an, klicken „Arbeitsplatz" an und danach die Festplatte, wo Sie „Atmel Studio" abgespeichert haben. Es erscheint ein Ordner mit „atmel2313" und in dem Ordner sind zwei Ordner mit „test2" und „test3" vorhanden. Klicken Sie den Ordner „test2" an und markieren Sie „test3.asm".

In dem Programm soll der ATtiny2313 nur blinken, d. h. es ist keine Peripherie erforderlich, sondern nur eine Leuchtdiode am Anschluss PB7. *Abb. 1.26* zeigt das Programm.

Für das Programm ist wieder der gesamte Programmkopf erforderlich. Das Sperren des Interrupts ist am Anfang von *Abb. 1.26* gezeigt und das Statusregister wird durch den Befehl „in itmp, SREG" in das Register 25 geladen. Danach ist mit dem Befehl „push itmp" der Rücksprung aus einer Subroutine gewährleistet. Mit „reload Timer0" werden die Daten zurückgeladen und mit „ldi itmp, CNTVAL" wird der Zählerbereich geladen. Mit „out TCNT0" wird das Register 25 auf den Ausgang zurückgeladen. Danach wird der Zählerwert von „TICKS" geladen und um +1 in

```
; used Interrupts
TIM0_OVF:
    ; save StatusRegister
    in itmp,SREG
    push itmp

    ; reload Timer0
    ldi itmp,CNTVAL
    out TCNT0,itmp
    lds itmp, TICKS
    inc itmp
    sts TICKS, itmp
    cpi itmp,$0a
    brlo TIM0_OVF_DONE
    clr itmp
    sts TICKS,itmp
    sbr stavec,$01

TIM0_OVF_DONE:
    ; restore StatusRegister
    pop itmp
    out SREG,itmp
    reti

; Initialize
RESET:
    ; set stackpointer to end off RAM
    ldi acc0, low(RAMEND)
    out SPL,acc0

    ; set PortA to input with Pullup
    ldi acc0, $ff
    out PORTA, acc0
    ldi acc0, $00
    out DDRA, acc0

    ; set PortB to input with Pullup
    ; set PortB(7) to output with value 1
    ldi acc0, $ff
    out PORTB, acc0
    ldi acc0, $80
    out DDRB, acc0

    ; set PortD to input with Pullup
    ldi acc0, $ff
    out PORTD, acc0
    ldi acc0, $00
    out DDRD, acc0

    ; Timer0 normal mode with CK/256 (256us)
    ldi acc0, $04
    out TCCR0B, acc0

    ; Timer0 Overflow after $100 - $3D = $C3 = 195 (*256us) = (50ms)
    ldi acc0, CNTVAL
    out TCNT0, acc0

    ; Timer0 Overflow Interrupt enable
    ldi acc0, $02
    out TIMSK, acc0

    ; no button pressed
    ldi stavec, $00
    clr acc0
    sts TICKS, acc0

    sei

; mainprogram
main:
    sbrs stavec, 0
    rjmp main

    ; 500 ms interrupt occured
    cbr stavec,$01
    ; toggle PORTB(7)
    in acc0, PORTB
    ldi acc1, $80
    eor acc0, acc1
    out PORTB, acc0
    rjmp main
```

Abb. 1.26 (test2): Programm für einen Blinker mit der internen Timerfunktion

„inc itmp“ erhöht. Dann folgt die Speicherung im Schreib-Lese-Speicher mit „sts TICKS, itmp“ und der Vergleich mit „cpi itmp, $0A“, also mit dem Wert 10. Mit „brlo TIM0_OVF-DONE“ wird eine Verzweigung eingeschaltet. Ist die Bedingung erfüllt, wird das Programm auf „TIM0_OVF_DONE“ fortgesetzt. Andernfalls wird mit „sts TICKS, itmp“ der Wert im Register TICKS geladen und dann mit dem Statusvektor gesetzt.

Mit dem Programm „TIM0_OVF_DONE“ wird das Statusregister zurückgespeichert. Hier befindet sich der POP-Befehl. In das spezifizierte 8-Bit-Register „itmp“ oder Register 25 wird der Inhalt vom Register, das durch den Stackpointer adressiert wird, geladen. Bei einem 16-Bit-Register wird das Datenbyte mit der Adresse, das gleich dem Inhalt des Stackpointers ist, geladen. Das Datenbyte mit der Adresse <Stackpointer + 1> wird in das erste Register des Paares geladen. Wird das Registerpaar PSW spezifiziert, ersetzt das Byte, das durch den Stackpointer adressiert wird, die Bedienungsbits und das Byte, das durch den Stackpointer + 1 adressiert wird, den Akkumulator.

Mit dem PUSH-Befehl erfolgt die Datenübertragung in den Stack. Der Inhalt des spezifizierten 8-Bit-Registers oder des Registerpaars (16 Bit) wird in einem oder zwei Speicherbytes sichergestellt, die durch den Stackpointer SP adressiert werden. Der Inhalt des ersten Registers wird in dem Byte mit der Adresse Stackpointer –1 abgespeichert. Arbeitet man im 16-Bit-Format, wird der Inhalt des zweiten Registers in dem Byte mit der Adresse –2 gespeichert. Wird das Registerpaar PSW spezifiziert, dann enthält das zweite Byte die acht Bedingungsbits. In diesem Fall wird der Stackpointer um 2 verringert, nachdem die Daten sichergestellt wurden.

Die Initialisierung beginnt mit dem Setzen des Stackpointers auf das Ende vom RAM mit „out SPL, acc0", d. h. der Stackpointer SPL wird auf „low" gesetzt.

Jetzt kann PortA gesperrt werden, während PortB auf seine Funktionen vorbereitet wird. Das Gleiche gilt auch für PortD.

Anschließend beginnt das Setzen des Timers 0 und zwar in „normaler Betriebsart" und der intern erzeugte Takt von 1 MHz wird um 256 geteilt. Das Ergebnis ist 256 µs. Das Timerregister TCC0B wird auf „$04" gesetzt. Danach wird weitergeteilt. Auf diese Weise leuchtet die LED für ca. 500 ms auf und ist dann ca. 500 ms dunkel.

Statt I/O-Port PB wird in *Abb. 1.27* eine Übersicht für den Timer_Counter 0 und 1 gezeigt. Jetzt sieht man den Unterschied zwischen den drei Einstellungen:

□ Das leere Quadrat bedeutet, dass die Bitstelle ein 0-Signal hat.
░ Das graue Quadrat zeigt, dass die Bitstelle nicht belegt ist.
■ Das schwarze Quadrat bedeutet, dass die Bitstelle ein 1-Signal hat.

Betrachtet man das TCCR0A-Register und vergleicht es mit Tabelle 1.4, erkennt man, dass Bitstelle 2 und 3 nicht belegt sind. Betrachtet man das TCCR0B-Register und vergleicht es mit Tabelle 1.4, erkennt man, dass die Bitstelle 4 und 5 nicht belegt sind, aber Bitstelle 2 gesetzt ist. Bei dem TCNT0-Register sind die Bitstellen 0, 2, 3, 4 und 5 gesetzt. Bei dem TIMSK-Register ist die Bitstelle 1 gesetzt.

Wird der Debugger im Einzelschritt weitergeschaltet, ändern sich die Bitstellen entsprechend. Der Projektleiter wird in dieser Phase bereits von den Entwicklern unterstützt. Es wird für Hardware (Platine oder Baugruppen) und Software (Programm in Assembler oder C) getrennt festgelegt, wie die einzelnen Funktionen des geplanten Produktes realisiert werden sollen. Bei der Software geschieht dies dadurch, dass mithilfe von Struktogrammen diverse Module definiert werden, die die einzelnen Aufgaben lösen. Dadurch werden die Gesamtaufgaben automatisch in einzelne, überschaubare Teilarbeiten untergliedert. Abhängig von der Größe des Softwareprojektes, teilt der Projektleiter die Aufgaben auf eine mehr oder weniger große Zahl von Entwicklern auf. Die Entwicklungswerkzeuge, die in dieser Phase den Projektleiter und die Entwickler unterstützen, sind ebenso wie in der Defini-

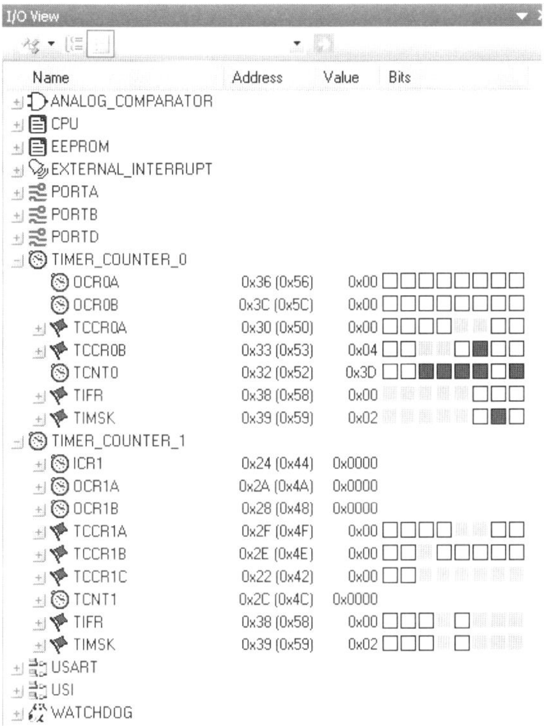

Abb. 1.27: Übersicht für den Timer_Counter_0 und 1

tionsphase die Software „Engineering Tools“, z. B. unter Zuhilfenahme von Atmel Studio möglich.

Bei der Hardware werden die Bausteine und Komponenten ausgewählt, die die geforderten Funktionen ermöglichen und später die Software aufnehmen sollen. Es wird die Größe der Leiterplatten festgelegt und eventuell werden auch die technischen Zeichnungen für das Gehäuse, die Frontplatte, die Rückwand usw. erstellt.

In der Realisierungsphase werden, aufbauend auf den Ergebnissen der Planungsphase, Hard- und Software getrennt entwickelt. Auf der Softwareseite bedeutet dies, dass die geplanten Softwaremodule mithilfe geeigneter Hochsprachen oder aber auch mithilfe der Assemblersprache codiert (programmiert) werden. Dazu werden die in der Planungsphase erstellten verbalen Beschreibungen der einzelnen Module sukzessive durch Hochsprachen oder Assemblerquelltext ersetzt. Es folgen Compiler- und Assemblerläufe, um die so erstellten Programmteile testen zu können. Die Tests selbst werden dann mithilfe von Softwaresimulatoren oder mit Emulatoren durchgeführt. Meist sind nach den Tests Korrekturen an den einzelnen Modulen nötig. Diese Änderungen müssen natürlich am Quelltext durchgeführt werden.

Wenn von den Änderungen auch die Dokumente der Planungsphase betroffen sind, ist es erforderlich, auch an diesen Dokumenten die notwendigen Korrekturen durchzuführen. Wie *Abb. 1.22* zeigt, kann es erforderlich werden, bestimmte Softwaremodule sukzessive so lange zu korrigieren, bis die gewünschte Funktion erreicht wird. Mit fortschreitender Softwarevervollständigung werden zunächst die Softwareteile eines Entwicklers und später dann aller Entwickler zusammengefügt. Es folgen wiederum umfangreiche Funktionstests. Natürlich findet man auch bei diesen Tests häufig Fehler, die korrigiert werden müssen.

In der Realisierungsphase von Software benötigt der Entwickler die Editoren, Cross-Assembler und Cross-Compiler. Tests führt er mit Softwaresimulatoren oder mit Emulatoren, die im Simulationsmode betrieben werden, durch.

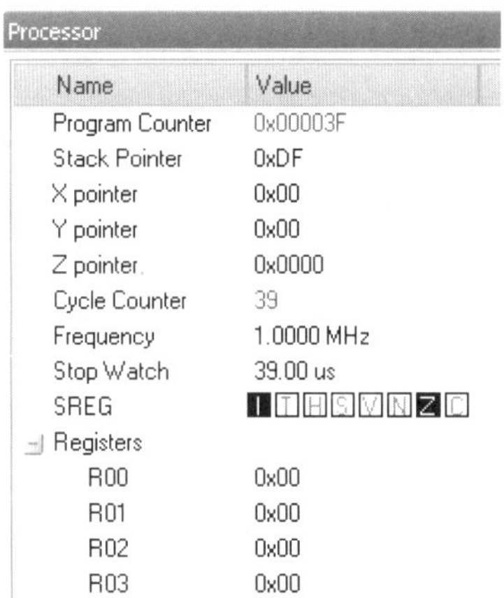

Abb. 1.28: Übersicht des Prozessors für den ATtiny2313

Abb. 1.28 zeigt eine Übersicht des Prozessors für den ATtiny2313. In der ersten Zeile wird der Wert im Programmzähler PC abgefragt. Es handelt sich um den Zählerstand 0x00003F. Der Stackpointer hat den Zählerstand 0xDF. Der X-, Y- und Z-Pointer ist nicht gesetzt. Der Zykluszähler hat den Wert 39. Die Frequenz beträgt 1,0000 MHz. Die Stoppuhr zeigt 39 µs an und beim Statusregister ist die Bitstelle 7 mit dem I-Flag und Bitstelle 1 mit dem Z-Flag gesetzt. Dann folgen die Inhalte der Register R00 bis Rx31. Die folgenden Register sind gesetzt:

R16: 0xFF
R17: 0x80
R25: 0x14

Hierzu hat man folgende Möglichkeiten für den Debugger:

- RUN (F5): Der Debugger erhöht schrittweise sein Programm und dient dem Test bzw. der Korrektur von assemblierten Programmen.

- BREAK (Strg + F5): Mit BREAK wird das Programm abgebrochen und dann wieder mit RUN gestartet.
- RESET (Umschalter + F5): Der Debugger wird zurückgesetzt.
- Show Next Statement (Alt + (Zehnerblock)): Pfeil zeigt auf die nächste Anweisung.
- Step Into (F11): Schrittweise wird der Debugger hochgezählt und der Pfeil zeigt auf die nächste Anweisung.
- Step Over (F10): Schrittweise Abarbeitung des Debuggers und der Pfeil zeigt auf die nächste Anweisung.
- Step Out (Umschalter + F11): Schrittweise Abarbeitung des Debuggers bis zur nächsten Pfadfunktion.
- Run to Cursor (Strg + F10): Abarbeitung des Programms bis zum Cursor.
- Autostep (Alt + F5): Automatische Abarbeitung des Programms.
- Toggle Breakpoint (F9): Setzen und Rücksetzen einer Unterbrechung.
- Remove all Program Breakpoint: Rücksetzen aller Unterbrechungen im Programm.

Mit diesen Funktionen können Sie das Debuggern durchführen.

1.5 Blinker mit Timerfunktion

Mit der Taste an Pin PB0 kann man den Blinker starten oder unterbrechen. Normalerweise liegt an Pin PB0 ein 1-Signal und mit „not_pressed" wird dieser Zustand ausgewertet. Drückt man den Taster, erkennt der Eingang ein 0-Signal an und der Blinker gibt für etwa 500 ms am Ausgang von Pin PB7 ein 0-Signal ab. Bei einem 1-Signal an Pin PB7 ist die Funktion für etwa 500 ms auf 1-Signal und die Leuchtdiode kann nicht mehr emittieren. *Abb. 1.29* zeigt das Programm.

```
; mainprogram
main:
    sbic PINB,0
    rjmp not_pressed

    sbrs stavec, 0
    rjmp main

    ; 500 ms interrupt occured
    cbr stavec,$01
    ; toggle PORTB(7)
    in acc0, PORTB
    ldi acc1, $80
    eor acc0, acc1
    out PORTB, acc0
    rjmp main

not_pressed:
    sbi PORTB, 7
    rjmp main
```

Abb. 1.29: Programm für den Blinker mit Timerfunktion

Das Programm soll auf seine Funktionalität untersucht werden. Rechts neben dem Button „Assembler“ befindet sich der Button „Assembler and run“. Wenn Sie diesen anklicken, erscheint *Abb. 1.30.*

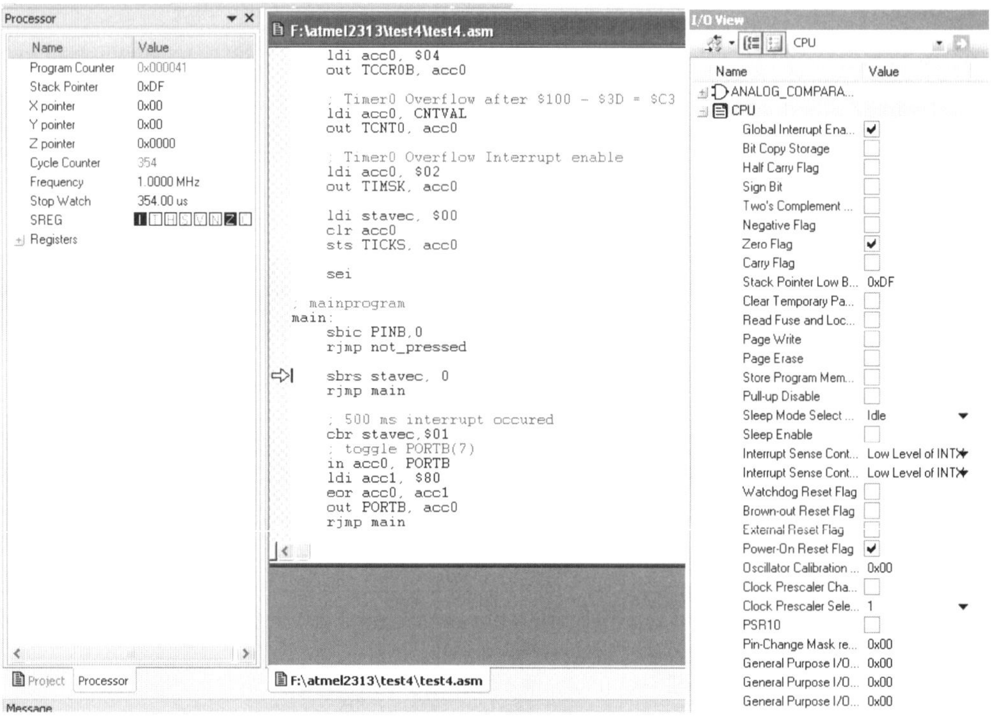

Abb. 1.30: Assembliertes Programm für den Blinker mit Timerfunktion

Programme, die in Assemblersprache geschrieben wurden, sind in dieser Form nicht direkt vom Mikrocontroller zu verarbeiten. Die Assemblerprogramme müssen erst mithilfe eines geeigneten Übersetzungsprogramms in maschinenverständliche Form (sogenannten Code) übersetzt werden. Das Übersetzungsprogramm bezeichnet man allgemein als Assembler. Der Begriff kommt aus dem angelsächsischen Sprachgebrauch und hat die Bedeutung „Zusammenbau“. Abhängig von der Art des Rechners, auf dem das Assemblerübersetzungsprogramm implementiert ist, unterscheidet man zwischen dem Assembler und dem Cross-Assembler. Der Assembler ist die Version des Übersetzungsprogramms, die auf einem Rechner implementiert ist, der mit dem gleichen Mikrocontroller arbeitet, für den auch der Code generiert werden soll. Der Cross-Assembler hingegen ist die Version, die auf einem Rechner implementiert ist, die nicht mit dem Mikrocontroller ausgestattet ist, für den der Code generiert werden soll. Da Assembler heute vorwiegend auf PCs mit den Entwicklungsprogrammen und speziellen Mikrocontroller-Entwicklungssystemen implementiert sind, hat man es vorwiegend mit Cross-Assemblern zu tun. Lediglich in den Fällen, in denen ein mit dem gleichen Prozessor ausgerüstetes Entwicklungskit zur Assemblierung benutzt wird, hat man es noch mit einem Assembler zu tun. Die Unterscheidung Cross-Assembler bzw. Assembler hat daher in der heutigen Zeit nur noch geringe Bedeutung. Da zwischen Assembler und Cross-Assembler keine funktionellen Unterschiede bestehen, wird im Folgenden nur noch vom Cross-Assembler gesprochen.

In den seltensten Fällen ist der Cross-Assembler nur ein einfaches Übersetzungsprogramm. Meist wird der Übersetzungsprozess der mnemotechnischen Mikrocontrollercodes und Pseudoanweisungen in mehreren Stufen durchgeführt. Die klassische funktionale Untergliederung ist Assembler, Linker und Locater. Der Assembler kann einzelne Dateien eines umfangreicheren Softwareprojektes (das Hauptprogramm und einzelne Unterprogramme) getrennt verarbeiten. Da zwischen den einzelnen Programmteilen diverse Querverweise existieren (z. B. Sprünge zu Programmlabels in anderen Modulen oder die Benutzung von Variablen, die in anderen Programmteilen deklariert wurden) und auch die Adressvergabe des zu assemblierenden Programmteils zu diesem Zeitpunkt noch nicht feststeht, ist es einleuchtend, dass im Assemblerlauf nur sehr unvollständig übersetzt werden kann. Nur die mnemotechnischen Befehle, die keinen Bezug zu einer externen Speicherstelle aufweisen, werden vollständig übersetzt. Bei absoluten Sprüngen zu einer externen Adresse hingegen wird nur der Befehlscode selbst, nicht aber das Sprungziel übersetzt. Der gesamte vom Assembler erzeugte Programmcode bleibt frei verschiebbar (relocatibel) und wird für jedes Modul fiktiv bei Adresse Null beginnend abgelegt. Die Assemblerphase erfordert in der Regel drei Durchläufe, um alle relevanten Anweisungen und Sprungziele zu verarbeiten.

Die Linkerstufe hat die Aufgabe, das Hauptprogramm und alle zu dem Projekt gehörenden Unterprogramme zusammenzubinden. Beim Aufruf der Linkerstufe ist es also erforderlich, alle Dateien anzugeben, die zum Entwicklungsprojekt gehören. Alle aus der Assemblerstufe noch unbefriedigt gebliebenen Sprungziele und Referenzen müssen also spätestens in der Linkerstufe ordnungsgemäß übersetzt werden. Sollten aufgrund von Programmierfehlern trotzdem noch unbefriedigte Referenzen auftreten, werden diese beim Linkprozess als fehlend gemeldet. Der Anwender wird also spätestens an dieser Stelle auf seine Programmierfehler hingewiesen. Eine absolute Adressangabe findet im Linkprozess noch nicht statt. Diese ist Aufgabe des „Locatorprozesses“.

Der Locatorprozess nimmt schließlich die endgültige Adressvergabe vor. Hierzu werden entweder die hierfür vorgesehenen Pseudoinstruktionen (ORG bzw. .base) des Assemblerquelltextes ausgewertet oder die speziell bei der Linkerphase anzugebenden Sektionsstartadressen verwendet. Die Linkerstufe unterscheidet in der Regel zwischen dem Codesegment (für das Programm) und dem Datensegment. Der gesamte Programmtext des Hauptprogramms und aller Unterprogramme wird in der Reihenfolge aneinandergereiht, wie dies beim Linkervorgang angegeben wurde. In der gleichen Art werden auch die Datenbereiche des Hauptprogramms und aller Unterprogramme aneinandergereiht. Ergebnis der Locatorstufe ist schließlich ein direkt vom Mikrocontroller abarbeitbares Programm. Es wird entweder zur Integration von Hard- und Software in den Echtzeitemulator geladen oder nach erfolgtem Debugging mit in das EEPROM des Mikrocontrollers programmiert. Da die Adressvergabe in der Locatorstufe keine sonderlich umfangreichen Operationen erfordert, wird die Locator- und Linkerstufe bei einigen Cross-Assemblern zu einer kombinierten Linkerstufe zusammengefasst.

Die Vorteile der Unterteilung des Cross-Assemblers in drei bzw. zwei aufeinanderfolgende Übersetzungsstufen werden deutlich, wenn man große Softwareentwicklungsprojekte betrachtet. Bei solchen Projekten ist es üblich, das gesamte Programm zu unterteilen und in vielen Dateien auf dem Rechner oder Entwicklungssystem abzulegen. Das ablauffähige Mikrocontrollerprogramm entsteht durch das Assemblieren und Zusammenbinden all dieser Dateien. Muss man während des Entwicklungsprozesses Änderungen an einem Unterprogramm vornehmen, so müsste bei einem einstufigen Assemblierungsprogramm der Übersetzungsprozess nach dem Ändern des einen Unterprogramms auf alle Unterprogramme und damit auf alle Dateien des Softwareprojektes ausgedehnt werden. Unglücklicherweise gehören Änderungen der beschriebenen Art zum täglichen Arbeitsgeschehen des Softwareentwicklers. Dies macht also umfangreiche Assemblerläufe nötig. Verwendet man hingegen einen Cross-Assembler mit getrennter Assembler-Linkerstufe, muss nur die eine bearbeitete Datei neu assembliert werden. In dem nachfolgenden Linkerlauf wird dann diese neu assemblierte Datei mit den anderen, unveränderten Dateien zusammengebunden. Das Gesamtprogramm wird mit wesentlich geringerem Aufwand an Rechenzeit auf den neuesten Stand gebracht.

Trotz der Vorteile, die mehrstufige Cross-Assembler bieten, gibt es auch Gründe, die einen einstufigen Cross-Assembler rechtfertigen. Hierzu gehören die Einfachheit solcher Übersetzungsprogramme und der damit günstige Anschaffungspreis. Außerdem sind bei kleineren Softwareprojekten die einstufigen Assembler im Zeitbedarf für die Übersetzung den mehrstufigen Cross-Assemblern überlegen. Einige Hersteller von Entwicklungstools liefern daher bei Bestellung eines Cross-Assemblers sowohl eine kombinierte als auch eine in Assembler und Linker unterteilte Version.

Ein besonderer Aspekt bei der Auswahl eines Cross-Assemblers ist seine Fähigkeit, Informationen, die für die Fehlersuche mit dem Emulator nötig sind, zur Verfügung zu stellen. Zu diesen Informationen gehören die im Assemblerprogramm definierten Labels und natürlich ein auf Papier ausdruckbares Listing des Programms mit dem zugehörigen, vom Cross-Assembler generierten Code. Falls das Assemblerprogramm durch einen Compilerlauf aus einem Hochsprachenprogramm entstanden ist, müssen für das Hochsprachen-Debugging auch Informationen über die korrespondierenden Hochsprachenzeilen, über Variable des Hochsprachenprogramms, über die Namen der Unterprogramme usw. zur Verfügung gestellt werden. Interessant bei der Debugphase ist weiterhin eine sogenannte Symboltabelle. Hierunter versteht man eine Tabelle aller Labels eines Programms, mit den von der Linkerstufe zugewiesenen Adressen.

Sie starten mit der Funktionstaste F5 oder dem Button „Run“ und nach und nach können Sie die Struktur des Programmablaufs prüfen. Links in *Abb. 1.30* ist das Innenleben des Prozessors mit einer Frequenz von 1 MHz gezeigt. Sie können mit dem Button „Break“ den Ablauf der Schrittfolge unterbrechen und mit dem Button „Reset“ alles auf die Adresse 0 stellen. Rechts sehen Sie die CPU des Mikrocontrollers.

1.6 Taster mit Einschaltverzögerung

Für die Steuerungstechnik benötigt man Taster mit Einschaltverzögerung. Wenn man die Schaltung von *Abb. 1.30* erweitert, z. B. um ein 4-poliges Mäuseklavier, lassen sich 16 Verzögerungszeiten erzeugen. *Abb. 1.31* zeigt das Programm für eine Verzögerungszeit.

```
; mainprogram
main:
    sbic PINB,0
    rjmp not_pressed

    ; Timer0 normal mode with CK/256 (256us)
    ldi acc0, $04
    out TCCR0B, acc0

    sbrs stavec, 0
    rjmp main

    ; 1 sec interrupt occured
    cbr stavec,$01

    ; LED on
    cbi PORTB, 7
    rjmp main

not_pressed:
    ; Timer0  stopped
    clr acc0
    out TCCR0B, acc0

    ; Timer0 Overflow after $100 - $3D = $C3 = 195 (*256us) = (50ms)
    ldi acc0, CNTVAL
    out TCNT0, acc0

    cbr stavec,$01
    clr acc0
    sts TICKS, acc0

    ; LED off
    sbi PORTB, 7
    rjmp main
```

Abb. 1.31 (test5): Programm für einen Taster mit Einschaltverzögerung von einer Sekunde

Wird der Taster nicht gedrückt, hat Eingang PB0 ein 1-Signal und die Schaltung reagiert nicht. Betätigt man den Taster, leuchtet die LED nach einer Sekunde auf, vorausgesetzt, der Taster wird kontinuierlich gedrückt. Lässt man den Taster vor Ablauf der Verzögerungszeit los, kann die LED nicht aufleuchten.

Sie wollen den Assemblerkopf von Programm „test4" in das Programm „test5" übernehmen. Wenn die Einstellungen durchgeführt worden sind, klicken Sie „Minimieren" an. Dann klicken Sie den Windows-Explorer an, klicken den Arbeitsplatz an und danach die Festplatte, wo Sie „Atmel Studio" abgespeichert haben. Es erscheint ein Ordner mit „atmel2313" und in dem Ordner sind zwei Ordner mit „test4" und „test5" vorhanden. Klicken Sie den Ordner „test4" an und markieren Sie „test5.asm".

Das Hauptprogramm setzt zuerst das I/O-Register mit „sbic PINB, 0" und dann erfolgt der Rücksprung mit „rmp not_pressed". Solange diese Bedingung gilt, kann das Programm nicht arbeiten und die Schleife verlassen.

Ist das der Fall, wird der Befehl „ldi acc0, $04" ausgeführt. Der Akkumulator hat den Wert

0 0 0 0 0 1 0 0

geladen. Mit dem Befehl „out TCCR0B" erfolgt das Laden des Zeitgebers. Die Frequenz des Mikrocontrollers wird von 1 MHz auf CLK/256 geteilt und hat eine Frequenz von 3,906 kHz. Anschließend wird mit „cbr stavec, $01" im Statusregister die Bitstelle 1 gelöscht. Dann wird noch mit dem Befehl „cbi PORTB, 7" der Wert mit einer Konstanten verglichen.

Der Programmteil „not_pressed" stoppt den Timer 0. Mit dem Befehl „clr acc0" wird das Register bzw. der Akkumulator gelöscht. Danach kommt der Befehl „out TCCR0B, acc0" und der Inhalt des Akkumulators wird in das Timer-Register übernommen.

Multipliziert man 195 * 256 µs, erhält man 50 ms und damit wird der Zähler TCNT0 geladen. Vom Register für den Statusvektor wird die Bitstelle 1 und anschließend der Akkumulator gelöscht. Dann wird der Akkumulator unter „TICKS" direkt mit „sts" gespeichert. Zum Schluss wird im I/O-Register das Bit gesetzt.

Ein Mikrocontrollerprogramm, bei dem der Programmzähler unbeeinflusst stetig wächst, bezeichnet man als lineares Programm. Verzweigungen und Sprünge kommen in einem linearen Programm also nicht vor. Die meisten praktischen Anwendungsfälle sind allerdings so geartet, dass ein lineares Programm die Aufgabe kaum lösen kann. Erst das Einführen von Schleifen und Programmverzweigungen führt zur Lösung der Aufgabe. Auf den Mikrocontroller projiziert bedeutet dies, dass der Programmzähler nicht nur linear wachsen darf, sondern abhängig von bestimmten Bedingungen zurück- oder vorgesetzt werden muss. Bei allen diesen Fällen ist es beispielsweise erforderlich, einfache Additionen oder Subtraktionen mit dem Inhalt des Programmzählers durchzuführen bzw. den Programmzähler eventuell auch mit einem neuen Wert zu laden.

Auch für Programmverzweigungen und Schleifen in einem Mikrocontrollerprogramm gibt es spezielle Befehle. Programmverzweigungen werden mithilfe sogenannter Branchanweisungen realisiert. Wenn der Inhalt des Akkumulators oder eines vom Anwender definierbaren Registers den Wert Null annimmt, wird die Verzweigung eingeleitet (Branch on equal). Auf Wunsch kann auch verzweigt werden, wenn der Inhalt verschieden von Null ist (Branch not equal). Die Entscheidung, ob der Akkumulator bzw. das Register den Wert Null enthält, leitet der Mikrocontroller vom Statusregister ab. Grundsätzlich werden alle Verzweigungsbefehle geprüft und mit dem Inhalt des Statusregisters verglichen. Auch für die anderen Flags des Statusregisters existieren spezielle Verzweigungsbefehle. Durch Kombination mehrerer dieser Befehle kann bei nahezu jeder denkbaren Konstellation im Inneren des Mikrocontrollers eine Programmverzweigung realisiert werden.

Programmschleifen werden beim Mikrocontroller durch eine Kombination aus einer Branchanweisung und einem Register, das als Schleifenzähler genutzt wird, realisiert. Das Register wird einfach mit der Zahl der gewünschten Schleifendurchläufe vorbesetzt. Es folgt der Programmteil, der bei jedem Schleifendurchlauf ausgeführt werden soll. Abgeschlossen wird die Programmschleife durch einen Dekrementbefehl, der das als Schleifenzähler arbeitende Register herunterzählt. Als letztes folgt dann die Branchanweisung. Die Schleife wird solange durchlaufen, bis die Branchbedingung erfüllt ist und erst dann wird die Schleife verlassen.

Bei der bisherigen Betrachtungsweise wurde angenommen, dass der Mikrocontroller ausschließlich Befehle abarbeitet. Sinn und Zweck eines Mikrocontrollerprogramms ist es aber auch, dass Daten verarbeitet werden. Wie der Mikrocontroller mit diesen Daten verfährt und wie sie zwischen den einzelnen Funktionseinheiten transportiert werden, wird nachfolgend gezeigt. Es ist einleuchtend, dass sowohl Daten als auch Befehle über den Datenbus zwischen Mikrocontroller und Speicherbausteinen bzw. Peripheriebausteinen transportiert werden müssen. Die Verfahrensweise bei der Bearbeitung von Daten ist im Prinzip ähnlich wie bei der Verarbeitung von Befehlen.

Zunächst einmal wird der Befehl, der die Bearbeitung der Daten zur Folge haben soll, durch den Programmzähler adressiert und in den Befehlsdecoder geladen. Der Befehlsdecoder erkennt aus der Art des Befehls, ob dem Befehl Daten folgen und in welcher Zahl die Daten folgen. Erkennt der Befehlsdecoder, dass Daten erforderlich sind, legt er die für den Datentransfer erforderliche Adresse auf den Adressbus und adressiert dadurch die gewünschte Speicherzelle. Der Datentransfer zwischen Speicher und Mikrocontroller kann mithilfe des Kontrollbusses in der üblichen Art stattfinden. Sind die Daten vollständig übertragen, wird mit dem nächsten Befehl fortgefahren. Hier bestimmt dann wieder der Programmzähler, welcher Befehl vom Programmspeicher geladen und dekodiert wird. Bei einem üblichen Mikrocontrollerprogramm wechseln Befehls- und Datenzugriffe einander in der Regel ab.

Die Quelle für Daten können in einem Mikrocontrollersystem der Daten- oder Programmspeicher, ein Peripheriebaustein, die ALU und auch interne Register des Mikrocontrollers sein. Alle Mikrocontroller stellen Befehle zur Übertragung bzw. Verarbeitung dieser Daten zur Verfügung. Sind in dem Befehl selbst bereits Angaben über Quelle und Ziel des Datentransfers enthalten, folgt kein weiteres Byte. In den Fällen, in denen keine Angaben über Quelle und Ziel im Befehlswort enthalten sind, folgen dem Befehlswort ein oder mehrere Bytes mit diesen Angaben.

Abhängig von der Art, wie die Speicherstelle adressiert werden soll, mit der der Datentransfer stattfindet bzw. deren Inhalt verarbeitet werden soll, unterscheidet man zwischen:

- der direkten Adressierung: Hier wird in den beiden Bytes, die dem Befehl folgen, die Adresse direkt angegeben, mit der der Datentransfer stattfinden soll.
- der Registeradressierung: Hier wird durch das Befehlsbyte selbst ein Register spezifiziert, mit dem der Datentransfer bzw. die Operation ausgeführt werden soll.
- der Registeradressierung indirekt: Bei dieser Adressierungsart wird durch das Befehlsbyte ein Registerpaar spezifiziert, dessen Inhalt auf eine Speicherzelle zeigt, mit der der Datentransfer stattfinden soll.
- der immediate Adressierung: Bei dieser Adressierungsart folgt dem Befehlsbyte direkt das Datenbyte bzw. das Datenwort, mit dem der Datentransfer stattfinden soll.

1.7 Taster mit Ein- und Ausschaltverzögerung

Mit dem Programm für den Taster mit Ein- und Ausschaltverzögerung soll ein professioneller ISP-Programmer, den man per Internet bestellen kann, kurz beschrieben werden.

Wesentlich einfacher und professioneller ist der Kauf einer fertigen USB-Schnittstelle (ISP-Programmer), die zwischen PC und dem 10-poligen Wannenstecker eingeschaltet wird. *Abb. 1.32* zeigt den ATtiny2313 an einer genormten Steckverbindung.

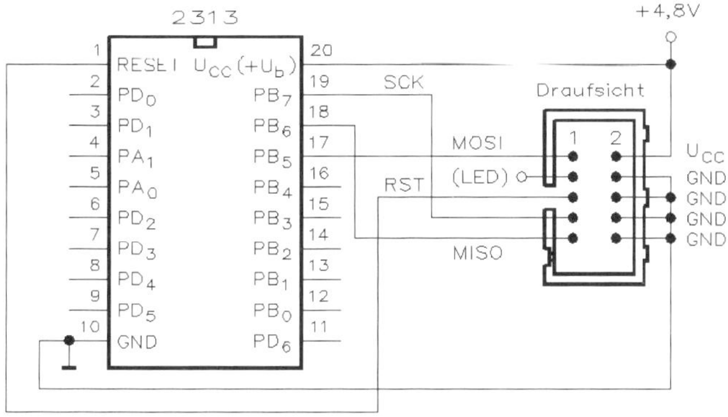

Abb. 1.32: ATtiny2313 an der genormten Steckverbindung, wo der USB-Programmer angeschlossen wird

Die Anschlüsse des Wannensteckers sind

Ebene 1 – Pin 1: Anschluss für MOSI
Ebene 1 – Pin 2: LED (ist nicht unbedingt erforderlich)
Ebene 1 – Pin 3: RESET
Ebene 1 – Pin 4: SCK
Ebene 1 – Pin 5: MISO
Ebene 2 – Pin 1: VCC (+4,8 V), ist nicht unbedingt erforderlich
Ebene 2 – Pin 2: Masseanschluss
Ebene 2 – Pin 3: Masseanschluss
Ebene 2 – Pin 4: Masseanschluss
Ebene 2 – Pin 5: Masseanschluss

Der ISP-Programmer ist für Atmel-Mikrocontroller geeignet und kann über die einfache Drei-Draht-SPI-Schnittstelle programmiert werden. Normalerweise sind diese Programmer mit einem eigenen Mikrocontroller und spezieller Firmware ausgestattet, die einen sehr schnellen Programmierzyklus erlauben. Der Programmer wird zwischen PC mit USB-Schnittstelle und dem 10-poligen Wannenstecker eingeschaltet. Die Besonderheit ist die dynamische Nutzung des auf dem Programmer vorhandenen Speichers, der bereits Teile vom PC übernehmen kann, während noch programmiert wird.

Über zwei DIL-Schalter ist eine Target-Spannungsversorgung (Zielsystem) möglich. Diese ist wahlweise auf +5 V oder +3,3 V einstellbar sowie zu- und ausschaltbar. Wenn mit dem Akkumulatorblock gearbeitet wird, ist die Stromversorgung vom USB-Programmer auf unserer Platine abzuschalten.

Zwei Status-Leuchtdioden signalisieren den momentanen Zustand des Programmers:

- USB-LED: Softblinken im Leerlauf oder Blinken bei USB-Aktivität
- Target-LED: Aus im Leerlauf oder Blinken bei Targetzugriffen

USB-Programmer sind beim SR-Tronic-Versand erhältlich.

Bitte laden Sie sich die „*inf-Datei“ für den Treiber des ISP-Programmers dort herunter bzw. unter www.obd-diag.de – downloads – Downloadcenter – Treiber – „Stange ISP Prog“ oder DX_ISP.inf für Vista oder WIN2000 auf das kleine Festplattensymbol klicken. Alternativ können Sie sich diese Datei auch per Mausklick über Internet zusenden lassen, die Anforderung ist an „spm@cybercyclone.de“ zu senden.

Die „*inf“-Datei auf Festplatte oder einem Suchpfad ablegen. Programmer USB-seitig anschließen und automatisch ausführen. Bei der Installation fragt Windows nun nach einem Treiber. Es wird der Windows-eigene Treiber verwendet, was dem System durch die spezielle „Stange_ISP_Prog.inf-Datei“ mitgeteilt wird. Dazu Häkchen setzen und „Weiter“ klicken. Im nächsten Dialog angeben, wo sich die „.inf-Datei“ befindet.

Die ISP-SPI-Geschwindigkeiten ergeben sich durch die USB-Anbindung und sie zeigt leicht abweichende ISP-Frequenzen (Tabelle 1.7) gegenüber einem STK500.

Tabelle 1.7: ISP-SPI-Geschwindigkeiten

STK500	ISP-Programmer
921,6 kHz	1 MHz
230,4 kHz	250 kHz
57,6 kHz	62,5 kHz
28,8 kHz	28,2 kHz
4 kHz	4 kHz
603 Hz	779 Hz

Der Zustand der beiden LEDs signalisiert:

- USB-LED: Softblinken im Leerlauf, Blinken bei USB-Aktivität
- Target-LED: Aus im Leerlauf, Blinken bei Targetzugriffen

Folgende Funktionen sind enthalten:

- FLASH, EEPROM, Fusebits, Lockbits schreiben, lesen, Chip erase, OSCCAL-Register lesen

Folgendes Protokoll ist vorhanden:

- STK500v2

Softwareunterstützung:

- AVR Studio (COM1...COM9)
- AVRDUDE
- Bascom mit der Einstellung Options → Programmer = STK500:

Spannungsversorgung der Versuchsplatine (Target):

- 3,3 V maximal mit 120 mA, 5 V maximal mit 150 mA bis 500 mA abhängig vom PC
  Schalter 1 off = 3,3V/on = 5,0V
  Schalter 2 off = Target-Spannung aus/on = ein
- Benötigt zum Programmbetrieb keine Stromversorgung vom Target

Nachdem Sie die USB-Schnittstelle für den ISP-Programmer auf der Platine angebracht und verlötet haben, können Sie mit der Erstellung des Programms beginnen.

Das Programm für den Taster hat zwei Funktionen:

- Wird der Taster länger als eine Sekunde gedrückt, schaltet der Mikrocontroller um und speichert den Schaltzustand. Es ergibt sich eine Einschaltverzögerung von einer Sekunde.
- Hat man den Taster beispielsweise länger gedrückt und lässt ihn los, bleibt der Schaltzustand noch für drei Sekunden an. Es ergibt sich eine Ausschaltverzögerung von drei Sekunden.

```
; mainprogram
main:
    sbrc button,0
    rjmp not_pressed

    sbrs stavec, 0
    rjmp chk_press_event

    ; 1 sec interrupt occured
    andi stavec, $f0

    ; LED on
    cbi PORTB, 7

chk_press_event:
    sbrc button,1
    ; start 1 sec interrupt
    ori stavec,$02
    rjmp main

not_pressed:
    sbrs stavec, 0
    rjmp chk_release_event

    ; 3 sec interrupt occured
    andi stavec, $f0

    ; LED off
    sbi PORTB, 7

chk_release_event:
    sbrs button,1
    ; start 3 sec interrupt
    ori stavec,$04
    rjmp main
```

Abb. 1.33 (test6): Programm für Taster mit Ein- und Ausschaltverzögerung

Abb. 1.33 zeigt das Programm für den Taster mit Ein- und Ausschaltverzögerung. Das Hauptprogramm hat am Anfang eine Tastenabfrage mit „sbrc button, 0".

Solange der Taster 0 am Eingang PB0 nicht gedrückt ist, springt das Programm zurück. „sbrc" steht für „skip if in Register is Cleared", also springe, wenn das Register gelöscht ist. Danach kommt der Befehl „sbrs stavec, 0" und hier steht „skip if in Register is Set". In den Statusvektor wird ein Wert null geladen und dadurch erfolgt eine UND-Verknüpfung zwischen Register (Statusvektor) und „$f0". Entsprechend wird der Ausgang PB7 für die Leuchtdiode mit dem Befehl „cbi" (Clear Bit in I/O-Register) angesteuert. Die Einschaltverzögerung ist abgeschlossen, denn der Interrupt setzt den Zähler auf null zurück.

Mit „chk_press-event" folgt das Programm für den Taster an PortB0. Ist der Taster gedrückt, hat der Eingang PortB0 ein 0-Signal. Wird der Taster losgelassen, reagiert der ATtiny2313 auf die positive Flanke an PortB0 und löst den Interrupt für drei Sekunden aus. Die Leuchtdiode am Ausgang PB7 leuchtet drei Sekunden, bevor sie der Interrupt abschaltet.

1.8 UND-Verknüpfung zwischen zwei Tastern

Bisher sind Sie mit einem Taster ausgekommen, ab jetzt benötigen Sie einen zweiten Taster. An Port PB1 sind Taster, Widerstand und Leuchtdiode anzuschließen.

```
; mainprogram
main:
    andi button,$11
    brne led_off

    ; LED on
    cbi PORTB, 7
    rjmp main

led_off:
    ; LED off
    sbi PORTB, 7
    rjmp main
```

Abb. 1.34: Programm für eine UND-Verknüpfung zwischen zwei Tastern

Das Programm für eine UND-Verknüpfung zwischen zwei Tastern ist in *Abb. 1.34* gezeigt. Sind beide Taster nicht gedrückt, erkennen PortB0 und PortB1 am Eingang ein 1-Signal an. Ist einer der beiden Taster gedrückt, ist die UND-Bedingung nicht erfüllt. Erst wenn beide Taster gedrückt sind, ist die UND-Bedingung erfüllt, der Ausgang PortB7 hat ein 0-Signal und die LED leuchtet.

Es soll nun die Datenübertragung zwischen Atmel-Studio und der Versuchsplatine beschrieben werden. Textdateien sollten mit dem Standardformat nach dem ASCII-Code auskommen und somit ohne Probleme per Datenfernkommunikation zu übertragen sein. Dies ist jedoch eher die Ausnahme als die Regel. So verwenden die meisten Text-Editoren Bit 7 jedes Zeichens, um spezielle Formatierungsinformationen zu speichern. Die mit diesen Editoren erzeugten Dateien haben somit durchgängig ein 8-Bit-Format und erfordern eine codetransparente Übertragung oder die Konvertierung in ein 7-Bit-Format.

Ob eine Textdatei über eine codegebundene Übertragungsstrecke transferiert werden kann, lässt sich durch einen einfachen Test feststellen. Der Inhalt der Datei braucht nur mit einem gewöhnlichen LIST-Kommando auf dem Bildschirm ausgegeben zu werden. Erscheinen dann viele Sonderzeichen, muss die Datei vor der Übertragung umformatiert werden. Wird der Inhalt der Datei korrekt und ohne zusätzliche Sonderzeichen angezeigt, bedeutet dies allerdings immer noch nicht, dass sie – zumindest beim erweiterten ASCII – ohne Weiteres übertragen werden kann. Bei Verwendung des erweiterten ASCII ist eine codetransparente Übertragung oder eine Konvertierung erforderlich, wenn die Datei nationale Sonderzeichen enthält, da diese mit Werten oberhalb von 127 codiert sind und daher ein 8-Bit-Format aufweisen. Wird auf Umlaute verzichtet oder werden die Umlaute vor der Übertragung in standardisiertes ASCII-Format umgewandelt, können auch mit dem erweiterten ASCII erstellte Textdateien problemlos übertragen werden. Der Empfänger muss – sofern er ebenfalls das erweiterte ASCII verwendet – eventuell eine Rückformatierung durchführen, bevor er die Datei verwenden kann.

Zur Umwandlung von Textdateien in ein 7-Bit-Format kann ein einfaches Hilfsprogramm verwendet werden, das bei allen Zeichen Bit 7 auf 0-Signal setzt. Ein solcher Filter basiert darauf, dass zum jeweiligen ASCII-Code der Wert 127 binär hinzuaddiert wird. Da sich der Wert 127 im Binär-Code als 01111111 darstellt, bewirkt dies, dass die Inhalte der Bits 0 bis 6 unverändert bleiben, während Bit 7 auf „0" gesetzt wird. Dieses Prinzip wird anhand des ASCII-Codes 183 angewendet, der bei Rücksetzung von Bit 7 in den Wert 55 überführt wird.

	dezimal	binär
	183	1 0 1 1 0 1 1 1
	127	0 1 1 1 1 1 1 1
binäres UND	—	———————
	55	0 0 1 1 0 1 1 1

Man hat eine Filterung von Bit 7 durch binäre Addition. Auf diese Weise kann nicht nur sichergestellt werden, dass die Ausgabe eines Terminal-Programms auf jeden Fall 7-Bit-Codes liefert. Mit diesem Verfahren kann auch eine mit einem Text-Editor erstellte Datei zur 7-Bit-Übertragung vorbereitet werden.

Das alte Betriebssystem CP/M enthält in seinem Hilfsprogramm PIP (Peripheral Interchange Program) bereits eine spezielle Zusatzoption zur Durchführung dieser Umformatierung. Eine Datei wird mit PIP durch Aufruf mit der Option „Z" in ein

7-Bit-Format umgewandelt. Hat die zu konvertierende Datei z. B. den Namen „TEST.TXT", dann kann mit dem folgenden Kommando eine Datei namens „TEST.CON" erzeugt werden, die den Inhalt von „TEST.TXT" im 7-Bit-Format enthält:

PIP TEST.CON = TEST.TXT [Z]

Für moderne Betriebssysteme gibt es leider keine ähnlich einfache Möglichkeit, Bit 7 zurückzusetzen. Für die erforderliche Konvertierungsprozedur lässt sich jedoch mit wenigen Zeilen ein kleines Hilfsprogramm schreiben, das bei dem Texteditor vorhanden ist. Vor der Umwandlung einer Textdatei ist jedoch darauf zu achten, dass die Umlaute zunächst im Standard-ASCII-Format umcodiert werden müssen. Die auf diese Weise vorgenommene Konvertierung einer Datei ist eine Art Einbahnstraße. Nach der Konvertierung kann das ursprüngliche 8-Bit-Format nicht wiederhergestellt werden. Wenn keine Weiterverarbeitung der betreffenden Datei beabsichtigt ist, ist dies ohne Bedeutung. Soll die Datei dagegen vom Empfänger mit einem Text-Editor weiterverarbeitet werden, müssen die entsprechenden Formatierungsinformationen erhalten bleiben, was nur bei einer codetransparenten Übertragung mit einer Bytelänge von acht Bit oder bei der Verwendung des Kermit-Protokolls mit der entsprechenden Zusatzoption möglich ist.

Sollen binär codierte Programmdateien übertragen werden, kann das oben für Textdateien beschriebene Verfahren nicht angewendet werden, da es die einzelnen Prozessorinstruktionen verfälschen würde. Steht zur Übertragung von binären Programmdateien keine codetransparente Übertragung zur Verfügung, hat eine Umwandlung in ein 7-Bit-Format nur dann Sinn, wenn das ursprüngliche Format nach der Übertragung wiederhergestellt werden kann. Für diese Zwecke wurde ein spezielles standardisiertes 7-Bit-Format entwickelt, das die anschließende Wiederherstellung des 8-Bit-Formats beim Empfänger gestattet. Das hierzu benutzte Format wird auch als Intel-Hex-Format bezeichnet.

Das Grundprinzip des Intel-Hex-Formats beruht darauf, dass das Byte nicht binär durch seine einzelnen Bits repräsentiert wird, sondern durch seinen hexadezimalen Wert, der als Zeichenfolge mit zwei gewöhnlichen, mit einer Bytelänge von sieben Bit darstellbaren ASCII-Zeichen, codiert wird. So hat das oben abgebildete Byte mit dem dezimalen Wert 183 in hexadezimaler Notation den Wert B7H. Die Übertragung kann nun durch Senden der Standard-ASCII-Codes für „B" und „7" erfolgen:

10110111 (B7H = 183)

wird übertragen als:

1000010 („B") 0110111 („7")

Das führt zu einem wesentlich längeren Code, doch stellt dieses Verfahren oft die einzige Möglichkeit dar, einen Dateitransfer von Programmdateien über codegebundene Übertragungsstrecken durchzuführen. Zusätzlich spezifiziert das Intel-Hex-Format noch bestimmte Regeln zur Fehlererkennung.

Zur Umwandlung von Dateien in Intel-Hex-Format und umgekehrt werden Zusatzprogramme benötigt, die kostenlos im Internet erhältlich sind. Diese Programme verwenden meistens den Namen „LOAD" (zur Umwandlung einer Intel-Hex-Datei in eine 8-Bit-Datei) und „UNLOAD" (zur Erzeugung einer Intel-Hex-Datei). Vor der Übertragung wandelt der Sender die zu übertragende Datei in ein Intel-Hex-Format um, indem er das Programm UNLOAD aufruft. Dieses Programm fertigt eine Kopie des ursprünglichen Programms an, die mit der Erweiterung „.HEX" versehen wird. Der Sender überträgt nun die konvertierte Datei. Bevor der Empfänger mit dieser Datei arbeiten kann, muss er das Programm LOAD aufrufen, das eine Kopie der Datei in ihrer ursprünglichen Form erzeugt. Dabei wird gleichzeitig auch eine Fehlerprüfung durchgeführt.

Eine Datei im Intel-Hex-Format besteht aus mehreren Zeilen oder „Records". Jeder dieser Records besteht aus maximal 60 Spalten und beginnt mit einem Doppelpunkt. Das nachfolgende Beispiel zeigt den Anfang einer Datei im Intel-Hex-Format:

```
:180000001A084144562E444F430003000004BE6C0400004F0C7D06DBF9
:180018003E800700000C418858710145CA131069E6800803A2E01326A5
:180030004F8E808023E7CD193961DA80A083260C1D846DE0B029D3A662
:180048008C1B3A0AC3B80111D04A112754AA482902E24CC6322E4024AD
:180060003103A281823C6FEA80E868A70C084803DCBCF998A7CC4791D0
:18007800619A9259B8320C99A227EBC829D3824E1E38466D960431F2ED
```

Bereits am äußeren Erscheinungsbild einer Datei ist somit ersichtlich, ob eine Umcodierung in Intel-Hex erfolgte. Jeder Record hat ein festes Format, das in Tabelle 1.8 beschrieben ist.

Da jedes Byte durch zwei Zeichen repräsentiert wird, entspricht ein Zeichen einem „Halbbyte". Die Prüfsumme berechnet sich aus der Summe aller übertragenen Bytes (einschließlich Länge und Adresse, aber ausgenommen des Startzeichens „:") modulo 256.

Mit dem Programm lässt sich eine ODER-Verknüpfung mit dem Befehl „OR" oder „ORI" realisieren. Mit dem Programm kann man auch eine EXOR-Verknüpfung mit dem Befehl „EOR" realisieren. Folgt nach einer UND-Verknüpfung ein EXOR (Antivalenz), kann man eine NAND-Verknüpfung programmieren. Folgt nach einer ODER-Verknüpfung ein EXOR, kann man eine NOR-Verknüpfung program-

Tabelle 1.8: Aufbau eines Records im Intel-Hex-Format

Position	Bedeutung	
1	Startzeichen: immer	
2	oberes Halbbyte	Länge
3	unteres Halbbyte	des Recordinhalts
4	höchstes Halbbyte	Adresse
5	zweithöchstes Halbbyte	des ersten
6	dritthöchstes Halbbyte	Bytes des
7	vierthöchstes Halbbyte	Recordinhalts
8	0 Trennzeichen	
9	0 (immer „0“)	
10		
.		
.		Daten
.		
n		
n + 1	oberes Halbbyte	Zweierkomplement
n + 2	unteres Halbbyte	der Prüfsumme

mieren. Folgt nach einer EXOR-Verknüpfung ein EXOR, kann man eine INOR-Verknüpfung (Äquivalenz) programmieren.

1.9 Wechselschaltung mit zwei Tastern

Mit dem Programm „test8“ kann man eine Wechselschaltung realisieren. Drückt man den Taster am Eingang PB0, lässt sich das programmierbare Flipflop mit dem Mikrocontroller setzen und rücksetzen, d. h. die Leuchtdiode ein- oder ausschalten. Drückt man den Taster am Eingang PB1, kann man das programmierbare Flipflop mit dem Mikrocontroller setzen und rücksetzen. Die Leuchtdiode am Ausgang PB7 lässt sich auch vom Eingang PB0 oder vom Eingang PB1 ein- und/oder ausschalten. *Abb. 1.35* zeigt das Programm.

Zuerst wird mit dem Befehl „sbrs stavec, 0“ das Bit im Statusvektor auf 0 gesetzt. Dann erfolgt der relative Sprung „rjmp main“ und ist die Bedingung erfüllt, dann wird der Statusvektor gelöscht. Mit „mov acc0, button“ wird der Zustand der beiden Schalter in den Akkumulator geschrieben und dann mit „andi acc0, $03“ mit UND verknüpft. Dann folgt mit „cpi acc0, $02“ ein Löschen des Bits im I/O-Register. Anschließend erfolgt der Befehl „breq led_toggle“. Ist der Inhalt des Akku-

```
; mainprogram
main:
    sbrs stavec,0
    rjmp main
    clr stavec

    mov acc0, button
    andi acc0, $03
    cpi acc0, $02
    breq led_toggle

    mov acc0, button
    andi acc0, $30
    cpi acc0, $20
    brne main

led_toggle:
    ; toggle PORTB(7)
    in acc0, PORTB
    ldi acc1, $80
    eor acc0, acc1
    out PORTB, acc0
    rjmp main
```

Abb. 1.35: Programm für eine Wechselschaltung mit zwei Tastern

mulators gleich, springt das Programm auf „breq led_toggle", d. h. die Leuchtdiode wird entweder ein- oder ausgeschaltet.

Mit „mov acc0, button" beginnt der nächste Programmabschnitt. Der Inhalt des Akkumulators wird mit „$30" über ein UND verknüpft. Dann folgt mit „cpi acc0, $20" ein Löschen des Bits im I/O-Register. Mit dem Befehl „brne main" erfolgt ein Rücksprung, wenn der Inhalt des Akkumulators ungleich „$20" ist.

Das Programm „led_toggle" setzt oder rücksetzt den Ausgang PB7. Bei einem 0-Signal leuchtet die LED auf, bei einem 1-Signal bleibt sie dunkel. Der Akkumulator wird mit „in acc0, PortB" geladen und dann mit „ldi acc1, $80" der andere Akkumulator geladen. Anschließend erfolgt ein Vergleich mit EXOR-Verknüpfung durch „eor acc0, acc1", wobei der Akkumulator „acc0" das Ergebnis der logischen Verknüpfung beinhaltet. Mit „out PORTB, acc0" wird der Setz- oder Rücksetzvorgang der LED bestimmt. Zum Schluss erfolgt der Rücksprung in das Hauptprogramm.

1.10 Steuerbarer Blinker

Die Peripherie des steuerbaren Blinkers besteht aus zwei Tastern und einer Leuchtdiode. Drückt man den Taster am Eingang PB0, blinkt die LED mit 1 Hz, d. h. die LED ist etwa 500 ms an und 500 ms aus. Drückt man den Taster am Eingang PB1, blinkt die LED mit 0,33 Hz, d. h. die LED ist etwa 1,5 s an und 1,5 s aus. *Abb. 1.36* zeigt das Programm.

Das Hauptprogramm beginnt mit dem Befehl „sbrc button, 0" und damit wird das Register gelöscht. Dann erfolgt der Befehl „rjmp not_pressed", ein Sprung auf das

```
    ; Timer0 normal mode with CK/256 (256us)
    ldi acc0, $04
    out TCCR0B, acc0

    ; Timer0 Overflow after $100 - $3D = $C3 = 195 (*256us) = (50ms)
    ldi acc0, CNTVAL
    out TCNT0, acc0

    ; Timer0 Overflow Interrupt enable
    ldi acc0, $02
    out TIMSK, acc0

    ldi stavec, $00
    clr acc0
    sts TICKS_500ms, acc0
    sts TICKS_1s, acc0
    ldi button, $33

    sei

; mainprogram
main:
    sbrc button,0
    rjmp not_pressed

    sbrc stavec, 0
    rjmp led_on
led_off:
    sbi PORTB, 7
    rjmp main

not_pressed:
    sbrc button,4
    rjmp led_off

    sbrs stavec, 1
    rjmp led_off
led_on:
    cbi PORTB, 7
    rjmp main
```

Abb. 1.36: Programm für einen steuerbaren Blinker

Programm „not_pressed". Danach wird das Statusregister mit „sbrc stavec, 0" gelöscht und mit „rjmp led_on" auf dieses Programm gesprungen. Das Programm „led_off" schaltet die LED aus. Mit dem Befehl „sbi PORTB, 7" wird der Anschlusspin PB7 mit einem 1-Signal geladen, d. h. die Leuchtdiode ist dunkel. Anschließend springt das Programm mit „rjmp main" zurück.

Das Programm „not_pressed" fragt die Taster ab, ob diese offen oder gedrückt sind. Dazu wird mit „sbrc button, 4" die Bitstelle im Register gelöscht. Anschließend springt das Programm mit „rjmp led_off" zurück. Danach wird das Statusregister mit „sbrs stavec, 1" an der Bitstelle gelöscht und mit „rjmp led_off" auf dieses Programm gesprungen.

Den Abschluss bildet „led_on" mit einem Vergleich von PORTB und dem Wert 7. Dieser Wert 7 ist Pin PB7. Anschließend springt das Programm mit „rjmp main" zurück.

Es wurde bereits darauf eingegangen, dass beim Assembler- bzw. Linkervorgang den Befehlssequenzen diverse Adressbereiche des Mikrocontrollers zugeordnet werden. Damit der Programmierer einen Überblick darüber erhält, ob die Umsetzung vom Assembler bzw. Linker in der gewünschten Art durchgeführt wurde, wird vom Assembler ein sogenanntes Listing erzeugt. Dies ist ein Papierausdruck des gesamten Programms (inklusive aller Unterprogramme) in Assemblerformat mit den zugeordneten Adressen und dem ablauffähigen Mikrocontrollercode in hexadezimaler Darstellung. Auch die vom Anwender erstellten Kommentare sind in dem Listing zu finden. Dadurch ist das Assembler-Listing ein wertvolles Hilfsmittel beim Suchen von Fehlern in der Integrations- bzw. Debugphase von Hard- und Software.

Ohne Angabe wird bei Atmel-Studio kein Listing erzeugt. Mit dem Aufruf von „Project" und einem Klick auf „Assembler Options" öffnet sich das Fenster für die Optionen. Klicken Sie „Create List File" an und ein Häkchen muss gesetzt sein. Klicken Sie „OK" an und es erscheint *Abb. 1.37* mit der Baumstruktur oben links. Mit einem Doppelklick erhalten Sie das Programm in „list"-Form.

An dieser Stelle sei darauf hingewiesen, dass ein Assemblerprogramm natürlich nach den Regeln der strukturierten Programmierung erstellt werden sollte. Dies bedingt, dass das Gesamtprojekt in kleine, überschaubare Befehlssequenzen unterteilt wird (Unterprogrammtechnik). Die Größe einer zusammenhängenden Befehlssequenz sollte in der Regel zwei bis drei Bildschirmseiten Quelltext nicht überschreiten und in einer separaten Datei abgespeichert werden. Hat man es mit kleineren Funktionseinheiten zu tun, können mehrere dieser Befehlssequenzen sinnvoll zusammengefasst und ebenfalls in einer eigenständigen Datei abgelegt wer-

```
000043 ef0f         ldi acc0, $ff
000044 bb02         out PORTD, acc0
000045 e000         ldi acc0, $00
000046 bb01         out DDRD, acc0

                    ; Timer0 normal mode with CK/256 (256us)
000047 e004         ldi acc0, $04
000048 bf03         out TCCR0B, acc0

                    ; Timer0 Overflow after $100 - $3D = $C3 = 195 (*256us) = (50ms)
000049 e30d         ldi acc0, CNTVAL
00004a bf02         out TCNT0, acc0

                    ; Timer0 Overflow Interrupt enable
00004b e002         ldi acc0, $02
00004c bf09         out TIMSK, acc0

00004d e060         ldi stavec, $00
00004e 2700         clr acc0
00004f 9300 0061    sts TICKS_500ms, acc0
000051 9300 0062    sts TICKS_1s, acc0
000053 e373         ldi button, $33

000054 9478         sei

                  ; mainprogram
                  main:
000055 fd70         sbrc button,0
000056 c004         rjmp not_pressed

000057 fd60         sbrc stavec, 0
000058 c006         rjmp led_on
                  led_off:
000059 9ac7         sbi PORTB, 7
00005a cffa         rjmp main

                  not_pressed:
00005b fd74         sbrc button,4
00005c cffc         rjmp led_off

00005d ff61         sbrs stavec, 1
00005e cffa         rjmp led_off
                  led_on:
00005f 98c7         cbi PORTB, 7
000060 cff4         rjmp main
```

Abb. 1.37: Assembler-Listing

den. Der Name der Datei sollte dabei so gewählt werden, dass er eine sinnvolle Aussage über den Inhalt der Datei macht und man gleichzeitig den Überblick über das Gesamtprojekt behält. Der Dateiname „led_on" deutet beispielsweise darauf hin, dass es sich um eine Ausgabe handelt, die in Assemblersprache programmiert wurde.

Natürlich sind die einzelnen Programmsequenzen in den Assemblerdateien nicht allein lauffähig. Erst die Zusammenfassung aller Befehlssequenzen eines Projektes führt zu einem ablauffähigen Programm. Die Zusammenfassung ist Aufgabe des Linkerprozesses, der sich an den Assemblerlauf anschließt. Natürlich müssen alle zum Projekt gehörigen Befehlssequenzen assembliert sein, bevor der Linker aktiviert wird. Bei modernen Assemblern ist der Linker häufig im Assembler integriert. Hier müssen beim Aufruf des Assemblers natürlich alle Funktionseinheiten des Projektes angegeben werden, damit auch die Linkerstufe problemlos beendet werden kann.

Im Hauptprogramm werden drei Unterprogramme aufgerufen. Beim Assemblieren des Hauptprogramms treten also drei Aufrufe von Subroutinen auf, für die noch keine Adressangaben verfügbar sind. Damit der Assembler wegen dieser drei unbefriedigten Referenzen keine Fehlermeldung abgibt, muss ihm mithilfe von Pseudoanweisungen bekannt gemacht werden, dass die Adressen für die Unterprogramme in anderen Dateien zu finden sind. Erst in der Linkerphase, dann also, wenn alle Softwareteile zusammengebunden werden, werden die gültigen Adressen eingesetzt. Damit der Linker die gewünschten Adressen in den anderen Dateien finden kann, müssen sie dort mit der Pseudoinstruktion gekennzeichnet werden.

Nahezu jedes Mikrocontrollerprogramm muss in irgendeiner Form Daten transferieren oder verarbeiten. Dazu werden die Daten zunächst über einen Portbaustein eingelesen und im RAM-Bereich des Mikrocontrollers zwischengespeichert. Initialisierte Daten, solche also, die bereits bei der Programmerstellung bekannt sind, müssen vom Programmierer im ROM-Bereich des Mikrocontrollers abgelegt werden. Die Pseudoanweisung, die dies ermöglicht, ist die „.data"-Anweisung. Sie hält im Speicher die nötige Anzahl von Bytes frei und belegt sie mit den gewünschten Daten. Es können so Zahlen in unterschiedlichen Formaten oder Zeichenketten abgelegt werden.

Daten, die sich während des Programmlaufs ändern können, dürfen natürlich nicht im ROM-Bereich des Mikrocontrollers abgelegt werden. Sie müssen im RAM-Speicherbereich platziert werden. Da nach jedem Ausschalten der Betriebsspannung die Daten im RAM-Bereich verloren gehen, wäre es sinnlos, diese vorab zu initialisieren. Es genügt also einfach, entsprechenden Speicherplatz im RAM-Bereich zu reservieren.

Über das Label kann auf die entsprechenden Speicherstellen zugegriffen werden. Das Label selbst adressiert das erste Byte des reservierten Speicherplatzes. Alle folgenden Speicherstellen erreicht man durch einen additiven Offset zu dieser Speicherstelle (z. B. label + 9 für die zehnte Speicherstelle des Arrays).

Neben den vorgestellten Pseudoinstruktionen gibt es, abhängig vom Typ des Mikrocontrollers und vom Cross-Assembler, weitere Pseudoinstruktionen. Sie alle hier aufzählen zu wollen, würde den Rahmen des Buches sprengen. Im Bedarfsfall sei daher auf die Manuals der Hersteller verwiesen.

Wie durch Kommentare ein Assemblerprogramm änderungsfreundlich gestaltet werden kann, wurde bereits behandelt. Aber auch grundlegende, ergänzende Angaben zu einem Programm können sehr wichtig sein. Hierzu gehören z. B. Angaben darüber, wann das Programm geschrieben wurde, wer der Autor ist und welche Einsprungstellen (Labels) im Programm existieren. In der Praxis hat es sich daher als sehr günstig erwiesen, jedes Programmmodul mit einem sogenannten Programmkopf zu versehen. Dieser sollte enthalten:

- Name des (der) Moduls(e)
- Funktion (Sinn) des Moduls
- Tag der Erstellung bzw. letzten Änderung
- Einsprungstellen (Labels) und externe Referenzen
- Name des Programmierers

Beim Adressieren von Datenbytes innerhalb eines größeren Arrays setzt sich die Adresse aus einem Label für das erste Byte des Arrays und einem additiven Offset zusammen. Es wird also der Operator „+" verwendet, um während des Assemblierungsvorgangs aus den beiden Teiladressen die physikalische Adresse für den Mikrocontroller zu errechnen. In ähnlich gearteten Fällen besteht häufig der Wunsch, neben dem „+" Operator auch die anderen arithmetischen Operationen und logische Operationen zur Berechnung von Adressen bzw. Daten nutzen zu können. In den meisten Cross-Assemblern stehen daher die vier Grundrechenarten, UND, OR, NOT, XOR, <, >, und <> sowie Shift-Operationen zur Verfügung. Alle Operationen dieser Art wirken wie Pseudoinstruktionen. Sie werden vom Assembler ausgewertet und erscheinen damit nicht im ablauffähigen Code.

Zahlen können in den Assemblersprachen in der Regel in unterschiedlichen Formaten eingegeben werden. Bei Adressangaben beispielsweise wird meist das Hex-Format (z.B 0x1000) verwendet. Daten hingegen gibt man auch im Dezimalformat (z. B. 1000D), im Oktalformat (z. B. 0100O) oder im Binärformat (z. B. 0100001001B) ein.

Häufig kommt es in einem Assemblerprogramm vor, dass bestimmte Befehlsfolgen in ähnlicher Form an unterschiedlichen Stellen benötigt werden. Dies erfordert dann eine Menge stumpfsinnige Tipparbeit, da die Befehlssequenzen nahezu vollständig kopiert werden müssen. Mit Hilfe von sogenannten Makros kann diese Arbeit wesentlich vereinfacht werden. Häufig verwendete Befehlssequenzen werden in Form eines Makros vordefiniert und dann an den entsprechenden Stellen lediglich mit dem Namen des Makros aufgerufen. Man spart dadurch also mehrfache Tipparbeit und auch die Lesbarkeit des Programms wird vergrößert. Makros enthalten also Befehlssequenzen in Assemblersprache, die mit geänderten Parametern an mehreren Stellen im Programm eingebaut werden. Jedes Makro erhält einen eindeutigen Namen, mit dem es im Assemblerquelltext gerufen wird.

Sind in einem Assemblerprogramm Makros enthalten, so werden diese beim Assemblervorgang zunächst durch die Assembler-Befehlsfolgen ersetzt. Erst dann beginnt der eigentliche Assemblerlauf. Die Makrosubstitution ist also eine reine Textersetzung. Daher wird bei den Assemblern mit UNIX-Syntax die Makro-Substitution in einer Textvorverarbeitungsstufe, dem sogenannten Preprozessor durchgeführt. Das vorverarbeitete Programm enthält also an den gewünschten Stellen statt der Makroaufrufe die entsprechenden Assemblerbefehlsfolgen. Es unterscheidet sich in diesem Stadium also nicht von einem Assemblerprogramm, das ohne Macrodefinitionen vom Programmierer erstellt werde.

1.11 PWM-Helligkeitssteuerung

An Pin 15 (PB3) wird über den Widerstand eine Leuchtdiode angeschlossen und durch den Ausgang nach dem Prinzip des Pulsweitenmodulators (PWM) betrieben. Damit lässt sich die Helligkeit der Leuchtdiode einstellen. Die Pulsweitenmodulation ist ein Verfahren, bei dem eine technische Größe (elektrischer Strom) sich zwischen 0- und 1-Signal ändert. Dabei wird bei konstanter Frequenz das Tastverhältnis zwischen Impulsbreite und Impulspause geändert. Beträgt die Frequenz 100 Hz, erhält man eine Rechteckperiodendauer von 10 ms. Hat die Impulsbreite eine Länge von 2 ms, muss folglich die Impulsbreite 8 ms betragen. Man erhält ein PWM-Signal mit einem Tastverhältnis von:

$$t_v = \frac{t_i}{T} = \frac{2\ ms}{10\ ms} = 0{,}2 = 20\ \%$$

Die LED wird zwischen dunkel- und hellgesteuert betrieben.

Ein Beispiel für diese Modulationsart findet man in der Leistungselektronik. Bei einem Sonnenkollektor zur Brauchwassererzeugung innerhalb einer Heizung arbeitet ein Drehstrommotor als Einphasenmotor (Kondensator ist erforderlich). Ist die Temperatur am Sonnenkollektor etwas höher als im Brauchwasserspeicher, arbeitet der

Motor für die Umwälzpumpe mit 30 %. Mit zunehmender Temperatur hat der Motor durch die PWM-Ansteuerung immer mehr Leistung zur Verfügung und dreht schneller, kann also die Temperatur am Sonnenkollektor beeinflussen. Da an den Leistungsschaltern immer wenig Verlustenergie abgegeben wird, arbeitet die Schaltung mit zwei Kennpunkten: voll gesperrt (sehr geringer Strom, großer Spannungsfall) oder voll leitend (großer Strom, sehr geringer Spannungsfall). Der Mittelwert der Spannung wird dabei um das Verhältnis Einschaltzeit/Periodendauer reduziert.

Bei der Erzeugung eines PWM-Signals aus digital vorliegenden Daten kommen geeignete Zähler/Vergleicherschaltungen zur Anwendung. Der 8-Bit-Mikrocontroller ATtiny2313 hat zwei PWM-Ausgänge an Pin 15 (OC1A) und Pin 16 (OC1B). Das PWM-Signal kann mittels eines Komparators durch Vergleich des Analogsignals mit einem geeigneten Trägersignal erzeugt werden, wobei vor allem Sägezahn- und Dreiecksignale zum Einsatz kommen:

- Steigendes Sägezahnsignal (rückflankenmoduliert): Die Vorderflanke (steigende Flanke) der Schaltfunktion ist fest und die Position der Rückflanke (fallende Flanke) wird moduliert.
- Fallendes Sägezahnsignal (vorderflankenmoduliert): Die Position der Vorderflanke der Schaltfunktion wird moduliert und die Rückflanke bleibt konstant.
- Dreiecksignal für symmetrische Modulation: Bei dieser Modulationsart werden die Positionen beider Flanken der Schaltfunktion moduliert. Ändert sich der Sollwert innerhalb einer Trägerperiode nur gering, sind die beiden Schaltflanken näherungsweise symmetrisch zu den Scheitelpunkten des Dreiecksignals.

Das Zeitdiagramm von *Abb. 1.38* zeigt die Arbeitsweise der CTC-Betriebsart (Clear Timer on Compare). Im Register TCCR0A und TCCR0B sind jeweils zwei Bitstellen für diese Funktion (WGM02:0) reserviert. Das OCR0A-Register ist für die Zählerauflösung vorhanden. Die Ausgangsfrequenz errechnet sich aus:

$$f_{OCnx} = \frac{f_{clk\_I/O}}{2 \cdot N \cdot (1 + OCRRnx)}$$

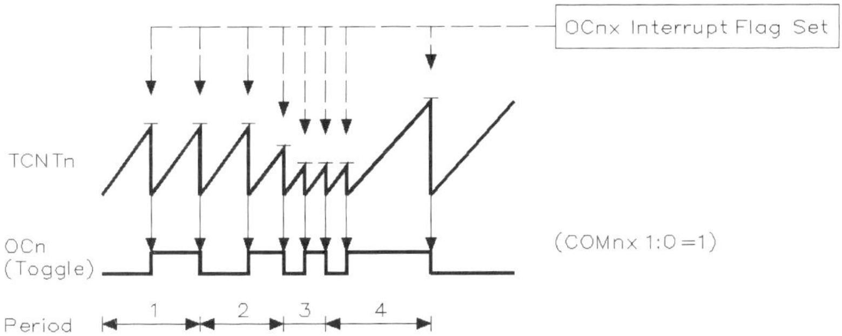

Abb. 1.38: Zeitdiagramm der CTC-Betriebsart des 8-Bit-Mikrocontrollers ATtiny2313

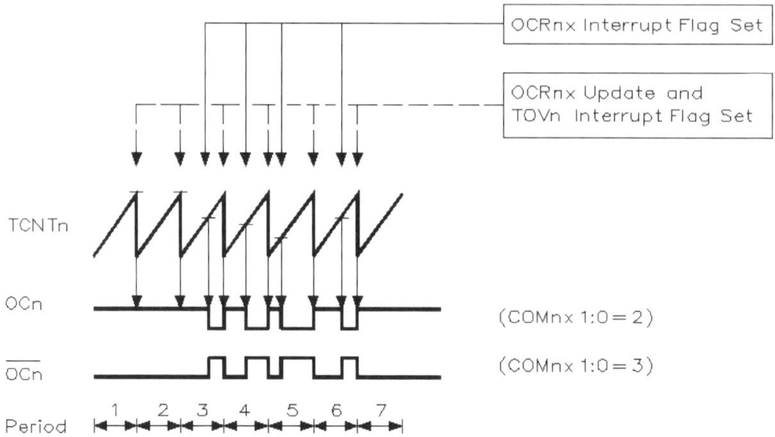

Abb. 1.39: Zeitdiagramm für die Fast-PWM-Betriebsart des 8-Bit-Mikrocontrollers ATtiny2313

Für unser Beispiel ist die Fast-PWM-Betriebsart gewählt worden.

Abb. 1.39 zeigt das Zeitdiagramm für die Fast-PWM-Betriebsart des 8-Bit-Mikrocontrollers ATtiny2313.

Die Besonderheit der Fast-PWM-Betriebsart ist der direkte und der negierte Ausgang. Für das Programm sind zwei Flags zu berücksichtigen. Die Ausgangsfrequenz errechnet sich aus:

$$f_{OCnxPWM} = \frac{f_{clk\_I/O}}{N \cdot 256}$$

Die N-Variable kann zwischen Faktor 1, 8, 64, 256 oder 1024 gewählt werden.

Das Programm für die PWM-Helligkeitssteuerung einer Leuchtdiode ist in *Abb. 1.40* gezeigt. Die konstante Frequenz für den Pulsweitenmodulator beträgt 10 ms oder 100 Hz, d. h. die steigende Flanke beträgt 10 ms in *Abb. 1.39*. Nachdem Sie das Programm gestartet haben, wird mit der Taste vom Eingang PB0 die Leuchtdiode dunkelgesteuert und vom Eingang PB1 die Leuchtdiode hellgesteuert.

Mit „Timer1 fast PWM“ wird die Arbeitsweise des Zeitgebers festgelegt. Dazu wird in den Akkumulator der Wert $82 geladen. Gibt man hier den Wert $B0 ein, dauert es sehr lange, bis die Dunkelsteuerung wirksam wird. Hat man den Wert $40, ist die Dunkelsteuerung sehr schnell. Dieser Wert wird in das TDDR1A-Register geladen. Danach erfolgt das Laden der TDDR1B-Register mit dem Wert $1C. Danach wird der Akkumulator mit dem Wert des Zählerstandes von „ldi acc0, CNTTOP“ geladen. Mit „out ICR1H, r0“ lädt man das Register r0 nach dem Register ICR1H und dieses hat den Wert null. Anschließend wird mit „out ICR1L, acc0“ das untere 8-Bit-Register mit dem Wert des Akkumulators geladen. Zum Schluss werden die Register OCR1AH, OCR1AL, TCNT1H und TCNT1L mit dem Befehl „out“ noch geladen.

Mit „ldi stavec, $00“ wird der Wert 0 in den Statusvektor geladen. Dann wird der Akkumulator mit „clr acc0“ gelöscht. Der Akkumulator wird anschließend direkt im SRAM unter „TICKS_100ms“ abgespeichert.

```
    ; Timer1 fast PWM
    ldi acc0, $82
    out TCCR1A, acc0
    ldi acc0, $1c
    out TCCR1B, acc0
    ldi acc0, CNTTOP
    out ICR1H, r0
    out ICR1L, acc0
    ldi acc0, $14
    out OCR1AH, r0
    out OCR1AL, acc0
    out TCNT1H, r0
    out TCNT1L, r0

    ldi stavec, $00
    clr acc0
    sts TICKS_100ms, acc0
    sts TICKS_1s, acc0
    ldi button, $33

    sei

; mainprogram
main:
    sbrc button,0
    rjmp not_pressed

    sbrs stavec, 0
    rjmp main
    ; incr_ocr1a
    clr stavec
    in acc0, OCR1AL
    cpi acc0, CNTTOP
    breq main
    inc acc0
wr_ocr1a:
    out OCR1AH, r0
    out OCR1AL, acc0
    rjmp main

not_pressed:
    sbrc button,4
    rjmp main

    sbrs stavec, 0
    rjmp main
    ; decr_ocr1a
    clr stavec
    in acc0, OCR1AL
    cpi acc0,$00
    breq main
    dec acc0
    rjmp wr_ocr1a
```

Abb. 1.40: Programm für die PWM-Helligkeitssteuerung einer Leuchtdiode

1.12 Fußgängerampel

Für die Fußgängerampel ist die Schaltung mit dem Mikrocontroller zu erweitern, wie die Schaltung von *Abb. 1.41* zeigt.

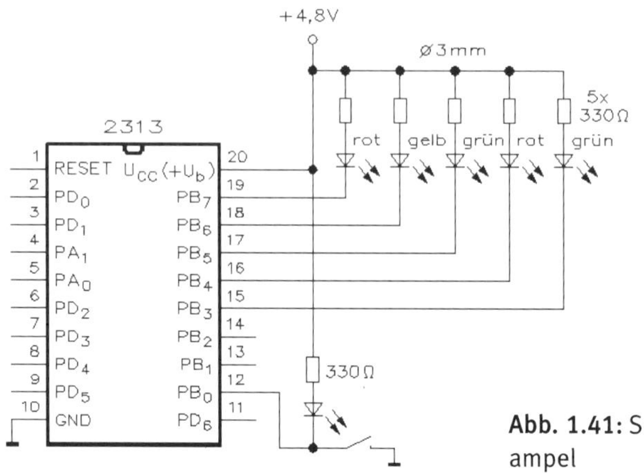

Abb. 1.41: Schaltung für eine Fußgängerampel

Am Anschlusspin 12 (PB0) befindet sich der Taster für die Fußgänger. Wenn ein Fußgänger den Taster drückt, muss er drei Sekunden warten, bevor die Schaltung anspricht. Die Fußgängerampel ist auf Rot und die Autoampel auf Grün. Nach drei Sekunden schaltet die Autoampel auf Gelb und drei Sekunden später auf Rot, wenn ein Fußgänger den Taster drückt. Nach weiteren drei Sekunden schaltet die Fußgängerampel auf Grün und für zwölf Sekunden ist diese auf Grün. Anschließend schaltet die Fußgängerampel auf Rot und nach einer Zeitverzögerung von zwölf Sekunden die Autoampel auf Rot-Gelb. Nach weiteren drei Sekunden geht die Autoampel auf Grün.

Für den Port PB muss folgende Belegung festgelegt werden:

PB0: Taster für die Ampelanforderung
PB1: nicht belegt
PB2: nicht belegt
PB3: Fußgängerampel Grün
PB4: Fußgängerampel Rot
PB5: Autoampel Grün
PB6: Autoampel Gelb
PB7: Autoampel Rot

Die Pseudo-Operation „equ“ gestattet dem Programmierer das „Gleichsetzen“ von Namen mit Adressen oder Daten. Die Namen können sich auf Bausteinadressen, numerische Daten, Startadressen, feste Adressen usw. beziehen.

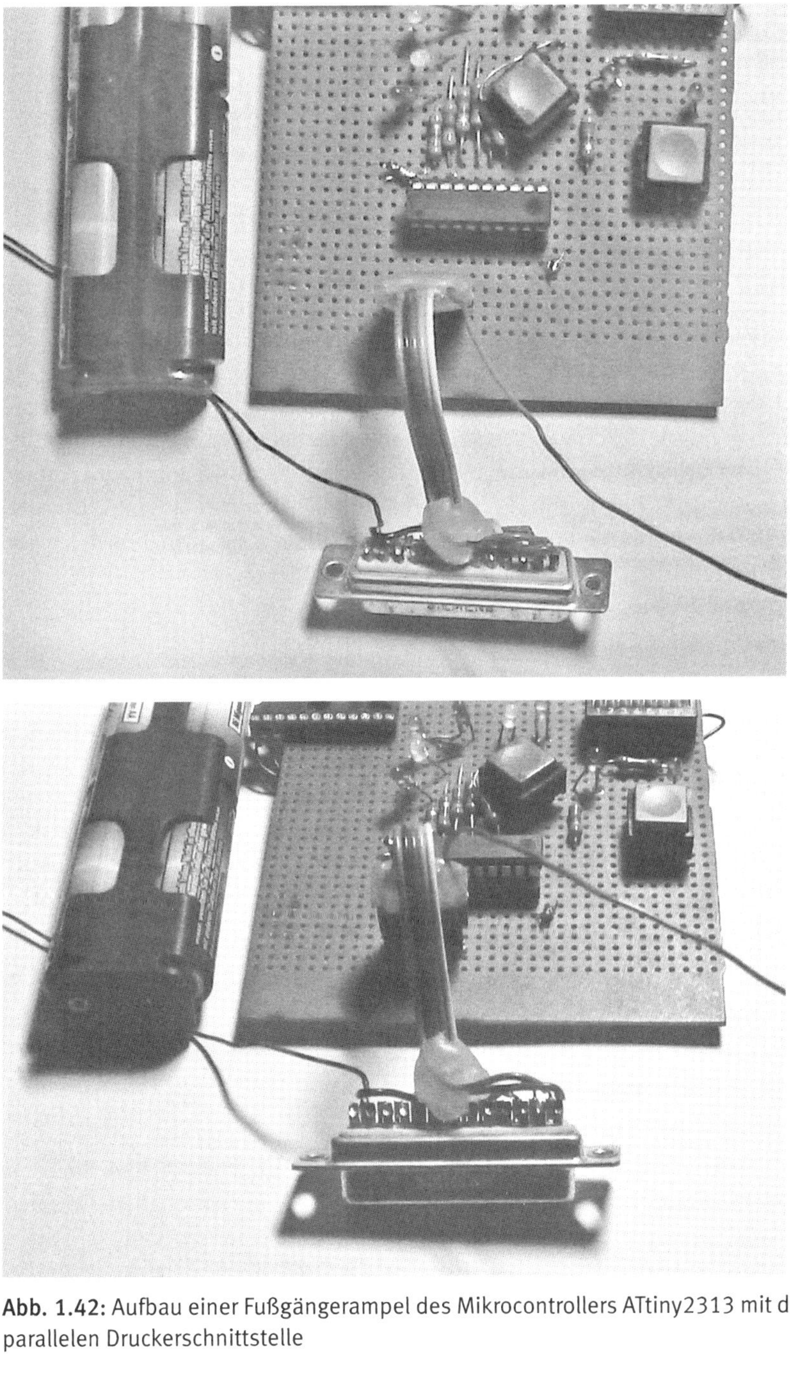

Abb. 1.42: Aufbau einer Fußgängerampel des Mikrocontrollers ATtiny2313 mit der parallelen Druckerschnittstelle

Die Pseudo-Operation „equ" weist den numerischen Wert in ihrem Operandenfeld den Namen in ihrem Markenfeld zu. Die meisten Assembler gestatten die Definition einer Marke mit den Ausdrücken einer anderen. Die Marke im Operandenfeld muss natürlich vorher definiert werden. Häufig kann das Operandenfeld komplexere Ausdrücke enthalten. Die Zuweisung doppelter Namen (zwei Namen für die gleichen Daten oder Adressen) kann sehr nützlich sein, wenn man Programme zusammenlegen will, die verschiedene Namen für die gleiche Variable (oder unterschiedliche Ausdrucksweise für scheinbar gleiche Namen) verwenden.

Es ist zu beachten, dass eine „equ"-Pseudo-Operation nicht bewirkt, dass der Assembler irgend etwas in den Programmspeicher platziert. Der Assembler platziert einfach einen zusätzlichen Namen in eine Tabelle (eine sogenannte Symbol-Tabelle). Diese Tabelle, anders als die Mnemonik-Tabelle, muss in einem RAM liegen, da sie sich mit jedem Programm ändert. Das Assemblerprogramm wird immer einen Teil eines RAM benötigen, um die Symbol-Tabelle aufzubewahren. Je mehr RAMs zur Verfügung stehen, desto mehr Symbole kann sie aufnehmen. Dieses RAM wird zusätzlich zu allem benötigt, was der Assembler an zeitweiligem Speicher braucht.

Wann verwendet man einen Namen? Die Antwort ist: wann immer man einen Parameter hat, den man ändern möchte oder der irgend eine Bedeutung neben seinem gewöhnlichen numerischen Wert besitzt. Gewöhnlich erfolgt eine Zuweisung von Namen zu Zeitkonstanten, Bausteinadressen, Maskiermustern, Umwandlungsfaktoren und ähnlichen. Mit einem Namen für ein Programm ist nicht nur einfacher, den Parameter zu ändern, sondern es erleichtert auch die Programm-Dokumentation. Man weist Namen auch Speicherplätzen zu, die einen speziellen Zweck haben. Sie können Daten aufbewahren, den Start des Programms markieren oder für unmittelbare Speicherung zur Verfügung stehen.

Welche Namen verwendet man? Man verwendet am besten Namen nach den gleichen Grundsätzen wie bei Markierungen, wobei hier besonders bedeutungsvolle Namen empfehlenswert sind. Diese Ratschläge scheinen trivial zu sein, eine überraschende Anzahl von Programmierern beachtet sie jedoch nicht.

Wohin wird man die „equ"-Pseudo-Operationen platzieren? Die beste Stelle ist am Beginn des Programms, unter entsprechenden Kommentar-Überschriften wie I/O-Adressen, zeitweilige Speicherung, Zeitkonstanten oder Programmstellen. Dadurch lassen sich die Definitionen leichter finden, wenn man sie ändern möchte. Ferner wird ein anderer Anwender imstande sein, alle Definitionen an einer zentralen Stelle zu übersehen. Offensichtlich verbessert diese Praxis auch die Dokumentation und erleichtert die Verwendung des Programms.

Definitionen, die nur in einem speziellen Unterprogramm verwendet werden, sollten am Beginn des Programms erscheinen.

Es gilt:

```
Equ GRRT = $cf    ⇒ 1 1 0 0 1 1 1 1
Equ GERT = $af    ⇒ 1 0 1 0 1 1 1 1
Equ RTRT = $6f    ⇒ 0 1 1 0 1 1 1 1
Equ RTGR = $77    ⇒ 0 1 1 1 0 1 1 1
Equ RTGERT = $2f  ⇒ 0 0 1 0 1 1 1 1
                    ↑ ↑ ↑ ↑ ↑
                    │ │ │ │ └Fußgängerampel Grün
                    │ │ │ └Fußgängerampel Rot
                    │ │ └Autoampel Grün
                    │ └Autoampel Gelb
                    └Autoampel Rot
```

Abb. 1.43 zeigt das Programm für die Fußgängerampel; der rechte Teil ist das Hauptprogramm. Mit „ldi acc0, GRRT" wird die Bedingung gesetzt, dass die Fuß-

```
; SRAM usage
; for time information
.equ TICKS_3s    =$61  ; Overflow each 3s

;PB0 Taster
;PB1 not used
;PB2 not used
;PB3 Fuss gruen
;PB4 Fuss rot
;PB5 Auto gruen
;PB6 Auto gelb
;PB7 Auto rot

.equ GRRT    =$cf  ;
.equ GERT    =$af  ;
.equ RTRT    =$6f  ;
.equ RTGR    =$77  ;
.equ RTGERT  =$2f  ;
```

```
; mainprogram
main:
    ldi acc0, GRRT
    out PORTB, acc0

    sbrc button,0
    rjmp main

    rcall wait_3_sec
    ldi acc0, GERT
    out PORTB, acc0
    rcall wait_3_sec
    ldi acc0, RTRT
    out PORTB, acc0
    rcall wait_3_sec
    ldi acc0, RTGR
    out PORTB, acc0

    rcall wait_3_sec
    rcall wait_3_sec
    rcall wait_3_sec
    rcall wait_3_sec
    ldi acc0, RTRT
    out PORTB, acc0
    rcall wait_3_sec
    ldi acc0, RTGERT
    out PORTB, acc0
    rcall wait_3_sec

    rjmp main


;subroutine
wait_3_sec:
    clr sacc0
    sts TICKS_3s, sacc0
    clr stavec

busy_wait:
    sbrs stavec,0
    rjmp busy_wait
    ret
```

Abb. 1.43: Programm für die Fußgängerampel

gängerampel Rot und die Autoampel Grün hat. Die Ausgabe erfolgt an PORTB und der Inhalt des Akkumulators wird übernommen. Danach erfolgt die Abfrage, ob der Taster an PORTB0 geöffnet (1-Signal) oder gedrückt (0-Signal) ist. Wird der Taster gedrückt, setzt sich das Programm fort und mit „rcall wait_3_sec" dauert es drei Sekunden, bis der Aufruf der relativen Subroutine abgearbeitet ist. Mit „ldi acc0, GERT" wird die Bedingung gesetzt, dass die Fußgängerampel auf Rot und die Autoampel auf Gelb schaltet. Anschließend kommt mit „rcall wait_3_sec" wieder ein Aufruf, der drei Sekunden dauert. Mit „ldi acc0, RTRT" wird die Bedingung gesetzt, dass die Fußgängerampel Rot und die Autoampel ebenfalls Rot ist. Anschließend kommt mit „rcall wait_3_sec" wieder ein Aufruf, der drei Sekunden dauert. Mit „ldi acc0, RTGR" wird die Bedingung gesetzt, dass die Fußgängerampel sich auf Grün setzt und die Autoampel auf Rot bleibt.

Die Fußgängerampel bleibt für zwölf Sekunden auf Grün. Dann wird mit „ldi acc0, RTRT" die Bedingung gesetzt, dass die Fußgängerampel Rot und die Autoampel auf Rot bleibt. Anschließend kommt mit „rcall wait_3_sec" wieder ein Aufruf, der drei Sekunden dauert. Anschließend wird mit „ldi acc0, RTGERT" die Bedingung gesetzt, dass die Fußgängerampel Rot und die Autoampel auf Rot-Gelb schaltet. Danach kommt mit „rcall wait_3_sec" wieder ein Aufruf, der drei Sekunden dauert. Zum Schluss ist das Programm beendet und es erfolgt ein Rücksprung auf „main".

Programmteile, die immer wieder in unveränderter Form benötigt werden (Routinen), wird man zweckmäßigerweise ein einziges Mal erstellen und dann bei Bedarf lediglich in das Arbeitsprogramm des Anwenders einfügen.

Gründe hierfür sind:

- Wenn eine Reihe von Befehlen in einem Programm oft mit nur geringen Veränderungen wiederholt wird, verringern Routinen die Programmierarbeit und reduzieren die Fehlerhäufigkeit.
- Kommt ein Fehler in einer solchen Routine vor, muss nur eine einzige Korrektur durchgeführt werden (Verkürzung der Korrektur- und damit der Programmentwicklungszeit!).
- Eine Routine ist auch anderen Anwendern zugänglich.
- Prinzipiell stehen zum Einbau solcher „Programmstücke" zwei verschiedene Methoden zur Verfügung:

Der Anruf eines

- MAKRO und der eines
- UNTERPROGRAMMS (Subroutine)

Sowohl Makro als auch Unterprogramm sind Programmabschnitte, die über einen Anruf innerhalb des Arbeitsprogramms aktiviert werden können und über deren

Definition im letzten Kapitel bereits gesprochen wurde. Die unterschiedliche Behandlung eines Makro und eines Unterprogramms durch den Assembler wie auch die unterschiedliche Abwicklung beider Verfahren kann man beim Ablauf des Arbeitsprogramms beobachten.

Man erkennt, dass das Makro schon während der Übersetzung bei jedem Makroaufruf eingesetzt wird. Dadurch wird das ablauffähige Anwenderprogramm natürlich um so länger, je öfter darin ein Makroaufruf vorkommt.

Im Gegensatz dazu tritt ein Unterprogramm (Subroutine) nur ein einziges Mal in Erscheinung. Es bleibt als ein einziger, separater „Programmteil" bestehen, der bei jedem Subroutineaufruf ausgeführt wird, ohne dass seine Befehle in das Hauptprogramm eingefügt worden sind.

Man erkennt hieraus, dass die Verwendung von Subroutinen günstiger ist, d. h. dass bei dieser Methode relativ zur Verwendung von Makros weniger Programmspeicherplatz aufgewandt werden muss, sobald der „Programmteil" mehr als einmal aufgerufen wird.

Da andererseits ein Makroaufruf im Allgemeinen weniger Zeit beansprucht als ein Subroutineaufruf, sind Makros günstiger, d. h. Makroaufrufe ermöglichen die Durchführung gleicher Aufgaben in relativ kürzerer Zeit, als dies durch Subroutineaufrufe möglich ist.

- Subroutinen wird man also einsetzen, wenn Routinen sehr häufig verwendet werden oder minimaler Programmspeicherbedarf wesentlich ist.
- Makros wird man im umgekehrten Fall einsetzen, wenn maximale Verarbeitungsgeschwindigkeit gefordert ist bzw. der Programmspeicherbedarf nicht ausschlaggebend ist.

Man wird häufig finden, dass spezielle Sequenzen von Befehlen mehrfach in einem Quellprogramm erscheinen. Wiederholte Befehlssequenzen können Forderungen unserer Programmlogik wiedergeben, oder sie können Unvollkommenheiten in dem Befehlssatz unseres Mikrocontrollers ausgleichen. Man kann das wiederholte Schreiben der gleichen Befehlssequenz vermeiden, wenn man ein Makro verwendet.

Makros gestatten die Zuweisung eines Namens zu einer Befehlssequenz. Man kann dann den Makronamen im Quellprogramm verwenden, anstatt die wiederholte Befehlssequenz. Der Assembler wird den Makronamen durch die entsprechende Sequenz von Befehlen ersetzen. Dies wird in der Tabelle 1.9 dargestellt.

Makros sind nicht dasselbe wie Unterprogramme. Ein Unterprogramm tritt nur einmal in einem Programm auf, und die Programmausführung verzweigt zu diesem Unterprogramm. Ein Makro wird zu einer tatsächlichen Befehlssequenz erwei-

Tabelle 1.9: Aufbau des Assemblers in Makronamen

Quellprogramm		Objektprogramm
MAC1 MACRO	(Makrodefinition)	
Befehl M1		
Befehl M2		
Befehl M3		
ENDM	(Ende der Makrodefinition)	
Befehl P1	(Hauptprogramm)	Befehl P1
Befehl P2		Befehl P2
Befehl P3		Befehl P3
MAC1		
Befehl P4		Befehl P4
Befehl P5		Befehl P5
Befehl P6		Befehl P6
Befehl P7		Befehl P7
MAC1		
Befehl P8		Befehl P8
Befehl P9		Befehl P9
MAC1		
Befehl P10		Befehl P10
Befehl P11		Befehl P11

tert, jedes Mal wenn das Makro auftritt. Daher bewirkt das Makro keine Verzweigung. Makros besitzen folgende Vorteile:

- Kürzere Quellprogramme.
- Bessere Programm-Dokumentation.
- Verwendung von fehlerfreien Befehlssequenzen. Sobald das Makro fehlerfrei gemacht wurde, ist man sicher, dass man eine einwandfreie Befehlssequenz bei jeder Verwendung des Makros zur Verfügung hat.
- Einfacher Austausch. Man ändert die Makrodefinition und der Assembler führt die Änderung aus, jedesmal wenn das Makro verwendet wird.
- Einschließen von Kommandos, Schlüsselworten oder anderen Computerbefehlen in den grundlegenden Befehlssatz. Man verwendet Makros zur Erweiterung oder Erläuterung des Befehlssatzes.

Die Nachteile von Makros sind:

- Wiederholung der gleichen Befehlssequenzen.
- Ein einzelnes Makro kann eine Vielzahl von Befehlen bilden.

- Mangel an Standardisierung.
- Mögliche Einflüsse auf Register und Flags, die vielleicht nicht deutlich festgelegt sind.

Ein Problem liegt darin, dass die in einem Makro verwendeten Variablen nur innerhalb dessen bekannt sind (d. h. sie sind eher „lokal" anstatt „global"). Dies kann häufig zu einer Verwirrung führen, ohne dass entsprechende Vorteile vorhanden sind. Man soll sich dieses Problem ständig bei der Verwendung von Makros vor Augen halten.

1.13 Ampelsteuerung für Nebenstraße

Für eine Ampelsteuerung mit Nebenstraße sind zwei vollständige Ampeln erforderlich, *Abb. 1.44* zeigt die Schaltung.

Die Bedingungen für die Ampelsteuerung sind folgendermaßen: Im Normalzustand blinkt die gelbe Leuchtdiode für die Nebenstraße und für die Hauptstraße ist keine Leuchtdiode in Betrieb. Der Taster simuliert eine Induktionsschleife. Passiert ein Auto die Induktionsschleife, wird das Gelbblinken unterbrochen und die Ampel der Nebenstraße schaltet auf Rot. Gleichzeitig wird die Ampel auf der Hauptstraße auf Grün geschaltet. Nach drei Sekunden schaltet die Ampel auf der Hauptstraße von Grün nach Gelb und weiter nach Rot. Nach drei Sekunden schaltet die Ampel auf der Nebenstraße von Rot nach Rot-Gelb und weiter nach Grün. Nach einer Zeit von 12 Sekunden wird die Ampel der Nebenstraße wieder Gelb und anschließend Rot. Nach drei Sekunden wird die Hauptstraße von Rot nach Rot-Gelb und wieder ausgeschaltet.

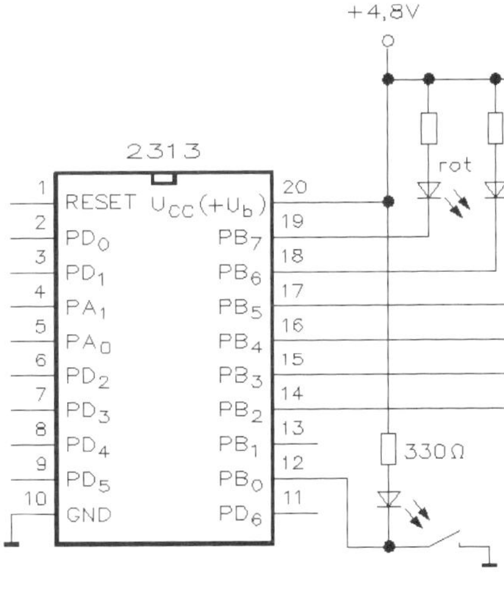

Abb. 1.44: Schaltung einer Ampelsteuerung für Nebenstraße

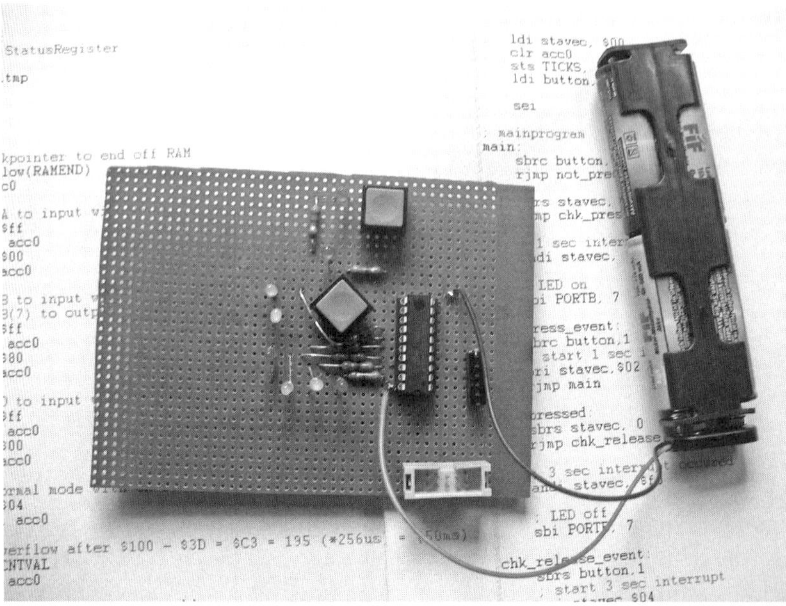

Abb. 1.45: Aufbau einer Ampelsteuerung des Mikrocontrollers ATtiny2313

Definitionen, die nur in einem speziellen Unterprogramm verwendet werden, sollten am Beginn des Programms erscheinen.

Es gilt:

Equ GRRT = $cf	⇒	1	1	0	0	1	1	1	1
Equ GERT = $af	⇒	1	0	1	0	1	1	1	1
Equ RTRT = $6f	⇒	0	1	1	0	1	1	1	1
Equ RTRTGE = $67	⇒	0	1	1	0	0	1	1	1
Equ RTGR = $7b	⇒	0	1	1	1	1	0	1	1
Equ RTGE = $77	⇒	0	1	1	1	0	1	1	1
Equ RTGERT = $2f	⇒	0	0	1	0	1	1	1	1
Equ XGE = $f7	⇒	1	1	1	1	0	1	1	1
Equ XX = $ff	⇒	1	1	1	1	1	1	1	1

Bitzuordnung (von links nach rechts, Bits 1–5):

- Bit 1: Autoampel Rot
- Bit 2: Autoampel Gelb
- Bit 3: Autoampel Grün
- Bit 4: Nebenstraßenampel Rot / Nebenstraßenampel Gelb
- Bit 5: Nebenstraßenampel Grün

```
;PB0 Taster
;PB1 not used
;PB2 Auto1 gruen
;PB3 Auto1 gelb
;PB4 Auto1 rot
;PB5 Auto0 gruen
;PB6 Auto0 gelb
;PB7 Auto0 rot

.equ GRRT   =$cf  ;
.equ GERT   =$af  ;
.equ RTRT   =$6f  ;
.equ RTRTGE =$67  ;
.equ RTGR   =$7b  ;
.equ RTGE   =$77  ;
.equ RTGERT =$2f  ;
.equ XGE    =$f7  ;
.equ XX     =$ff  ;
```

```
; mainprogram
main:
    sbrc button,0
    rjmp main

    rcall wait_3_sec
    cbr stavec, $02
    ldi acc0, GRRT
    out PORTB, acc0
    rcall wait_3_sec
    ldi acc0, GERT
    out PORTB, acc0
    rcall wait_3_sec
    ldi acc0, RTRT
    out PORTB, acc0
    rcall wait_3_sec
    ldi acc0, RTRTGE
    out PORTB, acc0
    rcall wait_3_sec
    ldi acc0, RTGR
    out PORTB, acc0


    rcall wait_3_sec
    rcall wait_3_sec
    rcall wait_3_sec
    rcall wait_3_sec
    ldi acc0, RTGE
    out PORTB, acc0
    rcall wait_3_sec
    ldi acc0, RTRT
    out PORTB, acc0
    rcall wait_3_sec
    ldi acc0, RTGERT
    out PORTB, acc0
    rcall wait_3_sec
    ldi acc0, XGE
    out PORTB, acc0
    sbr stavec, $02
    rjmp main
;subroutine
wait_3_sec:
    clr sacc0
    sts TICKS_3s, sacc0
    cbr stavec, $01

busy_wait:
    sbrs stavec,0
    rjmp busy_wait
    ret
```

Abb. 1.46: Programm für eine Ampelsteuerung mit Nebenstraße

Das Programm von *Abb. 1.46* zeigt links die Definitionen der beiden Ampeln und rechts befindet sich das Hauptprogramm. Zuerst wird der Taster (Induktionsschleife) abgefragt. Ist der Taster geschlossen, erkennt der Mikrocontroller am Eingang PB0 ein 0-Signal. Mit „rcall wait_3_sec“ wird ein relatives Unterprogramm angesprungen. Danach wird in der Statusvektor mit 2 geladen und der Akkumulator mit „ldi acc0, GRRT“ übernommen. Anschließend wird mit „out PORTB, acc0“ der Inhalt des Akkumulators auf PortB ausgegeben. Mit „rcall wait_3_sec“ wird ein relatives Unterprogramm angesprungen. Danach wird der Statusvektor mit 2 geladen und der Akkumulator mit „ldi acc0, GERT“ übernommen. Anschließend wird mit „out PORTB, acc0“ der Inhalt des Akkumulators auf PortB ausgegeben. Das Programm wird nach und nach abgearbeitet.

Mit „rcall wait_3_sec“ wird eine Zeitverzögerung von zwölf Sekunden erzeugt. Danach wird das Programm nach und nach abgearbeitet, bis „rjmp main“ erreicht wird.

Die „subroutine“ ist ein Programm, mit dem man eine Zeitverzögerung von drei Sekunden erzeugt. Mit „busy_wait“ wird der Statusvektor mit null geladen und das Programm arbeitet solange, bis der Wert von null erreicht wird, andernfalls springt das Programm mit „rjmp“ zurück. Mit „ret“ geht das Unterprogramm wieder auf das Hauptprogramm zurück.

1.14 Vierstelliger hexadezimaler Zähler mit 7-Segment-Anzeige

Ein hexadezimaler Zähler arbeitet von 0 bis F. Eine 7-Segment-Anzeige besteht aus sieben Leuchtdioden, die entsprechend angeordnet sind, wie *Abb. 1.47* zeigt.

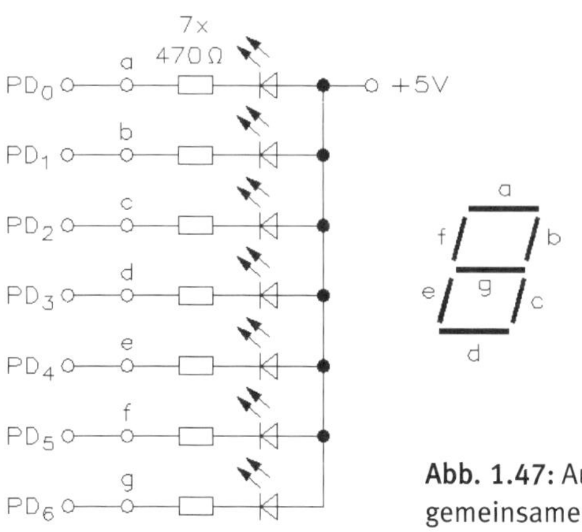

Abb. 1.47: Aufbau einer 7-Segment-Anzeige mit gemeinsamer Anode

Für die Ansteuerung durch einen Mikrocontroller kann man eine 7-Segment-Anzeige mit gemeinsamer Anode verwenden. Port PD hat sieben Anschlüsse, von PD0 bis PD6. Zwischen Mikrocontroller und der 7-Segment-Anzeige sind sieben Widerstände für die Strombegrenzung erforderlich. Die sieben Leuchtdioden sind so angeordnet, dass die hexadezimalen Zahlen von 0 bis 9, A (10D), B (11D), C (12H), D (13H), E (14H) und F (15H) ausgegeben werden können. Die einzelnen Segmente sind mit Kleinbuchstaben von a bis g gekennzeichnet. Die Anoden der Leuchtdioden sind zusammengefasst und gemeinsam herausgeführt. Der Mikrocontroller erzeugt die einzelnen Wertigkeiten, wie Tabelle 1.10 zeigt.

Zahl	Segmente x g f e d c b a	Hexadezimale Darstellung
0	1 0 0 0 0 0 0	C0
1	1 1 1 1 0 0 1	F9
2	0 1 0 0 1 0 0	A4
3	0 1 1 0 0 0 0	B0
4	0 0 1 1 0 0 1	99
5	0 0 1 0 0 1 0	92
6	0 0 0 0 0 1 0	82
7	1 1 1 1 0 0 0	F8
8	0 0 0 0 0 0 0	80
9	0 0 1 0 0 0 0	90
A	0 0 0 1 0 0 0	88
B	0 0 0 0 0 1 1	83
C	1 0 0 0 1 1 0	C6
D	0 1 0 0 0 0 1	A1
E	0 0 0 0 1 1 0	86
F	0 0 0 1 1 1 0	8E

Tabelle 1.10: Ansteuerung einer 7-Segment-Anzeige mit gemeinsamer Anode, wobei die Stelle x (nicht bewertet), mit einem 1-Signal auf die hexadezimale Darstellung wirkt

Bei der Schaltung von *Abb. 1.48* steuert der Mikrocontroller die Segmente der Anzeige direkt an. Hat ein Ausgang von Port PD ein 0-Signal, fließt ein Strom von der positiven Betriebsspannung über die Leuchtdiode und den Strombegrenzungswiderstand in den Mikrocontroller hinein. Die Ausgänge von Port PD weisen ein typisches Stromsenkenverhalten auf. Hat der Ausgang ein 1-Signal, fließt kein Strom über die Leuchtdiode.

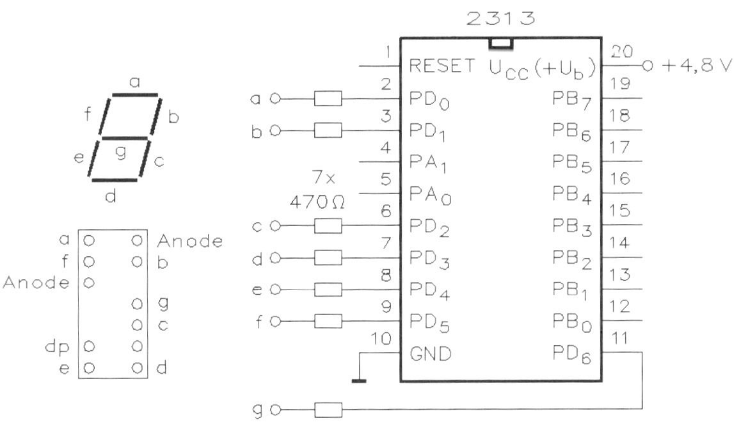

Abb. 1.48: Schaltung für den Mikrocontroller mit 7-Segment-Anzeige

```
.org 0x0013
.db $c0, $f9, $a4, $b0, $99, $92, $82, $f8
.db $80, $90, $88, $83, $c6, $a1, $86, $8e


; mainprogram
main:
    lpm acc0, Z
    inc ZL
    out PORTD, acc0
    rcall wait_1_sec
    cpi ZL, $36
    brlo main
    ldi ZL, $26
    rjmp main

;subroutine
wait_1_sec:
    clr sacc0
    sts TICKS_1s, sacc0
    cbr stavec, $01

busy_wait:
    sbrs stavec,0
    rjmp busy_wait
    ret
```

Abb. 1.49: Programm für den Mikrocontroller mit 7-Segment-Anzeige

Wenn man sich das Programm von *Abb. 1.49* betrachtet, sieht man den Pseudobefehl „org". Der Pseudobefehl „org" verändert den Adresszähler, den Zeiger, der bestimmt, wo der Assembler Befehle oder Daten im Speicher ablegt. Bei dem Compiler kann man diese Entscheidung meistens Windows überlassen, doch hat man mit „org" die Möglichkeit, diese Entscheidung auch selbst zu übernehmen.

Der „org"-Befehl „ORG 100H" weist beispielsweise den Assembler an, den Objektcode für die folgenden Befehle ab der Speicherstelle 256 Bytes vom Beginn des Segments abzulegen. Man kann den Objektcode auch relativ zum aktuellen Adresszähler im Speicher ablegen und es wird dabei das Dollarzeichen ($) verwendet, um den aktuellen Adresszähler zu kennzeichnen. Die Anweisung:

ORG $+4

addiert einen Wert von vier auf den Adresszähler, es werden also die nächsten vier Bytes im Speicher reserviert.

Vielleicht werden Sie ORG niemals in eigenen Programmen benötigen, es ist jedoch möglich, dass es Ihnen einmal in Listings von Systemprogrammen begegnet. Deshalb sollten Sie wissen, was ORG durchführt.

Wie bereits gezeigt wurde, können Daten auf fünf verschiedene Arten angegeben werden: binär, hexadezimal, dezimal, oktal und ASCII. Um zwischen diesen Arten zu unterscheiden, muss ein Identifikationsbuchstabe (oder Anführungszeichen bei ASCII) bei allen Daten durchgeführt werden, wenn sie nicht dezimal sind. Dies ist bequem, wenn ein Programm hauptsächlich Dezimalwerte verwendet; wenn jedoch

mit vielen binären, hexadezimalen oder anderen nicht-dezimalen Zahlen gearbeitet wird, ist es wesentlich einfacher, diese Zahlen ohne die Angabe eines solchen Identifikationsbuchstabens (B, H etc.) einzugeben.
Die Daten-Pseudobefehle des Assemblers können in fünf funktionelle Gruppen aufgeteilt werden, wie in Tabelle 1.11 gezeigt ist.

Tabelle 1.11: Daten-Pseudobefehle

Pseudobefehl	**Funktion**
Symboldefinition	
EQU	Format: Name EQU = Ausdruck Weist den Wert von Ausdruck dem Namen fest zu.
=	Format: Label = Ausdruck Wic EQU, Label kann jedoch umdefiniert werden.
Datendefinition	Format: [Name] DB = Ausdruck[,...]
DB	Definiert eine Variable oder initialisiert Speicher. DB weist ein oder mehrere Bytes zu.
DW	Format: [Namel DW = Ausdruck[,...] Ähnlich wie DB, weist aber ein oder mehrere Zwei-Byte-Worte zu.
DD	Format: (Name] DD = Ausdruck[,...] Weist ein oder mehrere Vier-Byte-Doppelworte zu.
Externe Referenzen	
PUBLIC	Format: PUBLIC Symbol[,...] Das/Die definierte(n) Symbol(e) kann von anderen Modulen, die zu diesem hinzugebunden werden, verwendet werden.
EXTRN	Format: EXTRN Name: Typ[,...1] Gibt Symbole an, die in anderen Modulen definiert wurden.
INCLUDE	Format: INCLUDE Dateiangabe Assembliert Quellbefehle aus einer anderen Quelldatei.
SEGMENT	Format: Segmentname SEGMENT [Ausrichtung] [Kombination] ['Klasse'] ... ... Segmentname ENDS Definiert die Grenzen eines mit Namen versehenen Segments. Eine SEGMENT-Definition muss durch die ENDS-Anweisung beendet werden.

Tabelle 1.11: (*Fortsetzung*)

Pseudobefehl	Funktion
ASSUME	Format: ASSUME Segmentregister: Segmentname[,...] oder ASSUME Segmentregister: NOTHING[,...] Sagt dem Assembler, zu welchem Segment ein Segmentregister gehört. ASSUME NOTHING setzt alle vorherigen ASSUME-Anweisungen für die angegebenen Register zurück.
PROC	Format: Name PROC [NEAR] oder Name PROC FAR ... ... RET Name ENDP Weist einer Folge von Assemblerbefehlen einen Namen zu. Jede PROC-Definition muss mit einer ENDP-Anweisung beendet werden.
Assembler-steuerung	
END	Format: END (Ausdruck] Kennzeichnet das Ende des Quellprogramms

Das Hauptprogramm gestaltet sich kurz. Mit „lpm acc0, Z“ wird aus dem Z-Register (Programmspeicher) der Inhalt in den Akkumulator geladen. Dann wird das ZL-Register inkrementiert, also um +1 erhöht. Danach erfolgt die Ausgabe des Akkumulators über PortD. Es erfolgt ein Unterprogrammaufruf mit „rcall wait_1_sec“ und ein Vergleich zwischen dem Register ZL und der Konstanten 36. Ist die Bedingung kleiner, erfolgt mit „brlo main“ das Programm „main“. Anschließend wird mit „ldi ZL, $26“ das Register ZL mit dem Wert 26 geladen und zum Ende erfolgt mit „rjmp main“ der Rücksprung.

Die „subroutine“ ist ein Programm, mit dem man eine Zeitverzögerung von einer Sekunde erzeugt. Mit „busy_wait“ wird der Statusvektor mit null geladen und das Programm arbeitet solange, bis der Wert von null erreicht ist, andernfalls springt das Programm mit „rjmp“ zurück. Mit „ret“ geht das Unterprogramm wieder auf das Hauptprogramm zurück.

1.15 Elektronischer Würfel

Für einen elektronischen Würfel kann man die Ansteuerschaltung von *Abb. 1.48* verwenden. Es muss nur der Taster am Eingang PB0 vorhanden sein. Wird der Taster nicht betätigt, hat der Eingang PB0 ein 1-Signal und die 7-Segment-Anzeige zeigt den Zählerstand an. Wird der Taster betätigt, hat der Eingang PB0 ein 0-Signal und die 7-Segment-Anzeige läuft durch, bis der Taster wieder losgelassen wird. *Abb. 1.50* zeigt das Programm für den elektronischen Würfel.

```
; mainprogram
main:
    sbis PINB, 0
    rjmp pressed
    ldi acc0, $08
    out TCCR1B, acc0
    in ZL, TCNT1L
    ldi acc0, $27
    add ZL, acc0
    lpm acc0, Z
    out PORTD, acc0
    rjmp main

pressed:
    ldi acc0, $09
    out TCCR1B, acc0
    ldi ZL, $26
    lpm acc0, Z
    out PORTD, acc0
    rjmp main
```

Abb. 1.50: Programm für den elektronischen Würfel

Ein elektronischer Würfel zählt von 1 bis 6 und daher ist die „org"-Anweisung mit dem Programm von Abb. 1.49 identisch. Das Hauptprogramm beginnt mit „sbis PINB, 0" und das I/O-Register wird gesetzt. Dann erfolgt mit „rjmp pressed" die Abfrage, ob der Taster am Eingang PB0 geschlossen (gedrückt) ist. Ist der Taster offen, erkennt der Mikrocontroller ein 1-Signal und beginnt, dann das Programm „pressed" abzuarbeiten. Ist der Taster dagegen geschlossen, wird mit dem Befehl „ldi acc0, $08" geladen. Der Wert des Akkumulators wird in das Register TCCR1B geladen. Mit dem Befehl „in ZL, TCNT1L" wird der Zählerstand in das ZL-Register geladen. Der Befehl „ldi acc0, $27" bringt den Akkumulator auf einen neuen Wert. Anschließend werden der Inhalt des Akkumulators und das ZL-Register geladen. Durch den Befehl „lpm acc0, Z" wird der Inhalt des Z-Registers in den Programmspeicher geladen. Mit „out PORTD, acc0" wird der Wert des Akkumulators in PortD für eine Ausgabe geladen. Zum Schluss erfolgt ein „rjmp main" für den Rücksprung in das Hauptprogramm.

Mit dem Programm „pressed" wird der Taster abgefragt. Zuerst wird mit „ldi acc0, $09" der Wert in den Akkumulator geladen. Anschließend wird durch den Befehl „out" das TCCR1B mit dem Inhalt des Akkumulators geladen. Mit „ldi ZL, $26" wird das ZL-Register geladen und dann mit dem Befehl „lpm acc0, Z" der Pro-

Abb. 1.51: Aufbau eines elektronischen Würfels mit dem Mikrocontroller ATtiny2313 und USB-Programmer

grammspeicher. Mit „out PORTD, acc0“ wird der Wert des Akkumulators in PortD für eine Ausgabe geladen. Zum Schluss erfolgt „rjmp main“ für den Rücksprung in das Hauptprogramm.

1.16 Garagenzähler mit neun Stellplätzen

Ist die Garage leer, zeigt die Anzeige auf der Einfahrt den Zählerstand 0 an und die Ampel an der Einfahrt ist auf Rot. Wird der Taster am Eingang PB0 (z. B. ein Kartenleser) gedrückt, öffnet sich nach drei Sekunden eine Schranke und die Ampel an der Einfahrt ist für fünf Sekunden auf Grün. Dann schaltet die Ampel von Grün auf Rot und die Schranke schließt. Gleichzeitig wird der Zähler um +1 inkrementiert und im EEPROM des Mikrocontrollers gespeichert.

Bei der Ausfahrt zeigt die Ampel immer Rot an. Wird der Taster an Eingang PB1 (z. B. eine Lichtschranke) gedrückt, öffnet sich die Schranke für die Ausfahrt und die Ampel zeigt Grün an. Die Ampel zeigt nach fünf Sekunden Rot an und die

Schranke schließt wieder. Der Zähler dekrementiert und der Zählerstand wird im EEPROM des Mikrocontrollers gespeichert.

Die Anlage funktioniert auch, wenn gleichzeitig ein Auto in die Garage fährt und ein anderes die Garage verlässt. Durch die Speicherung im EEPROM ist das Programm aufwendig, wie *Abb. 1.52* zeigt.

Das Hauptprogramm umfasst elf Teilprogramme. Am Anfang des Programms „display" wird der Akkumulator gelöscht und dann das Programm „EEPROM_read" aufgerufen, d. h. der Inhalt des EEPROM wird gelesen. Dann folgt mit „mov ZL, saccl" die Übernahme des Akkumulators in das ZL-Register. Anschließend wird mit „ldi acc0, $26" der Wert 26 in den Akkumulator geladen und mit „add ZL, acc0" mit dem Inhalt von ZL-Register addiert. Danach wird der Inhalt des Z-Registers im Programmspeicher abgelegt und dann erfolgt mit „out PORTD, acc0" die Ausgabe

```
; mainprogram
main:
    ; display
    clr sacc0
    call EEPROM_read
    mov ZL, sacc1
    ldi acc0, $26
    add ZL, acc0
    lpm acc0, Z
    out PORTD, acc0

    cpi ZL, $2f
    brlo task0
    rjmp task1

task0:
    lds acc0, TASK0_STATE
    cpi  acc0, $00
    brne t0_state1
    sbic PINB, 0
    rjmp task1

    ; in button pressed

    ldi acc0, $14            ; 1sec
    sts TASK0_TICK_MAX, acc0
    cbr stavec, $01
    ldi acc0, $01
    sts TASK0_STATE, acc0
t0_state1:
    cpi  acc0, $01
    brne t0_state2
    sbrs stavec,0
    rjmp task1

    cbi PORTB, 6

    ldi acc0, $14            ; 1sec
    sts TASK0_TICK_MAX, acc0
    cbr stavec, $01
    ldi acc0, $02
    sts TASK0_STATE, acc0
t0_state2:
    cpi  acc0, $02
    brne t0_state3
    sbrs stavec,0
    rjmp task1

    sbi PORTB, 7
    cbi PORTB, 5
    ldi acc0, $3c            ; 3sec
    sts TASK0_TICK_MAX, acc0
    cbr stavec, $01
    ldi acc0, $03
    sts TASK0_STATE, acc0
t0_state3:
    cpi  acc0, $03
    brne t0_state4
    sbrs stavec,0
    rjmp task1

    sbi PORTB, 5
    cbi PORTB, 7

    ldi acc0, $3c            ; 3sec
    sts TASK0_TICK_MAX, acc0
    cbr stavec, $01
    ldi acc0, $04
    sts TASK0_STATE, acc0
t0_state4:
    sbrs stavec,0
    rjmp task1

    sbi PORTB, 6


    clr sacc0
    call EEPROM_read
    inc sacc1
    call EEPROM_write
    clr acc0
    sts TASK0_STATE, acc0
    rjmp main

task1:
    lds acc0, TASK1_STATE
    cpi  acc0, $00
    brne t1_state1

    ; out button pressed
    sbic PINB, 1
    rjmp main

    cbi PORTB, 3

    ldi acc0, $64            ; 5sec
    sts TASK1_TICK_MAX, acc0
    cbr stavec, $02
    ldi acc0, $01
    sts TASK1_STATE, acc0
t1_state1:
    sbrs stavec,1
    rjmp main

    sbi PORTB, 3

    clr sacc0
    call EEPROM_read
    cpi sacc1, $00
    breq t1_end
    dec sacc1
    call EEPROM_write
t1_end:
    clr acc0
    sts TASK1_STATE, acc0
    rjmp main

;   clr sacc0
;   clr sacc1
;   call EEPROM_write

;subroutines

EEPROM_write:
    ; address in sacc0
    ; data in sacc1
    sbic EECR,EEPE
    rjmp EEPROM_write

    ; address
    out EEAR, sacc0
    ; data
    out EEDR, sacc1

    in shlp0, SREG
    cli
    sbi EECR,EEMPE
    sbi EECR,EEPE
    out SREG, shlp0
    ret


EEPROM_read:
    ; address in sacc0
    ; data in sacc1
    sbic EECR,EEPE
    rjmp EEPROM_read

    out EEAR, sacc0
    ; eeprom read
    sbi EECR,EERE
    in sacc1,EEDR
    ret
```

Abb. 1.52: Programm für einen Garagenzähler mit neun Stellplätzen

des Akkumulators an PortD. Mit „cpi ZL, $2f" wird der Inhalt vom ZL-Register mit dem Wert 2F verglichen und mit „brlo task0" wird Task 0 aufgerufen, wenn das ZL-Register kleiner ist. Ansonsten wird Task 1 aufgerufen.

Das Programm „task0" beginnt mit „lds acc0, TASK0_STATE" und damit wird der Inhalt von der internen SRAM-Einheit direkt in den Akkumulator geladen. Dann wird der Inhalt des Akkumulators mit dem Wert 0 verglichen und mit „brne t0_state1" wird eine Verzweigung durchgeführt, wenn der Vergleich ungleich ist. Es wird mit „sbic PINB, 0" das I/O-Register gelöscht oder mit „rjmp task1" zurückgesprungen. Anschließend wird der Taster mit „in button pressed" untersucht. Der Wert 14 (entspricht einer Sekunde) wird in den Akkumulator geladen. Der Inhalt vom Akkumulator wird in das SRAM unter „TASK0_TICK_MAX" mit dem Befehl „sts" geladen. Anschließend wird im Statusvektor mit „cbr" das Register mit dem Wert 1 gesetzt. Dann folgt das Laden des Akkumulators mit dem Wert 1. Der Inhalt vom Akkumulator wird in das SRAM unter „TASK0_STATE" mit dem Befehl „sts" geladen.

Das Programm „t0_state1" beginnt mit „cpi acc0, $01" und das I/O-Register wird gelöscht. Dann wird ein Vergleich mit „brne t0_state2" durchgeführt und gesprungen, wenn der Vergleich ungleich ist. Danach wird mit „sbrs stavec, 0" abgefragt, ob das Register gesetzt ist oder nicht. Es erfolgt ein Sprung nach „task1" und wenn nicht, wird PORTB mit dem Wert 6 verglichen. Der Wert 14 (entspricht einer Sekunde) wird in den Akkumulator geladen. Der Inhalt des Akkumulators wird in das SRAM unter „TASK0_TICK_MAX" mit dem Befehl „sts" geladen. Anschließend wird im Statusvektor mit „cbr" das Register mit dem Wert 2 gesetzt. Dann folgt das Laden des Akkumulators mit dem Wert 1. Der Inhalt des Akkumulators wird in das SRAM unter „TASK0_STATE" mit dem Befehl „sts" geladen.

Die Programme „t0_state2" und „t0_state3" sind sehr ähnlich, denn sie liefern die Zeitverzögerungen. Das Programm „t0_state4" liest und schreibt in das EEPROM.

Mit „task1" wird die nächste Softwareaufgabe des Mikrocontrollers in weitere kleine, überschaubare und abgeschlossene Aufgaben (task) aufgeteilt. Der Befehl „lds acc0, TASK1_STATE" lädt seine Wertigkeit aus dem SRAM direkt in den Akkumulator. Durch „cpi acc0, $00" wird der Inhalt des Akkumulators mit einer Konstanten verglichen. Ist die nachfolgende Operation „brne t1_state1" ungleich, springt das Programm auf „t1_state1" und ist es gleich, dann folgt „sbic PINB, 1" und die Löschung des I/O-Registers. Es erfolgt ein Sprung auf „main".

Mit „cbi PORTB, 3" erfolgt das Löschen des I/O-Registers für PortB. Danach erfolgt die Zeitverzögerung von fünf Sekunden mit „ldi acc0, $64". Der Akkumulator wird geladen und direkt mit dem Befehl „sts“ in das SRAM geladen. Mit „cbr stavec, $02“ wird der Statusvektor im Register gelöscht und danach wird mit „ldi acc0, $01“ der Akkumulator geladen. Der Wert des Akkumulators wird direkt im SRAM gespeichert.

Das Programm kommt zu „t1_state1“. Mit „sbrs stavec, 1“ wird das Register im Statusvektor geladen und dann erfolgt ein Rücksprung auf „main“. Andernfalls wird das I/O-Register von PORTB gesetzt. Danach wird das Register gelöscht und der Aufruf „call EEPROM_read“ durchgeführt, d. h. das EEPROM gelesen. Durch „breq t1_end“ erfolgt ein Vergleich und der Akkumulator wird dekrementiert. Anschließend erfolgt ein Aufruf für das Schreiben des EEPROM. Mit „t1_end“ ist das Programm fast am Schluss angekommen. Mit „clr acc0“ wird das Register gelöscht und dann erfolgt das direkte Speichern im SRAM. Danach erfolgt ein Rücksprung nach „main“.

Die Subroutine für das EEPROM im Mikrocontroller besteht aus Schreiben (write) und Lesen (read). Zuerst ist der Befehl „sbic EECR, EEPE“ zum Löschen vorhanden. Dann erfolgt ein Rücksprung. Mit „out EEAR, sacc0“ wird der Inhalt des Akkumulators, der eine Adresse ist, in das EEAR-Register geschrieben, dann wird mit „out EEDR, sacc1“ der Inhalt des Akkumulators, der ein Datenwert ist, in das EEDR-Register geschrieben. Der Interrupt wird mit Return beendet. Für das Lesen des EEPROM müssen zwei Akkumulatoren zur Verfügung stehen, einer für die Adresse und der andere für den Datenwert. Mit „sbic“ wird das I/O-Register gelöscht. Danach wird die Adresse in das EEAR-Register geschrieben und der Inhalt mit einem „in“-Befehl gelesen. Der Interrupt wird mit Return beendet.

1.17 Serielle Übertragung für die Zählerausgabe

Die Übertragung vom Mikrocontroller zur 7-Segment-Anzeige erfolgt parallel mit sieben Leitungen. Durch den Einsatz eines Schieberegisters kommt man mit zwei Leitungen, der Takt- und der Datenleitung, aus. *Abb. 1.53* zeigt die Schaltung für eine serielle Übertragung in einer Zählerausgabe mit 7-Segment-Anzeige.

Der Ausgang PD0 des Mikrocontrollers ist der Taktausgang für das externe Schieberegister 74164. Der parallele 7-Bit-Code von 0 bis F wird im Mikrocontroller in einen seriellen Datenstrom umgewandelt und über PortBD1 ausgegeben. Den Datenempfang übernimmt das 8-Bit-Schieberegister mit Parallelausgabe, der Baustein 74164. *Abb. 1.54* zeigt das Schaltbild des TTL-Bausteins 74164.

Der Baustein 74164 hat folgende Eigenschaften:

- Positiv flankengetriggert
- Serielle Eingabe über zwei Eingänge

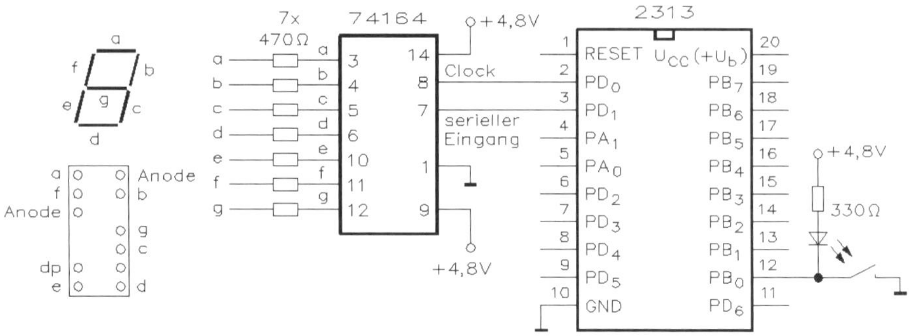

Abb. 1.53: Schaltung für eine serielle Übertragung mit 7-Segment-Anzeige

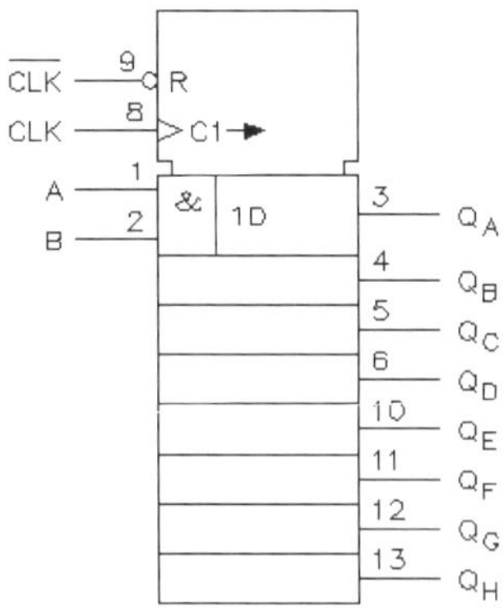

Abb. 1.54: 8-Bit-Schieberegister 74164 mit Parallelausgabe

- Parallele Ausgabe
- Rechtsschieben
- Clear-Funktion ist unabhängig vom Zustand des Takteinganges

Tabelle 1.12 zeigt die Funktionen.

Pin 7 ist mit Masse (0 V) und Pin 14 mit +U zu verbinden. Pin 9 (CLR*) ist mit +U zu verbinden. Wird dies nicht beachtet, kann das Schieberegister nicht arbeiten.

Eingänge				Ausgänge		
Clear	Clock	A	B	Q_A	Q_B ...	Q_H
0	X	X	X	0	0	0
1	0	X	X	Q_{A0}	Q_{B0}	Q_{H0}
1	↑	1	1	1	Q_{An}	Q_{Gn}
1	↑	0	X	0	Q_{An}	Q_{Gn}
1	↑	X	0	0	Q_{An}	Q_{Gn}

Tabelle 1.12: Wahrheitstabelle des 8-Bit-Schieberegisters 74164 (↑ = positive Impulsflanke, X = 0- oder 1-Signal)

Abb. 1.55: Aufbau einer seriellen Übertragung für die Zählerausgabe mit dem Mikrocontroller ATtiny2313

An den Ausgängen von Q_A bis Q_G sind über die Strombegrenzungswiderstände die einzelnen Segmente anzuschließen. Diese Ausgänge sind gepuffert und daher ist der direkte Anschluss möglich. Mit einem 0-Signal am Ausgang wird das betreffende Leuchtsegment auf Masse geschaltet und es kann ein Strom fließen.

Abb. 1.56 zeigt das Programm für die serielle Übertragung zwischen Mikrocontroller und dem Schieberegister 74164. Das Programm „main" beginnt mit einer Ladeoperation „lpm" in den Programmspeicher, d. h. der Inhalt des Z-Registers wird in den Akkumulator geschrieben. Dann erfolgt ein Inkrement des Registers ZL. Der Inhalt vom Akkumulator wird in den Statusakkumulator geladen und dann erfolgt ein Aufruf der Subroutine „call byteout". Mit dem „rcall wait_1_sec" erfolgt jede Sekunde eine komplette 7-Bit-Datenübertragung vom Mikrocontroller zum Schieberegister. Anschließend wird mit „cpi ZL, $36" das ZL-Register mit dem Wert 36 verglichen. Ist die Bedingung „brlo main" erfüllt, wenn der Wert kleiner ist, springt das Programm auf „main", andernfalls wird das ZL-Register mit 26 geladen. Es erfolgt ein Rücksprung.

In dem Programm sind sechs Subroutinen vorhanden. Mit den beiden ersten Subroutinen wird die Zeitverzögerung kontrolliert. Mit den anderen vier Subroutinen

```
; mainprogram
main:
    lpm acc0, Z
    inc ZL
    mov sacc0, acc0
    call byteout
    rcall wait_1_sec
    cpi ZL, $36
    brlo main
    ldi ZL, $26
    rjmp main


;subroutine
wait_1_sec:
    clr sacc0
    sts TICKS_1s, sacc0
    cbr stavec, $01

busy_wait:
    sbrs stavec,0
    rjmp busy_wait
    ret

byteout:
    ldi sacc1, $08
byteout_next:
    cbi PORTD, 0
    lsl sacc0
    brcs byteout_1
    cbi PORTD, 1
    rjmp byteout_2
byteout_1:
    sbi PORTD, 1
byteout_2:
    sbi PORTD, 0
    dec sacc1
    brne byteout_next
    cbi PORTD, 0
    ret
```

Abb. 1.56: Programm für die serielle Übertragung mit dem Schieberegister 74164

kontrolliert man den Mikrocontroller, wenn die parallelen Daten in einen seriellen Datenstrom umgewandelt werden. PortP0 ist der Taktausgang für die serielle Datenübertragung und PortP1 dient für die serielle Datenausgabe.

1.18 Serielle Übertragung für eine Dateneingabe und Datenausgabe

Der Mikrocontroller erfasst jede Sekunde einen DIL-Schalter mit acht Einfachschaltern und diese Schalter liegen in dem 8-Bit-Schieberegister 74165 mit Paralleleingabe. Jede Sekunde wird der 74165 abgefragt und in den Mikrocontroller seriell übertragen. Im Mikrocontroller wird der serielle Datenstrom in ein 8-Bit-Format umgesetzt und auf seine Richtigkeit kontrolliert. Anschließend wird in jeder Sekunde dieses Parallelformat in einen 7-Bit-Code umgesetzt und seriell übertragen. Mit dem 7-Bit-Code erfolgt die Ansteuerung der 7-Segment-Anzeige. *Abb. 1.57* zeigt die Schaltung.

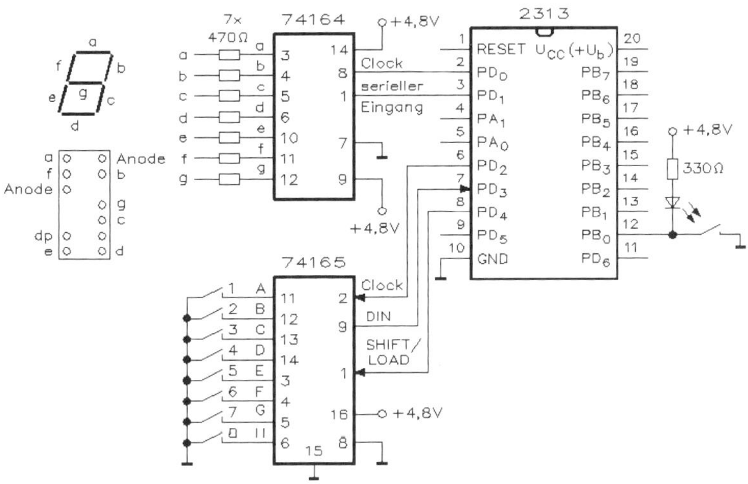

Abb. 1.57: Schaltung für eine serielle Übertragung der Dateneingabe und -ausgabe

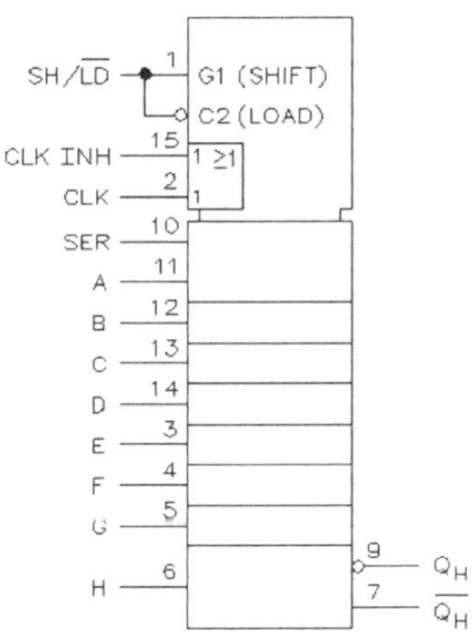

Abb. 1.58: 8-Bit-Schieberegister 74165 mit Parallelausgabe

Die Ansteuerung der 7-Segment-Anzeige und die Funktion des Schieberegisters 74164 wurden bereits behandelt. Der Baustein 74165 ist ein 8-Bit-Schieberegister mit Paralleleingabe. Acht Einfachschalter steuern mit einem 0-Signal die entsprechenden Eingänge an. *Abb. 1.58* zeigt das Schaltbild des TTL-Bausteins 74165.

Der Baustein 74165 hat folgende Eigenschaften:

- Positiv flankengetriggert
- Serielle und parallele Eingabe
- Serielle Ausgabe

Abb. 1.59: Aufbau einer seriellen Übertragung mit Dateneingabe und -ausgabe

- Rechtsschieben
- Komplementäre Q_H-Ausgänge

Tabelle 1.13 zeigt die Funktionen.

Die acht Schalter sind offen und daher erkennen die Eingänge des Schieberegisters immer ein 1-Signal an. Dieser Wert wird erfasst und an den Mikrocontroller weitergegeben. Die Programmierung erkennt, dass kein Schalter geschlossen ist und in der Anzeige erscheint eine 0. Wird Schalter 1 geschlossen, geht der Eingang A auf 0-Signal, die Programmierung erkennt ein 0-Signal am Schalter 1 und in der 7-Segment-Anzeige steht eine 1.

Tabelle 1.13: Wahrheitstabelle des 8-Bit-Schieberegisters 74165
(↑ = positive Impulsflanke, X = 0- oder 1-Signal)

Eingänge					**Interne Ausgänge**		**Ausgang**
Shift/ Load	**Clock Inhibit**	**Clock**	**Serial**	**Parallel A … H**	Q_A	Q_B	Q_H
0	X	X	X	a … h	a	b	h
1	0	0	X	X	Q_{A0}	Q_{B0}	Q_{H0}
1	0	↑	1	X	1	Q_{An}	Q_{G0}
1	0	↑	0	X	0	Q_{An}	Q_{G0}
1	1	↑	X	X	Q_{A0}	Q_{B0}	Q_{H0}

Werden zwei oder mehrere Schalter geschlossen, erkennt das Programm einen Fehler an und in der 7-Segment-Anzeige erscheint ein F.

Pin 8 ist mit Masse und Pin 16 mit $+U_b$ zu verbinden. Der Eingang „Clock Inhibit“ muss mit Masse verbunden sein, andernfalls funktioniert die Schaltung nicht.

Der Mikrocontroller steuert die serielle Datenübertragung des TTL-Bausteins 74165. Bevor das Taktsignal (Clock) vom Mikrocontroller an Pin PD2 ausgegeben wird, muss mit einem Shift/Load-Signal an Pin PD4 das Schieberegister mit einem 1–0-1-Signal geladen werden. Danach wird das Taktsignal ausgegeben und der serielle Datenstrom übertragen.

Das Hauptprogramm von *Abb. 1.60* beginnt mit der Steuerung der einzelnen Leitungen von PortPD2, PortPD3 und PortPD4. Mit „call bytein“ beginnt ein unbedingter Unterprogrammaufruf „bytein“. Dann wird der Statusakkumulator in den Akkumulator geladen und es erfolgt ein Vergleich zwischen dem Akkumulator und dem Wert 0. Nach dem Vergleich springt das Programm auf „main_test1“ oder der Akkumulator wird mit dem Wert 0 geladen. Abschluss ist ein relativer Sprung nach „main_test-done“.

```
; mainprogram
main:
    call bytein
    mov acc0, sacc0
    cpi acc0, $00
    brne main_test1
    ldi acc1, $00
    rjmp main_test_done
main_test1:
    cpi acc0, $01
    brne main_test2
    ldi acc1, $01
    rjmp main_test_done
main_test2:
    cpi acc0, $02
    brne main_test3
    ldi acc1, $02
    rjmp main_test_done
main_test3:
    cpi acc0, $04
    brne main_test4
    ldi acc1, $03
    rjmp main_test_done
main_test4:
    cpi acc0, $08
    brne main_test5
    ldi acc1, $04
    rjmp main_test_done
main_test5:
    cpi acc0, $10
    brne main_test6
    ldi acc1, $05
    rjmp main_test_done
main_test6:
    cpi acc0, $20
    brne main_test7
    ldi acc1, $06
    rjmp main_test_done
main_test7:
    cpi acc0, $40
    brne main_test8
    ldi acc1, $07
    rjmp main_test_done


main_test8:
    cpi acc0, $80
    brne main_test9
    ldi acc1, $08
    rjmp main_test_done
main_test9:
    ldi acc1, $0f
main_test_done:
    ldi ZL, $26
    add ZL, acc1
    lpm acc0, Z
    mov sacc0, acc0
    call byteout
    rcall wait_1_sec
    rjmp main


;subroutine
wait_1_sec:
    clr sacc0
    sts TICKS_1s, sacc0
    cbr stavec, $01

busy_wait:
    sbrs stavec,0
    rjmp busy_wait
    ret
byteout:
    ldi sacc1, $08
byteout_next:
    cbi PORTD, 0
    lsl sacc0
    brcs byteout_1
    cbi PORTD, 1
    rjmp byteout_2
byteout_1:
    sbi PORTD, 1
byteout_2:
    sbi PORTD, 0
    dec sacc1
    brne byteout_next
    cbi PORTD, 0
    ret

bytein:
    ldi sacc1, $08
    cbi PORTD, 4
    nop
    sbi PORTD, 4
bytein_next:
    sec
    sbic PIND, 3
    rjmp bytein_1
    clc
bytein_1:
    rol sacc0
    cbi PORTD, 2
    nop
    sbi PORTD, 2
    dec sacc1
    brne bytein_next
    cbi PORTD, 2
    ret
```

Abb. 1.60: Programm für eine serielle Übertragung der Dateneingabe und -ausgabe

Die Programmabschnitte „main_test1" bis „main_test8" sind fast identisch. Bitte beachten Sie, dass der Vergleich immer um 1 erhöht wird, bis „main_test9" erreicht ist. Es handelt sich um acht Bits, die vom Schieberegister übertragen werden. Mit „main_test_done" werden diese Programmabschnitte jede Sekunde aufgerufen und abgearbeitet.

Der erste Programmteil der Subroutine ist mit dem Programm für die serielle Datenausgabe identisch. Die letzten drei Programmteile „bytein", „bytein_next" und „bytein_1" der Subroutine beinhalten die Prüfung, ob nur ein Schalter geschlossen wird.

1.19 Lottomat (6 aus 49) mit Anzeige

Ein Lottomat zählt von 1 bis 49 und beginnt dann wieder bei 1. Über den Taster an PortPB0 wird der Lottomat gesteuert, d. h., ist der Taster offen, bleibt der Zähler auf einem Wert stehen und wird der Schalter gedrückt, läuft der Zähler. *Abb. 1.61* zeigt die Schaltung für den Lottomat.

Im Zählerbetrieb arbeitet der Lottomat von 1 bis 9 (Einerstelle) und dann erfolgt ein Übertrag in die Zehnerstelle. Die Wertigkeit der Einerstelle wird über vier Leitungen von PD0, PD1, PD2 und PD3 ausgegeben und liegt an einer Einer- und Zehnerstelle an. Mit einem 1-0-1-Signal an der Leitung LE1 (latch enable) wird die BCD-Wertigkeit der Einerstelle in die Anzeige übernommen. Die Wertigkeit der Zehnerstelle wird ebenfalls über vier Leitungen von PD0, PD1, PD2 und PD3 aus-

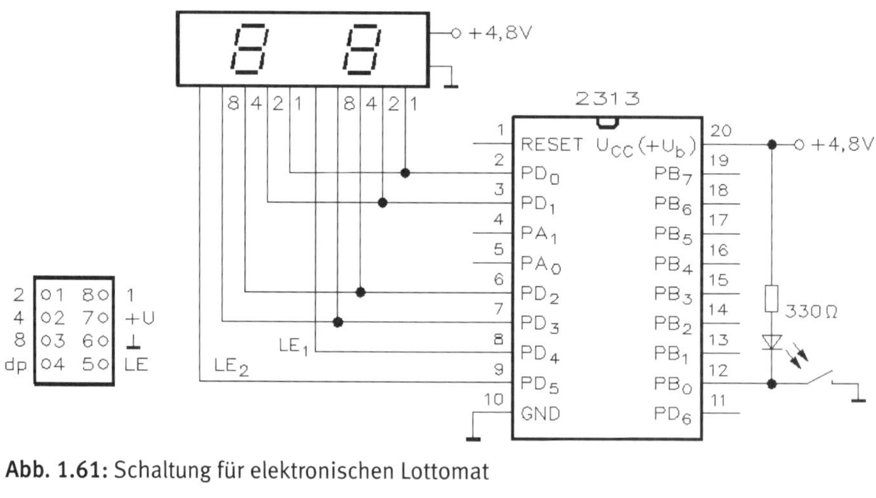

Abb. 1.61: Schaltung für elektronischen Lottomat

gegeben. Mit einem 1-0-1-Signal an der Leitung LE2 (latch enable) wird die BCD-Wertigkeit der Einerstelle in die Anzeige übernommen.

Die Anzeige 5082–7300 von Hewlett Packard hat intern eine 7-Segment-Anzeige und einen Zwischenspeicher (latch). Tabelle 1.14 zeigt die Ansteuerung.

Tabelle 1.14: Ansteuerung der Anzeige 5082–7300

BCD-Daten				**Anzeige**
D8	**D4**	**D2**	**D1**	
0	0	0	0	0
0	0	0	1	1
0	0	1	0	2
0	0	1	1	3
0	1	0	0	4
0	1	0	1	5
0	1	1	0	6
0	1	1	1	7
1	0	0	0	8
1	0	0	1	9
1	0	1	0	o.A.
1	0	1	1	o.A.
1	1	0	0	o.A.
1	1	0	1	o.A.
1	1	1	0	o.A.
1	1	1	1	o.A.
DP				Ein = 0
				Aus = 1
LE				Lade Daten = 0
				Speichere Daten = 1

Der Dezimalpunkt DP wird nicht angeschlossen. Mit „latch enable“ wird zwischen Datenladen und Datenspeichern umgeschaltet.

Abb. 1.62 zeigt das Programm für den Lottomat (6 aus 49). Das Hauptprogramm ist in mehrere Unterprogramme unterteilt. Zuerst wird das I/O-Register auf 0 gesetzt und danach springt das Programm auf „pressed“. Anschließend wird der Akkumulator mit dem Wert 8 geladen und dann wird das Steuerregister des Zählers mit dem Akkumulator gesetzt. Mit „in acc0, TCNT1L“ wird der Zählerinhalt in den Akkumulator geladen und mit „inc acc0“ inkrementiert. Zum Schluss wird der Akkumulator gelöscht.

```
; mainprogram
main:
    sbis PINB, 0
    rjmp pressed
    ldi acc0, $08
    out TCCR1B, acc0
    in acc0, TCNT1L
    inc acc0
    clr acc1

dez1:
    subi acc0, $0a
    brcs dez0
    inc acc1
    rjmp dez1

dez0:
    ; addi acc0, $0a
    subi acc0, $f6
    ori acc1, $70
    ori acc0, $70
    out PORTD, acc1
    cbi PORTD, 5
    sbi PORTD, 5
    out PORTD, acc0
    cbi PORTD, 4
    sbi PORTD, 4
    rjmp main

pressed:
    ldi acc0, $09
    out TCCR1B, acc0
    rjmp main
```

Abb. 1.62: Programm für den Lottomat (6 aus 49)

Das Programm „dez1“ bestimmt die rechte 7-Segment-Anzeige. Mit „subi acc0, $0A“ wird die Konstante A in den Akkumulator subtrahiert. Dann erfolgt eine Verzweigung mit „brcs dez0“, d. h., ist das Carrybit gesetzt, springt das Programm. Andernfalls wird der Akkumulator inkrementiert und auf die linke Dezimalstelle gesprungen.

Mit dem Programm „dez0“ muss eigentlich der Akkumulator mit 0A geladen werden. Da der Befehl „addi“ nicht vorhanden ist, muss die Aufgabe mit „subi acc0, $F6“ gelöst werden. Der Wert 0A entspricht dem Komplement von F6. Danach wird Akkumulator „acc1, $70“ und „acc0, $70“ mit ODER jeweils der Konstanten verknüpft. Der Inhalt des Akkumulators „acc1“ wird in den PortD geladen und dann erfolgt ein Vergleich mit der Konstanten 5 und PortD. Mit „sbi PORTD, 5“ wird das I/O-Register gelöscht. Der Akkumulator wird in PortD geladen und dann erfolgt wieder das Löschen des I/O-Registers. PortD wird gesetzt und dann wird ein Rücksprung mit „rjmp main“ durchgeführt.

Mit dem Programm „pressed“ wird mit „ldi acc0, $09“ eine Konstante in den Akkumulator geladen und dieser Wert in das Steuerregister des Zählers übergeben. Anschließend wird ein Rücksprung mit „rjmp main“ durchgeführt.

1.20 Dreistellige Sekundenuhr

Die dreistellige Sekundenuhr wird mit dem Taster an PB0 gestartet und mit dem anderen Taster an PB1 gestoppt. Die dreistellige Sekundenuhr zählt die Zehntelsekunde und die Sekunden von 0 bis 99. *Abb. 1.63* zeigt die Schaltung.

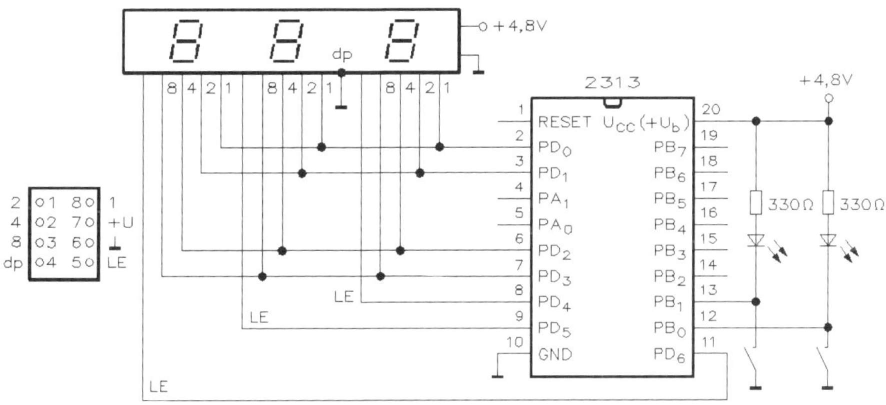

Abb. 1.63: Schaltung der dreistelligen Sekundenuhr mit Start/Stopp-Einrichtung

Abb. 1.63 zeigt die Schaltung der dreistelligen Sekundenuhr mit Start/Stopp-Einrichtung. Mit der Taste an PB0 wird die Uhr gestartet und mit der Taste an PB1 gestoppt. Statt der beiden Taster können auch entsprechende Lichtschranken zum Einsatz kommen. Die dreistellige Anzeige hat einen Dezimalpunkt. Rechts vom Dezimalpunkt befindet sich die Anzeige für Zehntelsekunde und links die beiden Anzeigen, die von 0 bis 99 arbeiten. Wird dieser maximale Zählerstand erreicht, setzt sich der Zähler auf 00.0 zurück.

Abb. 1.64 zeigt das Programm für die dreistellige Sekundenuhr mit Start/Stopp-Einrichtung. Das Hauptprogramm ist in mehrere Unterprogramme unterteilt. Zuerst wird in „main“ das Register im Statusvektor auf null gesetzt. Danach springt das Programm „b0_not_pressed“ zurück und das „main“-Programm wird mit einer Ladeoperation des Tasters in den Akkumulator geladen. Der Akkumulator wird mit der Konstante 03 UND-verknüpft und der Inhalt des Akkumulators mit dem Wert 02 verglichen. Dann folgt eine Verzweigung, ob der Inhalt nicht gleich ist. Mit „ldi acc0, CNTVAL“ wird der Wert des Steuerregisters in den Akkumulator geladen und danach mit „out TCNT0, acc0“ in das Zählerregister geladen. Mit „sts TICKS_1s, r0“ lädt der Mikrocontroller das Register r0 direkt in den SRAM-Speicher und mit „sts CNT_1s, r0“ das Register r0 ebenfalls in den SRAM-Speicher. Zum Schluss wird das Register im Statusvektor mit 01 gesetzt und zurückgesprungen.

```
; mainprogram
main:
    sbrc stavec, 0
    rjmp b0_not_pressed
    mov acc0, button
    andi acc0, $03
    cpi acc0, $02
    brne b0_not_pressed
    ldi acc0,CNTVAL
    out TCNT0,acc0
    sts TICKS_1s, r0
    sts CNT_1s, r0
    sbr stavec, $01
    rjmp main

b0_not_pressed:
    sbrs stavec, 0
    rjmp main
    mov acc0, button
    andi acc0, $30
    cpi acc0, $20
    brne time_out
    cbr stavec, $01
time_out:
    cli
    lds acc1, TICKS_1s
    lds acc0, CNT_1s
    sei
    lsr acc1
    ori acc1, $70
    out PORTD, acc1
    cbi PORTD, 4
    sbi PORTD, 4
    clr acc1
dez1:
    subi acc0, $0a
    brcs dez0
    inc acc1
    rjmp dez1
dez0:
    ; addi acc0, $0a
    subi acc0, $f6
    ori acc1, $70
    ori acc0, $70
    out PORTD, acc1
    cbi PORTD, 6
    sbi PORTD, 6
    out PORTD, acc0
    cbi PORTD, 5
    sbi PORTD, 5
    rjmp main
```

Abb. 1.64: Programm für die dreistellige Sekundenuhr mit Start/Stopp-Einrichtung

Mit dem Programm „b0_not_pressed" setzt man zuerst das Register im Statusvektor auf 0 und dann wird zurückgesprungen. Der Zustand des Tasters wird in den Akkumulator geladen und dann mit dem Wert 30 UND-verknüpft. Danach erfolgt ein Vergleich zwischen dem Akkumulator und dem Wert 20. Dann erfolgt ein Vergleich mit „time_out" und ist der Vergleich nicht gleich, wird das Programm weitergeschaltet, bis das Register im Statusvektor auf 01 gesetzt wird.

Das Programm „time_out" beginnt mit der Freigabe des globalen Interrupts. Dann wird mit „lds acc1, TICKS_1s" der Wert von „TICKS_1s" aus dem SRAM-Speicher in den Akkumulator geladen und anschließend mit „lds acc0, CNT_1s" der Wert aus dem SRAM-Speicher in den anderen Akkumulator geladen. Das Programm schließt mit der Sperre des globalen Interrupts. Anschließend wird der Inhalt des Akkumulators nach rechts verschoben und mit dem Wert 70 ODER-verknüpft. Danach wird der Inhalt des Akkumulators auf den PortD ausgegeben und das I/O-Register gelöscht. Zum Schluss wird das I/O-Register wieder gesetzt und der Akkumulator gelöscht.

Das Programm „dez1" beginnt mit einer Subtraktion einer Konstanten des Akkumulators. Dann erfolgt eine Verzweigung, wenn das Carry-Bit gesetzt ist. Der Inhalt des Akkumulators wird inkrementiert und es erfolgt ein Rücksprung.

Das Programm „dez0" ist umfangreicher. Mit dem Programm „dez0" muss eigentlich der Akkumulator mit dem Wert 0A geladen werden. Da der Befehl „addi" nicht vorhanden ist, muss die Aufgabe mit „subi acc0, $F6" gelöst werden. Der Wert 0A entspricht dem Komplement von F6. Danach wird Akkumulator „acc1, $70" und

„acc0, $70“ über ODER mit der jeweiligen Konstanten verknüpft. Der Inhalt des Akkumulators „acc1“ wird in den PortD geladen und dann erfolgt ein Vergleich mit der Konstanten 5 und PortD. Mit „sbi PORTD, 5“ wird das I/O-Register gelöscht. Der Akkumulator wird in PortD geladen und dann erfolgt wieder das Löschen von I/O-Register. PortD wird gesetzt und dann wird ein Rücksprung mit „rjmp main“ durchgeführt.

1.21 Reaktionstester

Mit dem Reaktionstester kann man seine Reaktionszeit messen. *Abb. 1.65* zeigt die Schaltung.

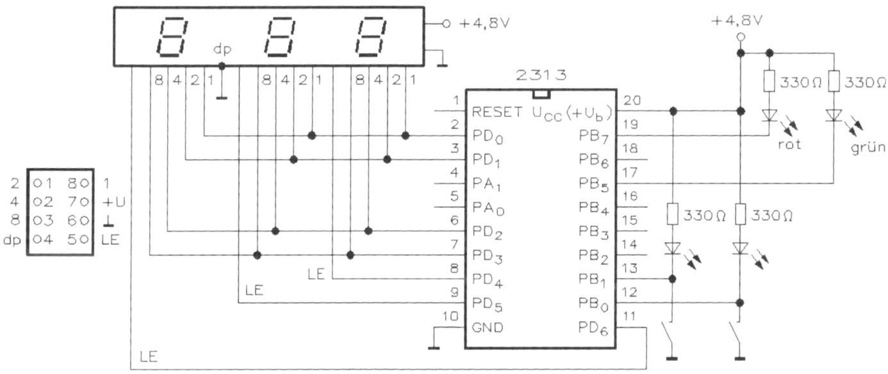

Abb. 1.65: Schaltung für einen Reaktionstester

Schaltet man die Betriebsspannung ein, leuchtet normalerweise keine Anzeige auf. Erst wenn man die Taste am Eingang PB0 drückt, leuchtet die rote LED auf und gleichzeitig wird der Zähler gestartet. In den beiden rechten Anzeigen stehen die Zehntel- und Hundertstelsekunden und in der linken Anzeige die Sekunden. Damit ergibt sich ein Anzeigebereich von 0.00 bis 9.99. Mit der Taste am Eingang PB1 wird die Anzeige gestoppt und die Reaktionszeit ausgegeben.

Normalerweise drückt man die Taste am Eingang PB0 und die rote LED leuchtet auf. Nach einer Zeitdauer, die von einem Zufallsgenerator erzeugt wird, geht die rote LED aus, die grüne LED schaltet sich ein und der Zähler beginnt zu arbeiten. Nun muss man die Taste am Eingang PB1 drücken und in der Anzeige steht die Reaktionszeit.

Abb. 1.66 zeigt das Programm für einen Reaktionstester mit Zufallsgenerator. Das Hauptprogramm ist zweckmäßigerweise in sieben Programme unterteilt. Pro-

```
; mainprogram
main:
    sbrc stavec, 0
    rjmp b1
wait_for_b0_pressed:
    sbic PINB, 0
    rjmp wait_for_b0_pressed
    cbi PORTB, 7
    ldi acc0, $09
    out TCCR1B, acc0

wait_for_b0_released:
    sbis PINB, 0
    rjmp wait_for_b0_released

    ldi acc0, $08
    out TCCR1B, acc0
    in acc0, TCNT1L
    lsr acc0
    lsr acc0
    ; addi acc0, $0a
    subi acc0, $f6

    ldi acc1,CNTVAL
    out TCNT0,acc1
    sts TICKS_100ms, r0
    sts CNT_100ms, r0
b1:
    sbrs stavec, 0
    rjmp main

    sbic PINB, 1
    rjmp time_out

    sbi PORTB, 5
    cbr stavec, $01
```

```
time_out:
    cli
    lds acc1, TICKS_100ms
    lds acc0, CNT_100ms
    sei

    lsr acc1
    ori acc1, $70
    out PORTD, acc1
    cbi PORTD, 4
    sbi PORTD, 4
    clr acc1
dez1:
    subi acc0, $0a
    brcs dez0
    inc acc1
    rjmp dez1
dez0:
    ; addi acc0, $0a
    subi acc0, $f6
    ori acc1, $70
    ori acc0, $70
    out PORTD, acc1
    cbi PORTD, 6
    sbi PORTD, 6
    out PORTD, acc0
    cbi PORTD, 5
    sbi PORTD, 5
    rjmp main
```

Abb. 1.66: Programm für einen Reaktionstester mit Zufallsgenerator

gramm „main" beginnt mit dem Löschen des Registers im Statusvektor und dann erfolgt ein relativer Sprung auf das Programm b1. Das Programm „wait_for_b0_ pressed" beginnt mit dem Löschen des I/O-Registers. Dann erfolgt ein relativer Sprung nach „wait_for_b0_pressed", wenn der Taster ein 1-Signal hat, also nicht gedrückt ist. Der Inhalt von PortB wird mit dem Wert 7 verglichen und dann erfolgt das Laden des Akkumulators mit dem Wert 9. Der Wert des Akkumulators wird in das Steuerregister TCCR1B geladen.

Das Programm beginnt mit „wait_for_b0_released" und dem Löschen des I/O-Registers. Dann erfolgt ein Sprung auf „wait_for_b0_released" und wird die Taste losgelassen, wird im Programm „ldi acc0, $08" fortgefahren. Der Inhalt des Akkumulators wird mit „out TCCR1B, acc0" in das Steuerregister übernommen. Dann folgt mit „in acc0, TCNT1L" die Übernahme des Zählers in den Akkumulator und der Inhalt wird zweimal nach rechts geschoben. Es entsteht die Zufallszahl. Danach erfolgt „addi acc0, $0a". Da dieser Befehl nicht vorhanden ist, wird mit „subi acc0, $f6" eine Subtraktion durchgeführt. Anschließend wird das Register „CNTVAL" in den Akkumulator geladen und dieser Wert in das Steuerregister ausgegeben. Mit „sts TICKS_100ms, r0" wird das Register r0 direkt in den SRAM-Speicher geladen. Danach wird mit „sts CNT_100ms, r0" das Register r0 direkt in den SRAM-Speicher geladen.

Programm „b1" setzt das Register vom Statusvektor auf 0 und dann erfolgt ein relativer Sprung nach „main". Mit „sbic PINB, 1" wird das I/O-Register gelöscht und dann erfolgt ein relativer Sprung nach „time_out". Mit „sbi PORTB, 5" wird die Leuchtdiode am Anschlusspin PB5 gesetzt und danach das Register im Statusvektor gelöscht.

Das Programm „time_out" beginnt mit „cli", der Freigabe für den globalen Interrupt. Dann wird das Programm „TICKS_100ms" vom SRAM-Bereich in den Akkumulator und anschließend mit „lds acc0, CNT_100ms" in den anderen Akkumulator geladen. Anschließend wird der globale Interrupt mit „sei" gesperrt. Der Akkumulator wird um eine Stelle nach rechts geschoben und dann über eine ODER-Verknüpfung mit der Konstanten 70 verknüpft. Das Ergebnis des Akkumulators wird an PortD ausgegeben. Danach wird in PortD die Bitstelle 4 gelöscht und mit dem nächsten Befehl wieder gesetzt. Zum Schluss wird der Akkumulator gelöscht.

Das Programm „dez1" beginnt mit einer Subtraktion einer Konstanten des Akkumulators. Dann erfolgt eine Verzweigung, wenn das Carry-Bit gesetzt ist. Der Inhalt des Akkumulators wird inkrementiert und es erfolgt ein Rücksprung.

Das Programm „dez0" ist umfangreicher. Mit dem Programm „dez0" muss eigentlich der Akkumulator mit dem Wert 0A geladen werden. Da der Befehl „addi" nicht vorhanden ist, muss die Aufgabe mit „subi acc0, $F6" gelöst werden. Der Wert 0A entspricht dem Komplement von F6. Danach wird Akkumulator „acc1, $70" und „acc0, $70" mit ODER jeweils der Konstanten verknüpft. Der Inhalt vom Akkumulator „acc1" wird in den PortD geladen und dann erfolgt ein Vergleich mit der Konstanten 5 und PortD. Mit „sbi PORTD, 5" wird das I/O-Register gelöscht. Der Akkumulator wird in PortD geladen und dann erfolgt wieder das Löschen vom I/O-Register. PortD wird gesetzt und dann wird ein Rücksprung mit „rjmp main" durchgeführt.

2 Hard- und Software für den 8-Bit-Mikrocontroller ATtiny26

Der Baustein ATtiny26 ist ein vielseitig verwendbarer 8-Bit-Mikrocontroller von Atmel und wegen seines einfachen Aufbaus und seiner leichten Programmierbarkeit auch bei Hobby-Elektronikern und im physikalischen Schulunterricht weit verbreitet, wenn praktische Übungen und die Buchbeispiele kostengünstig zu realisieren sind.

Im Gegensatz zum „digitalen" 8-Bit-Mikrocontroller ATtiny2313 hat der ATtiny26 zahlreiche integrierte AD-Wandler. Außerdem gilt der Befehlssatz vom ATtiny2313 für den „analogen" 8-Bit-Mikrocontroller ATtiny26. *Abb. 2.1* zeigt das Anschlussschema.

Der interne 10-Bit-AD-Wandler setzt die analogen Eingangsspannungen entweder in ein 8- oder 10-Bit-Format um. Über einen Analogmultiplexer stehen elf separate AD-Wandler zur Verfügung. Diese AD-Wandler lassen sich auch zu acht Differenzeingängen verschalten und man kann selbstverständlich mit einfachen und/oder Differenzeingängen arbeiten. Sieben Differenzeingänge lassen eine programmierbare Verstärkung von v = 1 und v = 20 zu. Die absolute Genauigkeit liegt bei ±2 LSB und die Nichtlinearität ist 0,5 LSB. Die Umsetzzeit beträgt zwischen 13 µs und 230 µs.

Die Programmspeicherung erfolgt beim ATtiny26 in 2-Kbyte-Flash-Speicher und es sind bis zu 10 000 Schreib- und Lesezyklen möglich. Parallel dazu ist ein EEPROM-Speicher mit 128 Byte an Systeminformationen vorhanden, der bis 100 000 Schreib- und Lesezyklen zulässt. Für beide Speicher ist eine Datenzugriffssperre vorhanden.

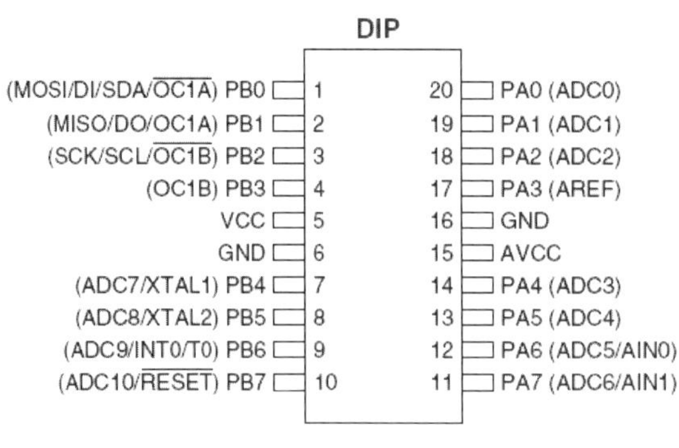

Abb. 2.1: Anschlussschema des 8-Bit-Mikrocontrollers ATtiny26

Im Gegensatz zum „digitalen" 8-Bit-Mikrocontroller ATtiny2313 sind die Betriebsspannungsanschlüsse wegen der internen AD-Wandler anders angeordnet. Der ATtiny26 hat 118 leistungsfähige Befehle und arbeitet voll statisch. Daher kann wieder auf den externen Quarz verzichtet werden.

- Pin 1: Dieser Pin arbeitet hauptsächlich als bidirektionaler Port PB0 und hat mehrere Nebenfunktionen. „MOSI" ist der Eingang für die SPI-Programmierung, wie beim ATtiny2313. „DI" dient als Eingang für die serielle USI-Schnittstelle und „SDA" kann für die serielle Datenleitung der seriellen USI-Schnittstelle verwendet werden. Die vierte Funktion ist der invertierende Ausgang für den Zeitgeber bzw. Zähler 1 in der PWM-Betriebsart.
- Pin 2: Dieser Pin arbeitet hauptsächlich als bidirektionaler Port PB1 und hat mehrere Nebenfunktionen. „MISO" ist der Ausgang für die SPI-Programmierung, wie beim ATtiny2313. „DO" dient als Ausgang für die serielle USI-Schnittstelle. Die dritte Funktion ist der direkte Ausgang für den Zeitgeber bzw. Zähler 1 in der PWM-Betriebsart. In der vierten Funktion dient dieser Pin noch für den Anschluss des PCINT0 (externer Interrupt 0).
- Pin 3: Dieser Pin arbeitet hauptsächlich als bidirektionaler Port PB2 und hat mehrere Nebenfunktionen. „SCK" ist der Taktein- und Taktausgang für die USI-Schnittstelle. „SCL" arbeitet als Pin für einen externen Takt bei der USI-Schnittstelle. Die dritte Funktion ist der invertierende Ausgang für den Zeitgeber bzw. Zähler 1 in der PWM-Betriebsart. In der vierten Funktion dient dieser Pin noch für den Anschluss PCINT0 (externer Interrupt 0).
- Pin 4: Dieser Pin arbeitet als bidirektionaler Port PB3 und hat noch zwei Nebenfunktionen. Der Ausgang OC1B dient für den Zeitgeber bzw. Zähler 1 in der PWM-Betriebsart und als Vergleichsausgang. In dieser Funktion dient der Pin noch für den Anschluss PCINT0 (externer Interrupt 0).
- Pin 5: Positiver Betriebsspannungsanschluss
- Pin 6: Masseanschluss
- Pin 7: Dieser Pin arbeitet als bidirektionaler Port PB4 und hat noch drei Nebenfunktionen. In der ersten Funktion arbeitet er als analoger Eingang (ADC7) für den Kanal 7 des internen 10-Bit-AD-Wandlers. Wenn ein externer Quarz verwendet wird, arbeitet dieser Anschluss als Oszillatoreingang. In der dritten Funktion dient dieser Pin noch für den Anschluss PCINT1 (externer Interrupt 1).
- Pin 8: Dieser Pin arbeitet als bidirektionaler Port PB5 und hat noch drei Nebenfunktionen. In der ersten Funktion arbeitet er als analoger Eingang (ADC8) für den Kanal 8 des internen 10-Bit-AD-Wandlers. Wenn ein externer Quarz verwendet wird, arbeitet dieser Anschluss als Oszillatorausgang. In der dritten Funktion dient dieser Pin noch für den Anschluss PCINT1 (externer Interrupt 1).

- Pin 9: Dieser Pin arbeitet als bidirektionaler Port PB6 und hat noch mehrere Nebenfunktionen. In der ersten Funktion arbeitet er als analoger Eingang (ADC9) für den Kanal 9 des internen 10-Bit-AD-Wandlers. In der weiteren Funktion dient dieser Pin noch für den Anschluss INT0 (externer Interrupteingang 0). Der Pin dient für die Erfassung eines externen Signals eines Zählers oder Zeitgebers und die Funktion übernimmt der Timer/Counter 0. In der letzten Funktion dient dieser Pin noch für den Anschluss PCINT1 (externer Interrupt 1).
- Pin 10: Dieser Pin arbeitet als bidirektionaler Port PB7 und hat noch mehrere Nebenfunktionen. In der ersten Funktion arbeitet er als analoger Eingang (ADC10) für den Kanal 10 des internen 10-Bit-AD-Wandlers. Legt man kurzzeitig ein 0-Signal an, kann man den Mikrocontroller rückstellen, wenn man den Pin als „Reset"-Eingang programmiert hat. In der letzten Funktion dient dieser Pin noch für den Anschluss PCINT1 (externer Interrupt 1). Bei diesem Anschluss müssen die Funktionen genau beachtet werden, da es leicht zu Fehlfunktionen kommen kann. Normalerweise wird dieser Eingang nur für die Rückstellung des Mikrocontrollers verwendet.
- Pin 11: Dieser Pin arbeitet als bidirektionaler Port PA7 und hat mehrere Nebenfunktionen. In der ersten Funktion arbeitet er als analoger Eingang (ADC6) für den Kanal 6 des internen 10-Bit-AD-Wandlers. „AIN1" ist der negative Eingang für den analogen Komparator. In der letzten Funktion dient dieser Pin noch für den Anschluss PCINT1 (externer Interrupt 1).
- Pin 12: Dieser Pin arbeitet als bidirektionaler Port PA6 und hat mehrere Nebenfunktionen. In der ersten Funktion arbeitet er als analoger Eingang (ADC5) für den Kanal 5 des internen 10-Bit-AD-Wandlers. „AIN0" ist der positive Eingang für den analogen Komparator. In der letzten Funktion dient dieser Pin noch für den Anschluss PCINT1 (externer Interrupt 1).
- Pin 13: Dieser Pin arbeitet als bidirektionaler Port PA5 und hat nur eine Nebenfunktion. In dieser Funktion arbeitet er als analoger Eingang (ADC4) für den Kanal 4 des internen 10-Bit-AD-Wandlers.
- Pin 14: Dieser Pin arbeitet als bidirektionaler Port PA4 und hat nur eine Nebenfunktion. In dieser Funktion arbeitet er als analoger Eingang (ADC3) für den Kanal 3 des internen 10-Bit-AD-Wandlers.
- Pin 15: Wenn eine genaue Umsetzung vom AD-Wandler gefordert wird, legt man hier die analoge Betriebsspannung für den Mikrocontroller an.
- Pin 16: Masseanschluss
- Pin 17: Dieser Pin arbeitet als bidirektionaler Port PA3 und hat nur eine Nebenfunktion. Wenn eine genaue Umsetzung vom AD-Wandler gefordert wird, legt man hier die Referenzspannungsquelle an. In der zweiten Funktion dient dieser Pin noch für den Anschluss PCINT1 (externer Interrupt 1).

- Pin 18: Dieser Pin arbeitet als bidirektionaler Port PA2 und hat nur eine Nebenfunktion. In dieser Funktion arbeitet er als analoger Eingang (ADC2) für den Kanal 2 des internen 10-Bit-AD-Wandlers.
- Pin 19: Dieser Pin arbeitet als bidirektionaler Port PA1 und hat nur eine Nebenfunktion. In dieser Funktion arbeitet er als analoger Eingang (ADC1) für den Kanal 1 des internen 10-Bit-AD-Wandlers.
- Pin 20: Dieser Pin arbeitet als bidirektionaler Port PA0 und hat nur eine Nebenfunktion. In dieser Funktion arbeitet er als analoger Eingang (ADC0) für den Kanal 0 des internen 10-Bit-AD-Wandlers.

2.1 Grundfunktionen des 8-Bit-Mikrocontrollers ATtiny26

Der interne AD-Wandler hat eine Auflösung von 10 Bit, also 1023 Quantisierungsstufen. Bei einer Eingangsspannung von 2,56 V ergibt sich eine Quantisierungsstufe von 2,5 mV. Die maximale Anzahl der Quantisierungsstufen wird als Auflösung (Resolution) bezeichnet. Hierbei muss beachtet werden, mit welcher Codierung der Umsetzer arbeitet. Hierzu zwei Beispiele:

Auflösung: 10 Bit (Binär-Code) ≙ 1024 Quantisierungsstufen
Auflösung: 10 Bit (BCD-Code) ≙ 999 Quantisierungsstufen

- „Quantization Size" (Quantisierungsstufe): Die Quantisierungsstufe eines AD-Wandlers entspricht dem Spannungspegel des Eingangssignals, innerhalb dessen keine Änderung des Ausgangscodes auftritt. Dieser Spannungswert ist die Differenz zwischen zwei benachbarten Entscheidungsschwellen des Ausgangscodes und wird als Quantisierungsstufe Q bezeichnet. Die der Quantisierungsstufe Q entsprechende Spannung ist identisch mit dem niedrigstwertigen Bit (LSB: Least Significant Bit) des Umsetzers. Die Amplitude von Q ist abhängig vom maximalen analogen Eingangswert FSR (Full Scale Range) und der Auflösung N gemäß:

  $$Q = \frac{FSR}{2^N}$$

So entspricht Q beispielsweise für einen 10-Bit-Umsetzer und einer maximalen Eingangsspannung von 2,56 V der Spannung:

$$Q = \frac{FSR}{2^N} = \frac{2{,}56V}{1024} = 2{,}5mV$$

Der systembedingte Quantisierungsfehler beträgt auch bei einem idealen Wandler ± Q/2 (± ½ LSB). Der Fehler hat eine Sägezahnfunktion und ist nur dann Null, wenn die Umsetzung exakt beim analogen Mittelwert zwischen zwei Ausgangscodeänderungen vorgenommen wird. Dieser Fehler wird auch als Quantisierungsrauschen bezeichnet.

Vergleichend dazu kann auch ein DA-Wandler aufgrund seiner Zuordnung zu einem digitalen Code nur ganz bestimmte Ausgangswerte innerhalb eines vorgegebenen Bereichs (referenzabhängig) annehmen. Man spricht auch hier von einem quantisierten Signal.

- „Offset Error“ (Offset-Fehler): Der „Offset-Error“ äußert sich als Parallelversatz der realen Kennlinie. Der Fehler wird angegeben in „mV“ oder „%FSR“. Bei DA-Umsetzern wird dieser Fehler auch durch Angabe der Ausgangsleckströme definiert. Mit einem externen Operationsverstärker und dessen Rückkopplungswiderstand lässt sich dann die Offsetspannung errechnen. Der „Offset Error“ ist abgleichbar, wenn ein separater Eingang vorhanden ist.
- „Gain Error“ (Verstärkungsfehler bei Endausschlag): Die Abweichung der realen Kennlinie von der idealen Kennlinie ergibt den maximalen Messwert FSR. Der „Gain Error“ ist in Prozent von FSR angegeben und auf verschiedene Weise abgleichbar. Unter FSR (Full Scale Range) ist der Wert der Referenzspannung zu verstehen, wenn der Umsetzer mit einer Verstärkung von „1“ arbeitet.
- „Linearity Error“ (Nichtlinearität): Bei diesem Parameter muss unterschieden werden zwischen „Differential Non-Linearity“ und „Integral Non-Linearity“. Dieser Fehler ist von großer Bedeutung, denn er kann normalerweise nicht abgeglichen werden. „Differential Non-Linearity“ ist der Fehler zwischen zwei aufeinanderfolgenden Umsetzstufen. Die „Differential Non-Linearity“ wird oft ersetzt durch die Angabe „Monotonic“ bei DA-Umsetzern oder „No Missing Codes“ bei AD-Umsetzern. Mit dem in Datenblättern angegebenen „Linearity Error“ ist jedoch die „Integral Non-Linearity“ gemeint. Es ist also die Abweichung der integrierten realen Kennlinie zur idealen Übertragungskennlinie. Dieser Wert wird angegeben in „%FSR“ oder auch in Quantisierungsstufen „LSB“.
- „Non-Monotony“ (Nichtmonotonie): Diese Definition betrifft die Übertragungskennlinie eines DA-Umsetzers. „Non-Monotony“ ist dann gegeben, wenn bei steigendem Eingangscode der Umsetzer am Ausgang steigendes oder sinkendes Verhalten zeigt.
- „Missing Codes“ (Fehlende Codes): Dieser Parameter betrifft die Übertragungskennlinie eines AD-Umsetzers, wenn dieser einen oder mehrere digitale Ausgangswerte nicht zeigen kann. Dies ist dann der Fall, wenn ein AD-Umsetzer, der nach dem Prinzip der „Sukzessiven Approximation“ arbeitet, mithilfe eines „Non Monotonic“-DA-Umsetzers aufgebaut wird. Die AD-Wandler im ATtiny26 arbei-

ten mit einem SAR-Register (sukzessives Approximation Register) nach der Stufenverschlüsselung.

- „Settling Time Error“ (Einschwingzeit-Fehler): Dieser Fehler zeigt sich, wenn dem Ausgang eines DA-Umsetzers nicht genügend Zeit gelassen wird, sich auf ±½ LSB einzustellen. Unter „Settling Time“ ist bei DA-Umsetzern die Zeit zu verstehen, die der Ausgang benötigt, um sich auf ±½ LSB einzustellen. In die „Settling Time“ eines DA-Umsetzers muss jedoch unbedingt noch der extern benötigte Operationsverstärker einbezogen werden.
- „Transient (Glitch) Error“: Dieser Fehler entsteht bei DA-Umsetzern durch das Umschalten der internen Analogschalter. Er zeigt sich durch Spannungsspitzen bzw. Spannungseinbrüche am Ausgang im Umschaltzeitpunkt. Dieser Effekt kann beispielsweise durch Nachschalten eines „Sample and Hold“-Schaltkreises, der im Umschaltzeitpunkt in den „Hold-Mode“ geht, vermieden werden.
- „Quantization Noise“ und „Dynamic Range“ (Quantisierungsrauschen und Dynamikbereich): Auch ein idealer AD- oder DA-Umsetzer hat einen unvermeidlichen „Fehler“, das Quantisierungsrauschen, da auch ideale Umsetzer nur Quantisierungsstufen unterscheiden können, die größer 1 LSB sind. Die analoge Eingangsspannung wird mit der analogen Ausgangsspannung verglichen. Das Quantisierungsrauschen stellt sich dann als Sägezahnkurve mit einer Amplitude von ±½ LSB dar. Der Effektivwert dieser Sägezahnkurve errechnet sich folgendermaßen:

$$U_{eff} = \frac{LSB}{\sqrt{12}}$$

Dieses dem analogen Signal überlagerte Rauschen kann dann auf folgende Weise ausgedrückt werden:

$$S/N_{Ratio}(dB) = 10\log\frac{2^N LSB}{LSB/\sqrt{12}} = 20\lg 2^N + 20\log\sqrt{12} = 6{,}02\,N + 10{,}8$$

Tabelle 2.1 gibt einen Überblick über das zu erwartende Quantisierungsrauschen bei Auflösungen von vier Bit bis 16 Bit.

Tabelle 2.1: Überblick bei Quantisierungsrauschen für verschiedene Auflösungen

Auflösung (n)	Zustände (2^n)	Binäre Gewichtung (2^{-n})	Q für 10 V FS	S/N-Verhältnis (dB)	Dynamischer Bereich (dB)	Max. Ausgang für 10 V FS
4	16	0,0625	0,625 V	34,9	24,1	9,3750
6	64	0,0156	0,156 V	46,9	36,1	9,6440
8	256	0,00391	39,1 mV	58,9	48,2	9,9609
10	1024	0,000977	9,76 mV	71,0	60,2	9,9902
12	4096	0,000244	2,44 mV	83,0	72,2	9,9976
14	16384	0,0000610	610 µV	95,1	64,3	9,9994
16	65536	0,0000153	153 µV	107,1	96,3	9,9998

- „Output Noise“ (Ausgangsrauschen): Diese Angabe bezieht sich auf DA-Umsetzer und wird oft angegeben als „Equivalent Johnson Resistance“. Der Effektivwert des Rauschens (e_n) errechnet sich dann folgendermaßen:

  $$e_n = \sqrt{4KRT(\Delta f)}$$

  wobei

  $K = 1{,}38 \cdot 10^{-23} \frac{Ws}{K}$

  R = *Johnson Resistance*

  T = *absolute Temperatur in K*

  Δf = *Bandbreite des Systems*

  ist.

2.1.1 Daten des AD-Wandlers des 8-Bit-Mikrocontrollers ATtiny26

Die Umsetzzeit für einen analogen Wert in ein digitales Format beträgt zwischen 13 µs und 260 µs. Es sind elf analoge Eingänge vorhanden. Diese Einzeleingänge kann man in acht differentielle Eingänge zusammenfassen. Von den acht lassen sich sieben Eingänge noch zusätzlich mit v = 20 verstärken, d. h. die Eingänge arbeiten mit 0 dB (1x) oder 26 dB (20x) für den AD-Wandler. Tabelle 2.2 zeigt die Einzeleingänge und die positiven und negativen Eingänge, wenn differentiell gearbeitet wird.

Tabelle 2.2: Analoge Eingänge des 8-Bit-Mikrocontrollers ATtiny26

Mux4.0	Einzeleingänge	Positive differentielle Eingänge	Negative differentielle Eingänge	Verstärkung
00000	ADC0			
00001	ADC1			
00010	ADC2			
00011	ADC3			
00100	ADC4			
00101	ADC5			
00110	ADC6			
00111	ADC7			
01000	ADC8			
01001	ADC9			
01010	ADC10			
01011		ADC0	ADC1	20x
01100		ADC0	ADC1	1x
01101		ADC1	ADC1	20x
01110		ADC2	ADC1	20x
01111		ADC2	ADC1	1x
10000		ADC2	ADC3	1x
10001		ADC3	ADC3	20x
10010		ADC4	ADC3	20x
10011		ADC4	ADC3	1x
10100		ADC4	ADC5	20x
10101		ADC4	ADC5	1x
10110		ADC5	ADC5	20x
10111		ADC6	ADC5	20x
11000		ADC6	ADC5	1x
11001		ADC8	ADC9	20x
11010		ADC8	ADC9	1x
11011		ADC9	ADC9	20x
11100		ADC10	ADC9	20x
11101		ADC10	ADC9	1x
11110	1,18 V (V_{BG})			
11111	0 V (GND)			

2.1.2 Absolute und relative Genauigkeit

Bei der Untersuchung der Genauigkeit eines AD-Wandlers muss zwischen der absoluten und der relativen Genauigkeit unterschieden werden. Alleinige Angaben über die Auflösung, die einen Einfluss auf die Fehlergrenzen des Umsetzergebnisses hat, sind zur Bestimmung der Genauigkeit einer AD-Umsetzung nicht ausreichend. Die relative Genauigkeit kann auch als Linearität definiert werden, wobei zwischen dem integralen Linearitätsfehler und dem differentiellen Linearitätsfehler unterschieden wird. Da bei den meisten Wandlern die Möglichkeit besteht, den Verstärkungs- und den Offsetfehler durch externe Trimmpotentiometer auf Null abzugleichen, können diese beiden Fehler – unter der Annahme eines sorgfältigen Abgleichs und einer entsprechenden Langzeitstabilität des AD-Wandlers – bei der Abschätzung der Genauigkeit außer Acht gelassen werden. Diese Einstellmöglichkeiten fehlen beim Mikrocontroller ATtiny26.

Als absolute Genauigkeit eines AD-Wandlers definiert man die prozentuale Abweichung der maximalen realen Ausgangsspannung (FS) zu der spezifizierten Ausgangsspannung (FSR). Bei der Genauigkeitsspezifikation wird manchmal auch ein Genauigkeitsfehler angegeben. Ein Genauigkeitsfehler von 1 % entspricht der absoluten Genauigkeit von 99 %. Die absolute Genauigkeit wird von den drei einzelnen Fehlerquellen wie dem inhärenten Quantisierungsfehler (dieser geht als ± LSB-Fehler ein), den Fehlern, die aufgrund nicht idealer Schaltungskomponenten des Wandleraufbaus und dem später abgeleiteten Umsetzfehler entstehen, bestimmt. Da die absolute Genauigkeit durch Temperaturdrift und durch die Langzeitstabilität ebenfalls beeinflusst wird, muss bei der Angabe der Genauigkeit eines AD-Wandlers der Fehler für die definierten Bereiche spezifiziert werden.

Aus den die absolute Genauigkeit bestimmenden Parametern lässt sich ableiten, dass die absolute Genauigkeit im Wesentlichen durch den Umsetzprozess bestimmt wird und von den Faktoren Umsetzzeit und Güte des Wandlers abhängt.

Unter dem Oberbegriff „relative Genauigkeit“ werden sämtliche Fehler erfasst, die aufgrund von Nichtlinearitäten des AD-Wandlers bei der AD-Umsetzung erzeugt werden. Bei DA-Wandlern bevorzugt man die direkte Angabe der Nichtlinearität, während diese Fehler unter dem Begriff der relativen Genauigkeit bei AD-Wandlern summiert werden. Die relative Genauigkeit einer Umsetzung kann nur dann erhöht werden, wenn ein Wandler mit einer größeren Genauigkeit eingesetzt wird, da sich der Nichtlinearitätsfehler eines Wandlers nicht abgleichen lässt. Eine andere Möglichkeit ist auf der Hardwareseite der Einsatz digitaler Fehlerkorrekturschaltungen oder auf der Softwareseite die Verwendung spezieller Fehleralgorithmen, sofern ein Mikrocontroller in dem System integriert ist. Werden beispielsweise an eine 8-Bit-AD-Umsetzung höhere Genauigkeitsanforderungen gestellt, so lässt sich diese

Bedingung durch die Verwendung eines 10-Bit-AD-Wandlers erfüllen, bei dem nur die ersten 8 Bit (gerechnet vom MSB) aufgeschaltet werden. Besitzt der 10-Bit-Wandler eine Nichtlinearität von ± 1/2 LSB, so verringert sich bei der ausschließlichen Benutzung der ersten acht Bits der Nichtlinearitätsfehler auf 1/16 LSB. Bei der Abschätzung der relativen Genauigkeit wird zwischen der integralen und der differentiellen Nichtlinearität unterschieden.

2.1.3 Integraler Linearitätsfehler

Der integrale Linearitätsfehler ist die Abweichung der realen Übertragungsfunktion des AD-Wandlers von der idealen Übertragungsfunktion. Die Auswirkungen des integralen Linearitätsfehlers sind bei Eingangssignalen mit maximalen Pegeln als schwerwiegender einzuschätzen als bei Signalen mit kleinen Pegeln, da bei letzteren die Wahrscheinlichkeit größer ist, dass sich der Pegel in einem Bereich befindet, wo der Linearitätsfehler kleiner ist als die Angabe für die vollständige Übertragungsfunktion. Es bestehen grundsätzlich zwei Möglichkeiten, den Linearitätsfehler zu definieren, wobei stets die maximale Abweichung der fehlerbehafteten von der idealen Übertragungsfunktion angegeben wird.

Zum einen wird davon ausgegangen, dass der Offset- und der Verstärkungsfehler abgeglichen sind, sodass die Endpunkte beider Funktionen übereinstimmen. Die zweite Möglichkeit besteht darin, durch externes Abgleichen eine gute Annäherung an die ideale Übertragungsfunktion zu erreichen.

Da letzteres ein zeitaufwendigeres Verfahren ist, wird von den meisten Herstellern die Angabe des Linearitätsfehlers nach der Endpunkt-Definition vorgezogen. Hierbei wird vom Anwender verlangt, dass der AD-Wandler genau abgeglichen wird, damit seine spezifizierten Daten eingehalten werden.

Der Ausgangscode eines AD-Wandlers steht in folgendem Verhältnis zur Eingangsspannung:

$$U_e = U_{N(FS)} \cdot (B_1 \cdot 2^{-1} + B_2 \cdot 2^{-2} + \ldots + B_n \cdot 2^{-n}) \pm ½\ \mathrm{LSB}$$

Die Analogspannung, die ein bestimmtes Bit einschaltet, lässt sich durch die Beziehung

$$U_e|_{N=Bi2(FS)} - i = U_{N(FS)}$$

bestimmen. Zur Messung der Nichtlinearität eines AD-Wandlers benötigt man n Bit-Binär-Schalter, eine n Bit-Binär-Anzeige und einen Präzisions-DA-Wandler als Spannungsquelle. Als erste Maßnahme werden der Offset- und der Verstärkungsfehler des AD-Wandlers abgeglichen. Der Offset-Abgleich erfolgt mit einer Ausgangsspannung des DA-Wandlers von 0 V. Ein sorgfältiger Schaltungsaufbau ist dabei selbstverständlich. Je nachdem, ob die Endpunkt-Definition oder die „best-fit"-Form bei der Angabe des Linearitätsfehlers herangezogen werden soll, wird der Verstärkungsfehler auf FS oder ½ FS abgeglichen. Anschließend werden die einzelnen Bits durch Ein- bzw. Ausschalten geprüft. Bei einem idealen AD-Wandler sollten die Bitmuster der Binär-Schalter mit den Bitmustern der Binär-Anzeige übereinstimmen. Unter der eingangs erwähnten Voraussetzung der Verwendung eines idealen DA-Wandlers ist jede Differenz zwischen den beiden Bitmustern eine Anzeige für nicht lineares Übertragungsverhalten des AD-Wandlers. Der Betrag der Nichtlinearität kann unmittelbar in Bruchteilen vom LSB spezifiziert werden.

2.1.4 Differentielle Nichtlinearität

Unter dem Begriff „differentielle Nichtlinearität" erfasst man den Betrag der Abweichung jedes Quantisierungsergebnisses (d. h. jeder mögliche Ausgangscode) von seinem theoretischen idealen Wert. Anders ausgedrückt, die differentielle Nichtlinearität ist die analoge Differenz zwischen zwei benachbarten Codes von ihrem idealen Wert ($FSR/2^n = 1$ LSB). Wird für einen AD-Wandler der Wert der differentiellen Nichtlinearität von ± ½ LSB angegeben, so liegt der Wert jeder minimalen Quantisierungsstufe, bezogen auf seine Übertragungsfunktion, zwischen ½ und 3/2 LSB, d. h., jeder Analogschritt beträgt 1 ±/2 LSB. Die beiden ersten Quantisierungsschritte zeigen ein ideales Verhalten. Der nächste Schritt beträgt dagegen nur ½ Q und der darauffolgende 3/2 Q. Diese beiden Schritte kennzeichnen den Bereich, der für eine spezifizierte differentielle Nichtlinearität von ± 1/LSB gerade noch zulässig ist. Die differentielle Nichtlinearität kann durch eine Messung der Analogspannung, die einen Wechsel des Ausgangscodes des AD-Wandlers bewirkt, bestimmt werden. Bei einem idealen Wandler sollte dieser Spannungsbetrag konstant 1 LSB über den gesamten Eingangsspannungsbereich betragen. Für den normierten Schritt der Eingangsspannung gilt die Gleichung:

$$\Delta U_N = U_e \cdot 2^{-n}$$

Der Fehlerbetrag der differentiellen Nichtlinearität kann mit der Gleichung

$$\varepsilon_{DL} = [\Delta U - \Delta U_N / \Delta U_N] \cdot 100\ (\%)$$

bestimmt werden. In dieser Gleichung ist ΔU der gemessene Spannungsbetrag, der einen Wechsel des LSB bewirkt. Der maximale Fehler kann für den Fall angesetzt werden, wo ein digitaler Übertrag innerhalb des Ausgangscodes stattfindet. Bei der AD-Umsetzung von Signalen mit maximal zulässigen Eingangspegeln sind kleinere Linearitätsfehler – zumal wenn sie örtlich begrenzt sind – vielfach bedeutungslos. Liegt das Eingangssignal dagegen genau in dem Spannungsbereich, wo

Linearitätsfehler auftreten, so erhöht sich allerdings der dadurch ausgelöste Umsetzfehler in unzulässiger Weise. Zwei andere wichtige Parameter, die in einem unmittelbaren Zusammenhang mit den Auswirkungen des Linearitätsfehlers stehen, müssen noch untersucht werden: die Monotonität und das Auftreten „Fehlender Codes".

Der Definition nach ist ein AD-Wandler dann monoton, wenn die Wertigkeit seines Ausgangscodes mit stetig steigender Eingangsspannung ebenfalls stetig steigt. Mathematisch lässt sich dieser Zusammenhang dadurch ausdrücken, dass für einen monotonen Umsetzbetrieb die Bedingung gilt, dass für eine Eingangsvariable mit diskreten Schritten die erste Ableitung der Übertragungsfunktion ≥ 0 und die erste Differenz ebenfalls ≥ 0 sein muss.

Die Bedingung für einen monotonen Betrieb lässt sich direkt ablesen. Es gilt: Ist die differentielle Nichtlinearität eines AD-Wandlers größer als ± 1 LSB, so ist ein monotoner Betrieb dieses Wandlers nicht gewährleistet. Mit Sicherheit arbeiten die Wandler monoton, die über eine differentielle Nichtlinearität verfügen, die kleiner oder gleich 1 LSB ist. Diese Angaben sind auch für DA-Wandler von Bedeutung, weil zum Beispiel in AD-Wandlern, die nach dem Verfahren der sukzessiven Approximation arbeiten, stets auch entsprechende DA-Wandler verwendet werden.

Bei einem Einsatz von AD-Wandlern ist die Kenntnis, ob bei der Umsetzung fehlende Codes auftreten können, für eine Fehlerabschätzung von wesentlicher Bedeutung. Ist der Linearitätsfehler größer oder gleich 1 LSB, so ist zu erwarten, dass bei der Umsetzung Codes übersprungen werden. Nur bei einer differentiellen Nichtlinearität von kleiner 1 LSB treten mit Sicherheit keine fehlenden Codes auf. Auf die Möglichkeit des Auftretens fehlender Codes sollte besonders dann geachtet werden, wenn AD-Wandler in automatischen Servosystemen oder Nachlaufsystemen zur Steuerung der Verstärkung oder bestimmter Einsatzpunkte verwendet werden. Besonders störend macht sich der Linearitätsfehler auch in Systemen mit verrauschten Eingangssignalen bemerkbar.

Eine Verbesserung der Auswertung kann durch eine Angabe folgender Messergebnisse erreicht werden:

1. Mittelwert der Trefferquote pro Ausgangscode
2. Angabe des Codes mit der maximalen Trefferquote bei gleichzeitiger Beobachtung der benachbarten Codes
3. Angabe des Codes mit der minimalen Trefferquote und gleichzeitiger Beobachtung der benachbarten Codes.

Für den Fall, dass sämtliche möglichen Ausgangscodes mit Treffern besetzt sind, kann davon ausgegangen werden, dass Wandler mit einem Linearitätsfehler von

≤1 LSB behaftet sind. Als Prüfsignale können alle Signalformen verwendet werden, deren Pegel-Wahrscheinlichkeitsverteilung bekannt ist. Dreieckspannungen besitzen dabei den Vorzug, dass die Verteilungsfunktion ihrer Amplituden eine Gerade ist. Der Pegel sollte so gewählt werden, dass seine Maxima und Minima gerade außerhalb des Umsetzbereiches liegen. Diese Vorkehrung garantiert in etwa eine Gleichverteilung der zwei zu erwartenden Trefferquoten, ohne dass die minimalen oder maximalen Ausgangscodes übermäßig mit Treffern besetzt sind.

2.1.5 Offsetfehler

Der Offsetfehler ist definiert als die Abweichung der tatsächlichen von der idealen Übertragungsfunktion im Nullpunkt der analogen Eingangsspannung. Wird dieser Fehler nicht abgeglichen, so tritt ein konstanter absoluter Genauigkeitsfehler für jeden Punkt der Übertragungsfunktion auf. Offsetfehler beeinflussen nicht die relative Genauigkeit. In den Datenblättern der Hersteller wird der Offsetfehler entweder in µV oder mV bezogen auf die Eingangsspannung und als Verhältnis zum Quantisierungsintervall (LSB) oder in Prozentanteilen der vollen Eingangsspannung angegeben.

Der reale Offset eines AD-Wandlers kann wegen der stufenweisen Umsetzung – es gibt nur eine endliche Anzahl von Messwerten – nicht direkt gemessen werden. Hilfsweise erfolgt eine Anzahl von Messungen mit anschließender Berechnung des Offsets. Dazu müssen die analogen Werte aufgezeichnet werden, bei denen sich der Ausgangscode des Wandlers ändert. Zu bemerken ist, dass jeder Wechsel des Ausgangscodes aufgrund der oben genannten Definition um ¼ LSB früher als bei dem nominellen Eingangswert erfolgen muss. Man kann auch sagen, der nominelle Eingangswert wird um den Betrag +½ LSB gespreizt. Dazu ein Beispiel: Der erste Übergang von 00 ... 00 nach 00 ... 01 findet nicht bei 1 LSB, sondern bereits bei ½ LSB statt. Ebenso wechselt der Ausgangscode von 00 ... 01 nach 00 ... 10 bereits bei 3/2 LSB und nicht erst bei 2 LSB.

2.1.6 Verstärkungsfehler

Der Verstärkungsfehler – er wird oft auch als Skalenfaktorfehler bezeichnet – ist die Abweichung der tatsächlichen Übertragungsfunktion von der idealen, unter Ausschluss des Offsetfehlers. Verstärkungsfehler beeinflussen ebenso wenig die relative Genauigkeit eines AD-Wandlers wie Offsetfehler. Der Verstärkungsfehler wird generell von den Herstellern spezifiziert als die prozentuale Abweichung vom absoluten bzw. relativen vollen Eingangsspannungsbereich. Die Unterscheidung zwischen diesen beiden Bereichen ergibt sich dadurch, dass je nach Einsatzbereich der Wert der vollen Eingangsspannung differieren kann. Bei einem 10-Bit-AD-Wandler kann die maximale Eingangsspannung entweder 10 V oder 10,24 V betragen. Im ersten Fall würde eine Spannung von 9,766 mV gleich einem LSB sein und im zweitem Fall eine Spannung von 10 mV, aufgrund der Definition LSB = $FS/2^n$.

Offsetfehler können in den meisten Fällen ebenfalls durch ein externes Trimmpotentiometer auf Null abgeglichen werden. Zu beachten ist die Angabe des Herstellers über die Langzeitstabilität des AD-Wandlers. Bei einem Abgleich des Verstärkungsfehlers sind besonders die Umstände zu beachten, die durch die Beeinflussung der Übertragungsfunktion aufgrund des Linearitätsfehlers entstehen. Unter der Annahme, dass der Wandler keinen Linearitätsfehler besitzt, wäre nach dem Abgleich des Offsetfehlers nur ein Abgleich des Verstärkungsfehlers bei der vollen Eingangsspannung notwendig (der Ausgangscode wechselt von 11...10 nach 11...11).

Der Wert der Eingangsspannung für den exakten Umschaltpunkt unterliegt der gleichen Bedingung wie unter dem Offsetabgleich beschrieben, dass nämlich der volle Eingangsbereich (FSR –1 LSB) um den Betrag ½ LSB kleiner sein muss; d. h., der letzte Codewechsel von 11...10 auf 11...11 findet bei einer Eingangsspannung von FSR –3⁄2 LSB statt.

In der Praxis muss davon ausgegangen werden, dass jeder reale AD-Wandler mit einem Linearitätsfehler behaftet ist. Deshalb könnte ein Abgleich des Verstärkungsfehlers zu größeren Abweichungen innerhalb der Übertragungsfunktion führen. Theoretisch müsste daher der Abgleich des Verstärkungsfehlers zur besseren Angleichung an die ideale Übertragungsfunktion bei der Eingangsspannung stattfinden, wo die größte Abweichung der realen Übertragungsfunktion von der idealen vorkommt. Das ist aus Kostengründen in den meisten Fällen undurchführbar, weil dazu bei einem n-Bit-Wandler 2^n-Messpunkte vorhanden sind.

2.2 Aufbau eines digitalen Systems

Abb. 2.2 zeigt den schematischen Aufbau eines digitalen Systems zur Verarbeitung kontinuierlicher Zeitsignale. Die Bandbreite des Eingangssignals x(t) wird vor der AD-Umsetzung mithilfe eines Tiefpassfilters (Antialiasing-Filter) begrenzt. Anschließend wird das gefilterte Eingangssignal x'(t) von dem „Sample and Hold"-Schaltkreis („Sample and Hold"-Verstärker) in ein zeitquantisiertes Signal umge-

Abb. 2.2: Schematischer Aufbau eines digitalen Systems

setzt, um in der folgenden Stufe von dem AD-Wandler in eine digitale Information umgesetzt zu werden (Amplitudenquantisierung). Der Beweis für die Notwendigkeit des Einsatzes eines Tiefpassfilters und des „Sample and Hold"-Verstärkers in den meisten Anwendungsfällen wird im weiteren Verlauf dieses Buches angetreten. Von dem Mikrocontroller werden die digitalen Informationen nach einem vorgegebenen Algorithmus (Verarbeitungsregel) abgearbeitet. Dieser Systemalgorithmus kann entweder hardwaremäßig, bei einem Einsatz eines Mikrocontrollers softwaremäßig oder aber auch in gemischter Form bestimmt werden. Der Digital-Analog-Wandler (DA-Wandler) setzt die abgearbeiteten Digitalinformationen in eine stufenförmige Zeitinformation um. Zur Unterdrückung der in den Stufen enthaltenen unerwünschten höheren Frequenzanteile wird ein sogenanntes Regenerationsfilter nachgeschaltet. Der dazwischen geschaltete „Sample and Hold"-Verstärker wird aus Gründen der genaueren Signalrekonstruktion benötigt (deglitcher).

Am Ausgang des Regenerationsfilters müsste, unter der Bedingung, dass der Systemalgorithmus gleich 1 ist, das Eingangssignal x(t) abgreifbar sein. Da das Eingangssignal in den einzelnen fehlerbehafteten Funktionsblöcken nacheinander bearbeitet wird, ist das reale Ausgangssignal von den einzelnen Fehlersignalen überlagert. Daher stellt sich für den Anwender die Frage, in welcher Weise das Eingangssignal durch die Fehlerquellen Veränderungen unterliegt, die seinen Informationsgehalt verfälschen. Dieses Thema soll der Hauptgegenstand des nachfolgenden Abschnitts sein. Allerdings erfolgt dabei eine Beschränkung auf einschließlich die Fehlerquellen, die durch den Prozess der AD-Umsetzung gegeben sind. Dabei müssen zwei grundsätzliche Fehlerquellen unterschieden werden. Zum einen sind das Fehlerquellen, die systembedingt sind, und zum anderen sind das Fehlerquellen, die aufgrund des Einsatzes realer, d. h. nicht idealer AD-Wandler auftreten.

Eine erste Veränderung erfährt das Eingangssignal durch die Umsetzung in ein zeitquantisiertes Signal (Abtastung), da das zeitquantisierte Signal nur zum Zeitpunkt der Abtastung mit dem zeitkontinuierlichen Signal am Eingang wertemäßig übereinstimmt. Die zwischen den Abtastpunkten liegenden Werte des Eingangssignals werden nicht erfasst. Dieser Informationsverlust kann durch keinerlei Maßnahmen wieder aufgeholt werden. Das hat zur Folge: Es muss durch bestimmte Maßnahmen gewährleistet werden, dass dieser Informationsverlust in für die Anwendung tolerierbaren Grenzen gehalten wird. Die Grenzbedingungen sind aufgabenspezifisch und können die unterschiedlichsten Werte annehmen. Mit Hilfe des Abtasttheorems nach Shannon kann die Frage beantwortet werden, welchen Veränderungen der Informationsgehalt des Eingangssignals durch die Abtastung unterliegt. Nach diesem Theorem ist in dem zeitquantisierten Signal die gleiche Informationsmenge wie in dem Eingangssignal enthalten, sofern die Abtastfrequenz mindestens um das Doppelte größer ist als die maximale, in dem Signal enthaltene Teilfrequenz. Daraus lässt sich ableiten, dass ein Abtastsystem mit einer bestimmten Abtastfrequenz f_A eine informationssichere Bandbreite von $0 \leq f \leq f_A/2$ besitzt.

Sind in dem Eingangssignal Frequenzanteile mit einer höheren Bandbreite als $f_A/2$ enthalten, treten Störungen auf, weil diese aufgrund der Abtastung in die Nutzbandbreite des Systems gespiegelt werden. Die durch diesen Effekt entstehenden Veränderungen des Signals bezeichnet man als Aliasing oder auch als Bandüberlappungsfehler. Die Kenntnis dieses Effektes erzwingt vom Anwender unbedingt den Einsatz eines Antialiasing-Filters, sofern ihm die Natur des Eingangssignals unbekannt ist. Nur unter der Bedingung, dass das Signalverhalten in Bezug auf die hochfrequenten Anteile mit Sicherheit vorausgesagt werden (maximale Teilfrequenz (f_A/2)) oder die Abtastfrequenz ohne Schwierigkeiten respektive Kostenerhöhungen sehr groß gewählt werden kann, lässt sich der Einsatz eines Antialiasing-Filters umgehen. Sicherer ist auf jeden Fall die Begrenzung der Bandbreite des Eingangssignals auf die Nutzbandbreite des digitalen Systems. Quantitative Aussagen über Aliasing-Fehler lassen sich mithilfe der Fouriertransformation gewinnen.

Durch die sich anschließende Amplitudenquantisierung unterliegt das Eingangssignal weiteren Veränderungen. Es entsteht ein Quantisierungsfehler. Dieser ist im eigentlichen Sinn kein echter Fehler, sondern die vom System her bedingte Unsicherheit bei der Amplitudenquantisierung. Aufgrund der endlichen Wortlänge – unter der Wortlänge versteht man hier das Auflösungsvermögen des AD-Wandlers in Bit – kann das Ergebnis der AD-Umsetzung nur eine endliche Anzahl diskreter Werte annehmen. Man kann auch sagen, Eingangssignale mit einem kontinuierlichen Wertebereich werden diskretisiert. Signalwerte, die zwischen zwei diskreten Quantisierungswerten liegen, werden entweder dem oberen oder dem unteren diskreten Wert zugeordnet. Es erfolgt gewissermaßen eine Auf- oder Abrundung des Analogwertes. Deshalb ist es auch nicht möglich, vom digitalen Ausgangscode des AD-Wandlers her den genauen Wert des Eingangssignals zu rekonstruieren.

2.2.1 Unterscheidungsmerkmale zwischen analogen und digitalen Systemen

Analoge Systeme, gleich ob es sich um kontinuierliche oder Abtastsysteme handelt, werden durch eine Zusammenschaltung verschiedener analoger Grundbausteine realisiert. Das Verhalten dieser Bausteine als Einzelelemente oder in der Zusammenschaltung mit anderen Bauelementen lässt sich durch die spezifischen Kennlinien beschreiben. Dabei muss beachtet werden, dass die Kennlinien durch Temperaturschwankungen oder durch die Alterung der Bausteine Veränderungen unterworfen sind. Werden zusätzlich aktive analoge Bausteine, wie Operationsverstärker, analoge und digitale Funktionsbausteine usw., eingesetzt, so ist das Verhalten dieser Elemente in Bezug auf ihre Abhängigkeit von dem Verhalten der Betriebsspannung besonders zu untersuchen. Es zeigt sich, dass die Stabilität analoger Systeme bezüglich der Systemgenauigkeit in vielfältiger Weise Störungen unterworfen ist.

Digitale Systeme unterscheiden sich von den analogen Systemen dadurch, dass die Signalverarbeitung nicht mehr durch die Kennlinien der Einzelelemente bestimmt wird, sondern dass eine numerische Verarbeitung des quantisierten Eingangssignals vorgenommen wird. Als Bearbeitungsvorschriften werden Gleichungen (Systemalgorithmen) eingesetzt. Die Ausführung der einzelnen Operationen erfolgt dabei über unterschiedliche digitale Arithmetik-Bausteine wie z. B. Addierer, Multiplizierer usw.

Aufgrund dieser besonderen Form sind sehr unterschiedliche Einsatzbereiche der digitalen Signalverarbeitung denkbar. Besteht die Möglichkeit, die Werte des abgetasteten Signals in einen Speicher zu laden, und wird keine Echtzeitverarbeitung gefordert, so lassen sich mit jeder geeigneten Konfiguration anhand eines Verarbeitungsprogramms die geforderten Untersuchungen durchführen. Werden hohe Verarbeitungsgeschwindigkeiten unter Echtzeitbedingungen gefordert, so ist eine softwaremäßige Behandlung des Signals nicht mehr möglich. Der Anwender muss dann auf ein reines Hardwaresystem zurückgreifen, bei dem alle Funktionen durch Digitalschaltungen realisiert werden, einschließlich dem Programmsteuerwerk, welches die Ausführung des Systemalgorithmus steuert und überwacht. Unterliegt die Anforderung an die Verarbeitungsgeschwindigkeit besonders hohen Bedingungen, so ist eine Schaltungsausführung mit verteilter Arithmetik denkbar. Hierbei werden die einzelnen Operationen nicht mehr linear, sondern parallel durch die einzelnen Arithmetik-Bausteine ausgeführt.

Bei einem Hardwareaufbau digitaler Systeme besteht ein großer Nachteil darin, dass, bedingt durch die quasi starre Ausführung des Systems, dieses auf die Ausführung einer bestimmten vordefinierten Aufgabe fixiert ist. Nachträgliche Modifikationen können nicht mehr in einfacher Weise hergestellt werden. Im Gegensatz dazu bietet die softwaremäßige Systemrealisierung einen hohen Grad an Flexibilität hinsichtlich der Anpassung an unterschiedliche Aufgaben. Ohne Hardwareänderungen kann ein solches System durch eine Spezifizierung des Systemprogramms zur Lösung unterschiedlicher Aufgaben eingesetzt werden. In der Entwicklungs- oder Testphase ist diese Eigenschaft besonders wertvoll.

Bei der Gegenüberstellung von analogen und digitalen Systemen erkennt man eine Reihe von Vorteilen auf der Seite der digitalen Systeme. Als erstes ist hier die geringere Empfindlichkeit gegen Driftprobleme, verbunden mit einer höheren Genauigkeit, zu nennen. Digitale Systeme sind weitgehend unabhängig von thermischen Instabilitäten, die sich bei analogen Systemen besonders störend bemerkbar machen. Die geringere Störanfälligkeit erlaubt auch eine höhere Reproduzierbarkeit der Ergebnisse der digitalen Signalverarbeitung. Die Genauigkeit des digitalen Systems ist über die Wortlänge (Auflösung) definierbar. Obwohl die Wortlänge theoretisch beliebig groß sein kann, wird sie begrenzt durch die geforderte Verarbeitungsgeschwindigkeit und von den Bedingungen des kostengünstigen Systemaufbaus.

Ein weiterer Vorteil digitaler Systeme ist die Fähigkeit der Mehrfachausnutzung, die durch die oben abgeleitete Flexibilität ermöglicht wird. Wie bereits gesagt, lassen sich bei der Softwarerealisierung oder auch bei der gemischten Software-Hardware-Realisierung durch Änderung der Systemalgorithmen neue Anwendungsmöglichkeiten für ein gegebenes Digitalsystem erschließen. Unter der Bedingung, dass es die Verarbeitungsgeschwindigkeiten zulassen, kann ein solches System auch im Multiplexbetrieb gefahren werden. Dabei erfolgt eine Abarbeitung von zwei oder mehreren Systemalgorithmen parallel. In dem Fall, dass mit dem gleichen Systemalgorithmus zwei Signale verarbeitet werden, spricht man vom Kanalmultiplexbetrieb, im Gegensatz zum Systemmultiplexbetrieb, wenn ein Signal gleichzeitig mit verschiedenen Algorithmen vom gleichen System untersucht wird.

Die Komplexität solcher Mehrfachnutzersysteme bedingt allerdings eine Zunahme von Hardware- und Softwarefehlern. Erstere entstehen hauptsächlich dadurch, dass die hochintegrierten Schaltungen nicht mehr vollständig in all ihren Funktionen getestet werden können. Softwareausfälle werden dann vorkommen, wenn die aufgestellten Programme zur Lösung der Systemalgorithmen wegen ihrer Komplexität nicht mehr ausreichend geprüft werden können. Eine dritte Fehlerquelle ist das Auftreten sogenannter Soft-Errors. Mit diesem Begriff kennzeichnet man Fehler im digitalen System, ausgelöst durch Umwelteinflüsse. Da eine eingehende Fehlerbetrachtung über die letztgenannten Fehlerquellen nicht Gegenstand des vorliegenden Buches ist, soll hier nur noch kurz erwähnt werden, dass es mehrere Strategien zur Vermeidung solcher Fehler bzw. zur Fehlererkennung und -korrektur gibt. Allgemein betrachtet kann man die Funktionssicherheit eines digitalen Systems durch einen Einbau von Redundanzen erhöhen. Mit Redundanz bezeichnet man jede Maßnahme bzw. jede zusätzliche Aufwendung, die über die hinausgeht, die genügen würde, die gestellte Aufgabe zu lösen. Redundanzen können auf der Hardware- oder auch auf der Softwareseite implementiert werden. Definiert man als globale Redundanz die Summe aller Einzelredundanzen, so gilt: Eine Erhöhung der Funktionssicherheit des Systems ist nur dann möglich, wenn die globale Redundanz erhöht wird.

Nachteilig bei digitalen Systemen macht sich die begrenzte Signalverarbeitungsgeschwindigkeit bemerkbar, die den Anwendungskreis der Systeme einschränkt. Die

Rate, mit der die digitalen Informationen verarbeitet werden können, hängt auf der Hardwareseite von der zur Lösung der Aufgabe eingesetzten Bausteinfamilie, auf der Softwareseite von der eingesetzten Programmsprache (Assembler oder C), von der Komplexität des Systemalgorithmus und von der Länge des Digitalwortes ab. Die Schaltgeschwindigkeit der einzelnen Bausteinfamilien kann sehr unterschiedlich sein, je nachdem, welche Kriterien bei ihrer Auswahl im Vordergrund stehen (z. B. Verlustleistung, Störabstand, Angebot an arithmetischen Elementen usw.).

Auf der Softwareseite muss beachtet werden, dass bei dem Einsatz höherer Programmsprachen besondere Compiler (Übersetzer) in das System implementiert werden müssen. Deshalb wird man sich z. B. bei der Echtzeitverarbeitung überwiegend der eigentlichen Maschinensprache des Mikrocontrollers bedienen. Bei der Ableitung des Systemalgorithmus sollten die Struktur sowie die Eigenarten der Programmiersprache beachtet werden. Die Wortlänge unterliegt der Bedingung, dass sich die Verarbeitungsgeschwindigkeit mit zunehmender Wortlänge verringert, da die einzelnen Operationen entsprechend länger dauern. Mit fortschreitender technologischer Entwicklung bei der Herstellung hochintegrierter Schaltungen können hier noch Verbesserungen erwartet werden. Gerade letzteres ist sicher ein Faktor, der die zunehmende Anwendung der digitalen Signalverarbeitung durchsetzen wird.

Da bei jeder Verarbeitung kontinuierlicher Signale mithilfe eines digitalen Systems eine Amplituden- und/oder Zeitquantisierung als Voraussetzung erfüllt sein muss, ist es von besonderer Bedeutung, dass der Anwender eine genaue Kenntnis über die Natur der Umsetzprozesse besitzt, um damit die Genauigkeit der AD-Umsetzung an Hand einer Fehlerabschätzung bestimmen zu können.

2.2.2 Systemfehler der AD-Umsetzung

Nun sollen die dem Prozess der Abtastung und Umsetzung inhärenten Fehlerquellen untersucht werden. Dazu gehört in einer Einleitung eine kurze Beschreibung der unterschiedlichen Signalformen, da das Wissen über die Natur des Eingangssignals dem Anwender die Möglichkeit bietet, bereits durch eine entsprechende Auswahl des Umsetzverfahrens die Fehlerrate in definierten Grenzen zu halten. Im Weiteren werden die besonderen Bedingungen des Abtastprozesses abgehandelt, der Fehler im Frequenzspektrum auslöst. Im Anschluss daran folgt eine Ableitung über die Entstehung des Quantisierungsfehlers, hier als Quantisierungsrauschen bezeichnet. Eine wesentliche Bedeutung für die Genauigkeit der AD-Umsetzung besitzt auch die Öffnungszeit, d. h. die Zeit, die für die eigentliche Umsetzung benötigt wird.

Ein wesentlicher Faktor bei der Auswahl eines geeigneten AD-Wandlers wird vom Verhalten des Signals bestimmt. Letzteres kann durch eine Reihe von Signalparame-

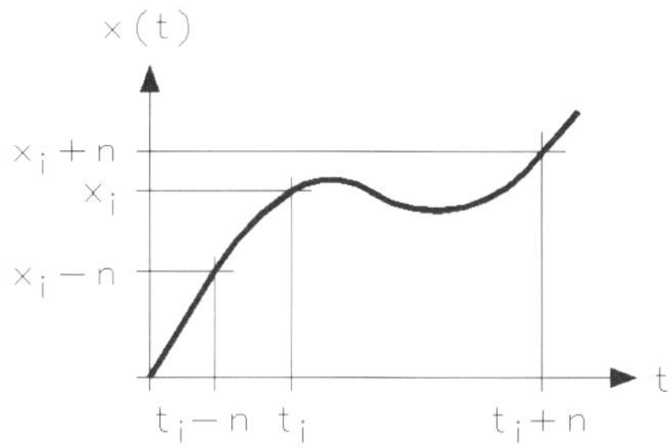

Abb. 2.3: Physikalisches Signal

tern definiert werden. Nach *Abb. 2.3* ist das Signal x(t) eine physikalische Größe, deren Verlauf durch die Einzelwerte $x_i^*(t_i^*)$ vorgegeben wird. Unter der Voraussetzung, dass die zukünftigen Werte $x_{i+n}(t_{i+n})$ aus den vorangegangenen Werten $x_{i-n}(t_{i-n})$ vorhergesagt werden können, ist es möglich, ein solches Signal als deterministisch zu bezeichnen (hierbei ist nicht festgelegt, ob der Signalverlauf periodisch oder nicht periodisch ist). Im Gegensatz zu deterministischen Signalen stehen stochastische Signale, bei denen der zukünftige Verlauf nicht voraussagbar ist. Für die Untersuchung solcher regellos schwankenden Signale müssen statistische Verfahren angewendet werden. Wie die weiteren Überlegungen zeigen, treten Signale in den meisten Fällen als eine Mischung beider Signalformen auf, wobei es bei einer Messung von Bedeutung ist, mit welchen Anteilen jedes Signal an dem Signalgemisch beteiligt ist.

Eine andere Möglichkeit, Signale nach ihrem Verhalten zu unterscheiden, ist die Untersuchung ihres dynamischen Verhaltens. Dabei können drei grundsätzliche Formen unterschieden werden:

- Statische Signale
- Quasistatische Signale
- Dynamische Signale

2.2.3 Statische Signale

Als statisches Signal bezeichnet man ein Gleichspannungssignal mit einem stets gleichbleibenden Ausgangswert. Der Gleichspannungsbetrag kann durch eine AD-Umsetzung eindeutig und bleibend festgestellt werden. Jede weitere AD-Umsetzung würde keine neue Information über das Gleichspannungssignal liefern. Zur Umsetzung eines statischen Signals muss daher der AD-Wandler nur über die Genauigkeit verfügen, die das benötigte Ergebnis verlangt. Außerdem muss die Umsetzgeschwindigkeit des AD-Wandlers nicht näher spezifiziert werden. Für den Fall, dass dem Gleichspannungssignal ein Rauschen überlagert ist, ändert sich allerdings die

Ausgangssituation. Jetzt kann nicht mehr durch eine einfache Einzelumsetzung der Betrag des statischen Signals bestimmt werden. Außerdem ist die Art des angewandten Umsetzverfahrens von Bedeutung für das Umsetzergebnis. Wird z. B. ein schneller AD-Wandler eingesetzt, so erhält man als Ergebnis der Umsetzung einen Wert, der je nach Vorzeichen der überlagerten Rauschamplitude größer oder kleiner als der tatsächliche Gleichspannungsbetrag ist. Auch bei einem Einsatz langsamer AD-Wandler besteht eine Abhängigkeit des Umsetzergebnisses vom Umsetzverfahren.

Ein integrierender AD-Wandler wird z. B. den Mittelwert der überlagerten Rauschspannung über die Integrationszeit bilden. Für den Fall, dass Netzspannungsstörungen unterdrückt werden sollen, kann dieser Effekt durchaus erwünscht sein. Wird dagegen ein sogenannter Stufenverschlüssler (Wandler, der nach dem Verfahren der sukzessiven Approximation arbeitet) eingesetzt, so können die Ergebnisse der einzelnen Umsetzungen sehr unterschiedliche Werte annehmen, da der digitale Ausgangscode des Wandlers vom Augenblickswert der im statischen Signal überlagerten Rauschspannung abhängig ist. Das Ergebnis einer Reihe von Umsetzungen ist dadurch ein stark schwankender Wert. Dieses „Anzeigerauschen“ ist bei der Ausgabe auf einer Digitalanzeige besonders störend. Die Vorschaltung eines Tiefpassfilters zur Unterdrückung der unerwünschten hohen Frequenzanteile bringt im Wesentlichen keine Vorteile, da ein solcher Behelf zwangsläufig die Prozesszeit erhöht. Je niedriger die zu unterdrückenden Frequenzanteile sein sollen, desto größer wird die Zeitspanne, die bis zur Auslösung der AD-Umsetzung abgewartet werden muss.

Als Alternative bietet sich an, eine Reihe von Messungen vorzunehmen, wobei jede Umsetzung schnell genug sein muss, um einen Umsetzfehler, hervorgerufen durch die Änderungsgeschwindigkeit der Signalamplitude, möglichst klein zu halten. Bei einer genügend großen Anzahl von Messungen lässt sich anschließend mithilfe mathematischer Verfahren der Mittelwert und damit der Gleichanteil berechnen. Unter der Annahme, dass die Spitzenwerte des Rauschsignals statisch verteilt sind (Voraussetzung: unendliche Rauschbandbreite), geht der Mittelwert der Rauschspannung dann gegen Null, sodass als Ergebnis der Wert des statischen Signals erhalten wird. Allerdings ist eine Anwendung dieser Methode wegen der ebenfalls sehr großen Prozesszeit nicht in allen Anwendungsfällen möglich. Liegt der Fall vor, dass die Rauschamplituden wirklich statistisch verteilt sind, so spielt es keine Rolle mehr, ob die einzelnen AD-Umsetzungen in bestimmten zeitlich definierten Intervallen wiederholt werden oder ob die Messintervalle zufällig angesetzt werden (Stichproben), da zu jedem Zeitpunkt die Wahrscheinlichkeit des Auftretens bestimmter Rauschpegel gleich groß ist. Es lässt sich allerdings leicht einsehen, dass die Rauschbandbreite nicht unendlich groß sein kann, da jedes physikalische System einer Bandbreiten-Begrenzung unterliegt. Das bedeutet, dass die Rauschamplitude sich nicht mit unendlicher Geschwindigkeit ändern kann. Das hat unter anderem zur Folge, dass jeder Rauschpegel zu jedem Zeitpunkt eine bestimmte Beziehung zu seinem vorangegangenen Wert hat. Somit kann festgehalten werden, dass jede folgende AD-Umsetzung unabhängig von der vorangegangenen ist, sofern ein bestimmter, aber statistisch verteilter Abstand eingehalten wird. Die Zeit zwischen den Umsetzungen steht dabei in umgekehrter Beziehung zur Rauschbandbreite. Aus den vorangestellten Überlegungen ergibt sich, dass es zur Messung eines von Rauschen überlagerten statischen Signals von Bedeutung ist, die Eigenschaften des Rauschens (Rauschbandbreite und relative Amplitude, d. h. das Verhältnis der Spitzenspannung des Rauschens zum Pegel des statischen Signals) zu kennen. Dieses Wissen ermöglicht es dem Anwender, eine Entscheidung über die Anzahl der benötigten Einzelumsetzungen und ihren zeitlichen Abstand zueinander zu treffen.

2.2.4 Quasistatische Signale

Als quasistatische Signale werden solche bezeichnet, deren Amplitude sich im Gegensatz zu statischen Signalen zwar ändern kann, die sich aber während der AD-Umsetzung mit Sicherheit wie ein statisches Signal verhalten. Quasistatische Signale treten zum Beispiel in der Messtechnik bei der automatischen Prüfung von aktiven Bauelementen auf.

2.2.5 Dynamische Signale

Dynamische Signale unterscheiden sich von den beiden vorangestellten Signalformen dadurch, dass es bei ihnen im Zweifelsfall nicht möglich ist, eine gültige Voraussage über das Signalverhalten zum Zeitpunkt der AD-Umsetzung zu machen (*Abb. 2.4*). Dabei sollte folgender Zusammenhang besonders beachtet werden: Je größer die Nichtvoraussagbarkeit des Signalverhaltens ist, desto größer ist der Betrag an Informationen, die zu diesem bestimmten Zeitpunkt in dem Signal enthalten sind. Ziel der AD-Umsetzung sollte es aber sein, sämtliche notwendigen Informationen über das Signal zu erhalten. Dazu ist es nun allerdings nicht notwendig, eine unendliche Anzahl von Einzelumsetzungen vorzunehmen, da jedes Signal in einem realen physikalischen System bestimmten Gegebenheiten unterliegt, die die Variationsbandbreite des Signals begrenzt. Bei der Entscheidung über den Einsatz bestimmter AD-Wandlertypen ist es daher unumgänglich, das mögliche Signalverhalten aufgrund einer Analyse der Signalquelle zu untersuchen. Dabei ist nicht allein die Voraussage über die Änderungsgeschwindigkeit des Signals von ausschlaggebender Bedeutung. Diese ist in realen Systemen begrenzt und unterliegt außerdem der Bedingung, sich bei schnellen Änderungen in gleicher

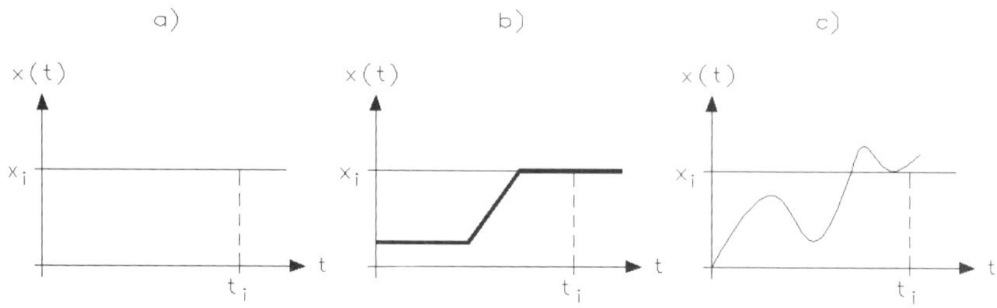

Abb. 2.4: a) Statisches Signal, b) Quasistatisches Signal, c) Dynamisches Signal

Weise zu verändern. Von großer Bedeutung ist ebenso die Kenntnis über das Verhalten des Signals unter dem Einfluss externer Störungen, bzw. ob sich das Signalverhalten durch einen Störimpuls abrupt ändert.

2.2.6 Signalparameter

Zur Beschreibung eines Signals benutzt man eine Reihe von Kenngrößen (*Abb. 2.5*). Jede dieser Kenngrößen ist ein Ausdruck für die im Signal enthaltenen Informationen. Ziel jeder Messung und damit jeder AD-Umsetzung muss es sein, alle notwendigen Informationen zu erhalten. Es darf kein Informationsverlust eintreten. Es sollten andererseits aber auch keine überflüssigen Informationen in den Ergebnissen enthalten sein, da fast immer jede zusätzliche Information über das Notwendige hinaus nur durch einen zusätzlichen Aufwand und damit unnötige Kostensteigerungen erhalten wird.

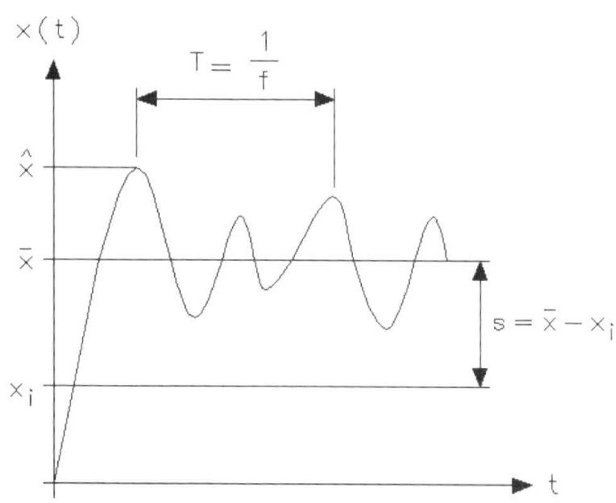

Abb. 2.5: Signalkenngrößen

Im Einzelnen lassen sich folgende Kenngrößen angeben:

Amplitudenwerte:
1. Momentanwert (x_i)
2. Spitzenwert ($\hat{x}$)
3. Arithmetischer Mittelwert ($\bar{x}$)
4. Quadratischer Mittelwert ($\bar{x}_i^2$)
5. Effektivwert (x_{eff})

Zeitwerte:
1. Frequenz (f)
2. Periodendauer (T)

Der Momentanwert ergibt sich aus einer Einzelmessung des Signals und ist, wie bereits gesagt, zur Bestimmung statischer Signale ausreichend. Ändert sich die Amplitude des Signals, so kann für eine Aussage über das Signalverhalten über eine bestimmte Zeit der Spitzenwert von Bedeutung sein. Bei der Angabe des Spitzenwertes ist die Abschätzung der Beobachtungsdauer eine wesentliche Kenngröße. Spitzenwerte lassen sich in einfacher Weise durch Spitzenspannungsfolger speichern. Sie können dann anschließend wie statische Signale behandelt werden. Zeitwerte sind bei der Abschätzung der Messintervalle von Bedeutung. Der arithmetische Mittelwert, der quadratische Mittelwert und der Effektivwert lassen sich mithilfe statistischer Methoden aus einer Reihe von Einzelumsetzungen bestimmen.

2.2.7 Statistische Methoden der Signalauswertung

Amplitudenwerte, wie arithmetischer und quadratischer Mittelwert bzw. Effektivwert, sind wesentliche Kenngrößen deterministischer sowie stochastischer Signale. Sie sind besonders aussagekräftig für den Fall, dass keine weiteren statistischen Parameter eines Signals ermittelt werden können oder sollen. Es ist möglich, für Signale beliebiger Art durch eine Integration über die Zeit (bei kontinuierlichen Signalen und analoger Signalverarbeitung) und durch eine Summation (bei diskreten Signalen und digitaler Signalverarbeitung) Zeitmittelwerte zu bilden. Allgemein können folgende Gleichungen geschrieben werden:

$$\bar{x}(t) = \frac{1}{2 \cdot T_m} \cdot \int_{-T_m}^{+T_m} x(t)dt \qquad [1]$$

$$\bar{x}(i) = \frac{1}{n} \cdot \sum_{i=1}^{n} x_i \qquad [2]$$

Gleichung [1] gilt für analoge Signalverarbeitung, für die digitale Signalverarbeitung wird Gleichung [2] herangezogen. Da die Mittelwertbildung nicht über einen unendlichen Zeitraum (Beobachtungsdauer) ausgeführt werden kann, muss man sich in der praktischen Messtechnik mit dem sogenannten Kurzzeitmittelwert begnügen, der ein Schätzwert des theoretischen Zeitmittelwertes ist. Diese Vereinfachung erreicht man durch die Annahme, dass der Signalverlauf x(t) stationär und die Beobachtungsdauer T_m repräsentativ für den gesamten Signalverlauf sind. Die Gleichungen für die Kurzzeitmittelwerte in der analogen [3] und digitalen [4] Signalverarbeitung lauten dann:

$$\bar{x}(t) = \frac{1}{T_m} \cdot \int_0^{T_m} x(t)dt \qquad [3]$$

$$\bar{x}(i) = \frac{1}{n} \cdot \sum_{i=1}^{n} x(i) \qquad [4]$$

Der Fehler, der durch einen Abbruch der Mittelwertbildung am Ende der Beobachtungsdauer entsteht, wird als Abbruchfehler bezeichnet.

2.2.8 Arithmetischer Mittelwert

Der arithmetische Mittelwert oder auch lineare Mittelwert entspricht nach den Definitionsgleichungen [1 und 2] der Urform des Zeitmittelwertes. Setzt man einen stationären Signalverlauf voraus, so ist der Betrag des arithmetischen Mittelwertes gleich dem Betrag des stationären Signals oder, anders ausgedrückt, ein Signal ohne Gleichanteil besitzt einen arithmetischen Mittelwert von $\bar{x}(i) = 0$. Daraus ergibt sich, dass bei der Zeitmittelwertbildung der Gleichanteil von den oszillierenden Rauschkomponenten des Signals getrennt wird. Dieser Effekt kann bei integrierenden Umsetzverfahren genutzt werden.

Man kann zwischen zwei Hauptarten der Mittelwertbildung unterscheiden: der echten Zeitmittelwertbildung und der sogenannten exponentiellen Zeitmittelwertbildung. Bei ersterer unterscheidet man wiederum zwischen der einmaligen Mittelwertbildung und der fortlaufenden Mittelwertbildung. Ein Sonderfall ist die schrittweise Mittelwertbildung, die in digitalen Systemen angewendet wird.

Die echte Zeitmittelwertbildung wird durch die Definitionsgleichungen [3 und 4] vorgegeben. Sie wird durchgeführt anhand einer Integration der Funktion x(t) im Zeitraum der Beobachtung T_m und einer anschließenden Division durch T_m oder in der zweiten Variante durch die Integration der mit $1/T_m$ gewichteten Funktion x(t) im Intervall T_m. Gleich welche Variante angewendet wird: Jeder Rechenvorgang bedeutet eine einmalige Mittelwertbildung, da die Beobachtungsdauer T_m entweder von vornherein bekannt ist oder vor der Messung definiert wird. Die bekannten Nachteile (Übersteuerung oder zu kleiner Eingangspegel) lassen sich mithilfe spezieller Schaltungstechniken umgehen.

2.2.9 Fortlaufende Mittelwertbildung

Eine fortlaufende Mittelwertbildung erhält man durch die Nachbildung einer stetig wachsenden Beobachtungsdauer. Ein Vorteil dieser Methode liegt darin, dass man schon relativ früh ein Ergebnis erhält, das sich mit zunehmender Beobachtungsdauer stetig verbessert, da während der Beobachtungsdauer jeder neue Messwert sofort zur Mittelwertbildung eingesetzt wird. Der Beobachtungsdauer T_m kommt dabei eine besondere Bedeutung zu, und zwar dann, wenn die Signalpegel und damit die Momentanwerte stark schwanken oder im Spezialfall die Schwankungen periodisch sind. Für letzteres kann beispielsweise eine Aussiebung des periodischen Signals erfolgen, wenn die Beobachtungsdauer und die Periodenzeit des überlagerten Signalanteils gleich sind: $T_m = 1/f_ü$. Hier wird x = 0, weil sich die positiven und die negativen Signalanteile gegenseitig aufheben. Die zeitliche Zuordnung vom Phasengang des Signals und die Lage des Beobachtungsfensters sind dabei ohne Bedeutung (*Abb. 2.6*).

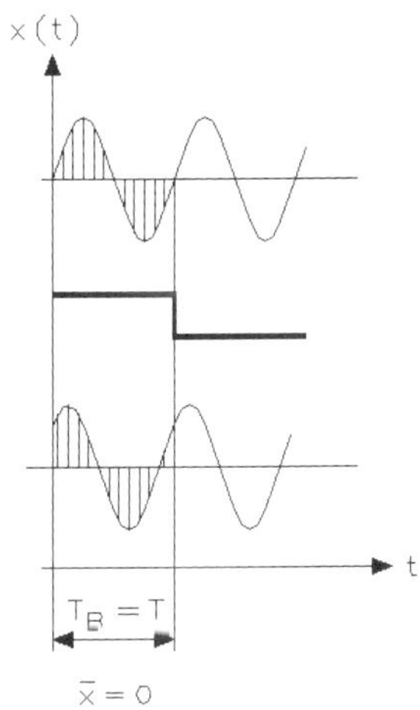

Abb. 2.6: Phasengang und Beobachtungsfenster bei $T_B = T$

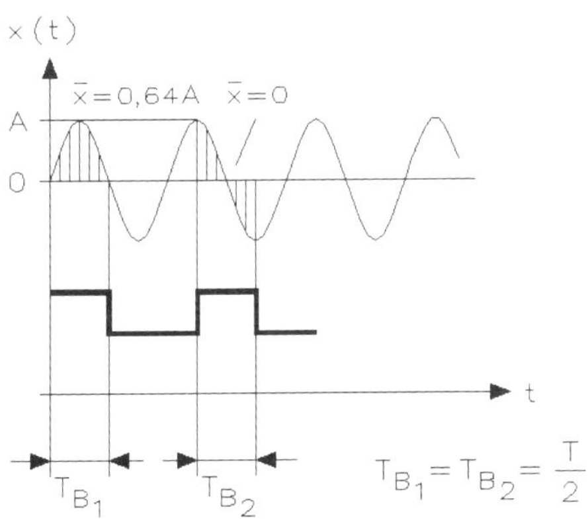

Abb. 2.7: Phasengang und Beobachtungsfenster bei $T_B = T/2$

Wie *Abb. 2.7* zeigt, wird die zeitliche Zuordnung bei einer Verkleinerung der Beobachtungszeit wichtig. Je nach Phasenlage des Beobachtungsfensters kann der Mittelwert zwischen dem Extremwert x = 0,64 und x = 0 schwanken. Zur Fehlerverringerung muss entweder die Beobachtungszeit erhöht oder es müssen mehrere Integrationen in bestimmten zeitlichen Abständen hintereinander durchgeführt werden (Mehrfachmessung). Bei periodischen Signalen müssen die Wiederholungen der Einzelmessungen in periodischen Abständen erfolgen, was bei stochastischen Signalen nicht notwendig ist.

2.2.10 Schrittweise Mittelwertbildung

Bei der schrittweisen Mittelwertbildung wird das Signal in definierten zeitlichen Abständen abgetastet und am Schluss der Messung der Mittelwert aus den einzelnen Abtastwerten gebildet. Bei einem Einsatz von Mikrocontrollern kann die Mittelwertbildung bereits während der laufenden Messung durchgeführt werden. Das geschieht nach der Abtastung durch eine AD-Umsetzung mit einer anschließenden mathematischen Verarbeitung durch den Mikrocontroller anhand des vorgegebenen Systemalgorithmus. Eine besondere Beziehung bei dieser Methode besteht zwischen dem Signalverhalten und den zeitlichen Abständen der Einzelabtastungen.

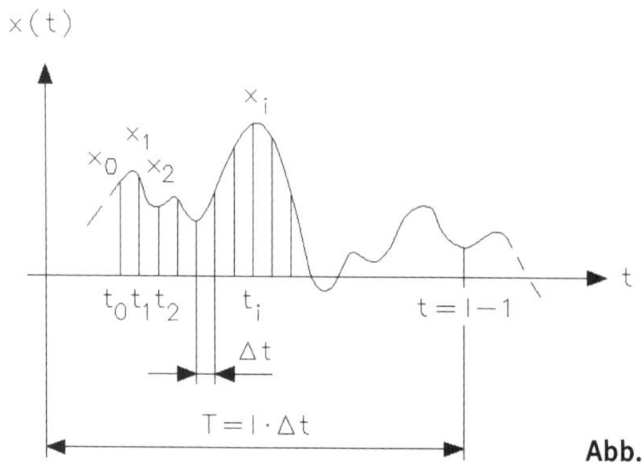

Abb. 2.8: Abtastung eines Signals

Ein mit Rauschen überlagertes stationäres Signal x(t) nach *Abb. 2.8* soll über die Zeitspanne T_m gemessen werden. Setzt man für die Zeitabstände zwischen den Einzelabtastungen Δt (der Abstand Δt wird dabei durch die Nyquistfrequenz des Rauschens bestimmt), dann ergibt sich:

$$t_i = t_0 + i\Delta t \quad \text{mit} \quad t = 1/2 \cdot f_{Ny}$$

Der Startpunkt der Messung liegt bei t = 0 und der Endpunkt bei t = I – 1. Die Anzahl der Einzelabtastungen (I) ist abhängig von der geforderten Genauigkeit des Messergebnisses. Der Einzelmesswert zum Zeitpunkt (i) bestimmt sich dann durch:

$$x_i = x(t_0 + i\Delta t)$$

Damit lässt sich der Mittelwert für alle Abtastungen berechnen:

$$\overline{x} = \frac{1}{I} \cdot \sum_{i=1}^{I} x_i \qquad [5]$$

In Anwendungsfällen, bei denen eine Reihe von Messwerten miteinander verglichen werden sollen (Messwerttabelle), empfiehlt es sich, mit einem transformierten Mittelwert zu arbeiten. Dazu werden die einzelnen Messergebnisse so umgeformt, als ob der Mittelwert über alle Messergebnisse gleich Null ist.

$$x^*(t) = x(t) - x$$
$$x^*(i) = x(t_0 + n\Delta t)$$
$$x^*(i) = x_i - x \qquad \text{mit } x = 0$$

Die Standardabweichung der transformierten Mittelwerte über I-Messungen pro Mittelwert ist dann:

$$S = \left[\sum_{i=1}^{I} \frac{(x_i^*)^2}{I-1}\right]^{1/2} \qquad [6]$$

Da nach der eingangs besprochenen Definition Zeitmittelwerte fehlerbehaftet sind (Abbruchfehler), d. h., im Sinn der Statistik Schätzwerte sind, sind sie für eine Angabe des Mittelwertes des Betrags für den mittleren Fehler dennoch wichtig. Dieser kann durch die folgende Gleichung bestimmt werden:

$$S_m = \frac{S}{\sqrt{I}} \qquad [7]$$

Hieraus lässt sich ablesen, dass die Schwankungen der Mittelwerte um so kleiner werden, je mehr Messungen zur Mittelwertbildung herangezogen werden. Pro Erhöhung der Einzelmesswerte um den Faktor 100 verringern sich die Schwankungen des Mittelwertes (x) um eine Dekade (1/10). Diese Gesetzmäßigkeit wird auch oft als $1/\sqrt{2}$-Gesetz bezeichnet.

2.2.11 Quadratischer Mittelwert

Der quadratische Mittelwert kann entweder durch eine fortlaufende oder durch eine schrittweise Mittelwertbildung nach folgender Gleichung berechnet werden:

$$\overline{x^2} = \frac{1}{I} \cdot \sum_{i=1}^{I} x_i^2 \qquad [8]$$

Es ist zu erkennen, dass der Mittelwert aus den quadratischen Momentanwerten gebildet wird und deshalb unabhängig vom Vorzeichen ist. Der quadratische Mittelwert ist ein bedeutender Parameter zur Beurteilung der Dynamik von Signaländerungen und spielt deshalb bei der Signalanalyse eine wichtige Rolle. Er kann außerdem zur Berechnung des Effektivwertes eingesetzt werden.

2.2.12 Effektivwert

Folgende Gleichung wird zur Berechnung des Effektivwertes eines Signals angewendet:

$$x_{eff} = \sqrt{\frac{\sum_{i=1}^{I} x_i^2}{I}} \qquad [9]$$

Der Definition nach erzeugt der Effektivwert eines dynamischen Signals die gleiche Wärmewirkung wie der Effektivwert eines stationären Signals.

2.2.13 Abtasttheorem und Aliasing

Unter Aliasing – manchmal auch als Bandüberlappungseffekt bezeichnet – versteht man eine unerwünschte Spiegelung höherer Frequenzlinien in das Frequenzspektrum des Eingangssignals. Dieser Effekt tritt bei jedem Messverfahren auf, das auf einer gleichmäßigen Entnahme von Stichproben aus einem kontinuierlichen Vorgang besteht. In der Optik ist diese Rückwirkung auch als Stroboskop-Effekt bekannt.

Bei der Aufgabe, ein kontinuierliches Signal zu digitalisieren, ergibt sich als erstes das Problem der Festlegung des zeitlichen Abstands, mit dem die Stichproben aus dem Signal entnommen werden sollen, d. h. die Festlegung der Abtastintervalle. Werden diese Intervalle zu eng gewählt, so haben die einzelnen Stichproben eine unnötig hohe Redundanz zueinander und verteuern zudem den gesamten Messaufbau. Werden die Abstände zu groß gewählt, so gehen Signalinformationen verloren, und das Ursprungssignal kann nur noch ungenau rekonstruiert werden. In *Abb. 2.9* ist der typische Anwendungsfall der Abtastung eines dynamischen Signals dargestellt. Aus der Abbildung lässt sich erkennen, dass das Ergebnis der Abtastung als eine Multiplikation des Originalsignals mit dem Abtastsignal aufgefasst werden kann. Unter diesem Gesichtspunkt ist eine Darstellung des Summensignals im Frequenzgang von besonderer Bedeutung.

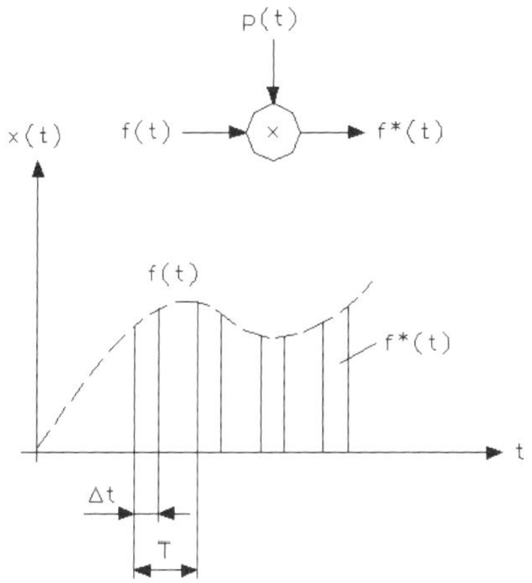

Abb. 2.9: Abtastung eines dynamischen Signals

Da die Reihe der Abtastimpulse eine periodische Funktion ist, lässt es sich als Fourierreihe beschreiben:

$$p(t) = \sum_{n=-\infty}^{n=+\infty} \vec{c}_n^{\,i(n\omega_0 t)} \qquad [10]$$

mit $\omega = 2\pi/T$ als Kreisfrequenz des Abtastsignals. Mit der Abtastkreisfrequenz ω_0 lässt sich das Summensignal wie folgt beschreiben:

$$f^*(t) = \sum_{n=-\infty}^{n=+\infty} \vec{c}_n x(t) e^{i(n\omega_0 t)} \qquad [11]$$

Mit Hilfe des Verschiebungssatzes wird die Laplace-Transformierte $x^*(s)$ des Summensignals $f^*(t)$ gebildet:

$$x^*(s) = \sum_{n=-\infty}^{n=+\infty} \vec{c}_n x^{(s-in\omega_0)} \qquad [12]$$

Durch die Transformierte x(s) wird eine unverfälschte Beschreibung des Originalsignals f(t) wiedergegeben. Für den Sonderfall n = 0 wird x(s) nun durch die Multiplikation mit c_0 neu normiert. Da der Fourierkoeffizient c_0 der Abtastimpulsreihe bekannt ist, ließe sich damit eigentlich x(s) in einfacher Weise rekonstruieren, wenn nicht die Signalinformation durch weitere Summanden ($\vec{c}_0$ x(s)) verfälscht werden würde. Diese Mischprodukte sind die eigentlichen auslösenden Momente des Aliasingeffektes. In *Abb. 2.10* ist eine Impulsreihe entsprechend *Abb. 2.8* mit den zugehörigen Fourierkoeffizienten c_n aufgetragen. *Abb. 2.11* und *Abb. 2.12* zeigen das Verhalten des Summensignals für die beiden Sonderfälle $\omega_0/2 < 1/T$ und $\omega_0/2 > 1/T$.

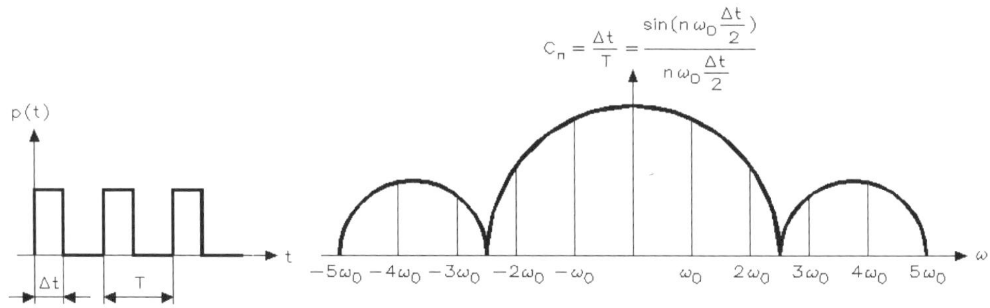

Abb. 2.10: Abtastfrequenz und Fourierkoeffizient C_n

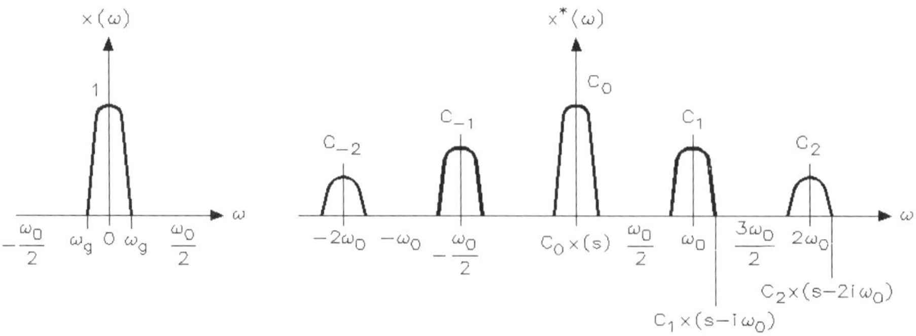

Abb. 2.11: Spektrale Amplitudendichte des unverfälschten und des Summensignals mit $\omega_0 < \omega_0/2$

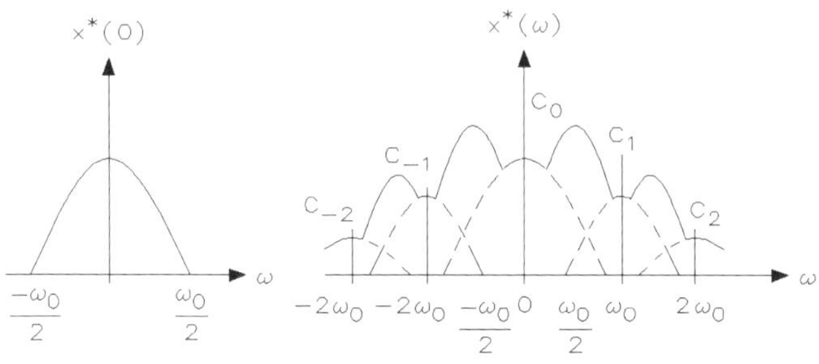

Abb. 2.12: Spektrale Amplitudendichte des unverfälschten und des Summensignals mit $\omega_0 > \omega_0/2$

Im ersten Fall zeigt sich, dass zusätzliche Spektrallinien höherer Ordnung auftreten. Diese Verfälschung des Originalsignals kann durch geeignete Filter bei der Rekonstruktion (DA-Umsetzung) des Signals verhindert werden. Im zweiten Fall überlagern sich die Mischprodukte nach Gleichung [12], da das ursprüngliche Amplitudenspektrum die Frequenz $\omega_0/2$ überschreitet. Die durch diese Gegebenheit auftretende Signalverfälschung lässt sich durch ein nachgeschaltetes Filter nicht korrigieren. Letzteres ist auch ein Beleg für das Abtasttheorem nach Shannon, welches besagt, dass die Abtastfrequenz mindestens doppelt so groß wie die obere Grenzfrequenz des Signals sein muss.

Bei dieser Behauptung muss beachtet werden, dass die Abtastfrequenz mindestens um ein Quantum größer sein muss als das Doppelte der höchsten Teilfrequenz des Eingangssignals, wie *Abb. 2.13* zeigt. Bei diesem angenommenen Fall wären alle Abtastwerte gleich Null, d. h. die Signalinformation würde verloren gehen. Außerdem ist hervorzuheben, dass die Grenzfrequenz nicht der höchsten umzusetzenden Frequenz entspricht, sondern dass damit die höchste im Eingangssignal enthaltene Frequenzkomponente gemeint ist. Durch eine Überlagerung der Seitenbänder aufgrund der Abtastung würde also ohne eine entsprechende Begrenzung der Bandbreite des Eingangssignals eine Verfälschung des Amplitudenspektrums innerhalb des umzusetzenden Frequenzbereiches eintreten.

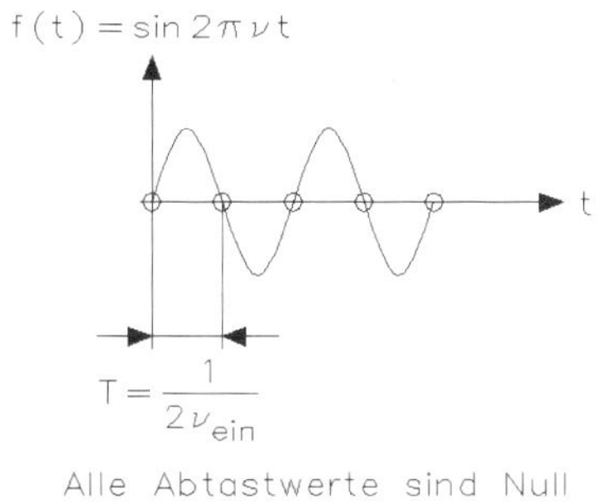

Abb. 2.13: Abtastfrequenz

Von besonderer Bedeutung ist das Abtasttheorem dadurch, weil durch eine mathematische Beweisführung bewiesen wird, dass eine Digitalisierung periodischer und nicht periodischer Signale mit einer definierten Abtastfrequenz möglich ist, ohne dass ein Informationsverlust eintritt, obwohl Signaländerungen ignoriert werden, die zwischen den einzelnen Abtastungen auftreten. Die Hälfte der Abtastfrequenz wird in der Literatur auch als Nyquistfrequenz oder als Faltungsfrequenz bezeichnet. Mit dem Abtasttheorem lässt sich auch für den Zeitbereich die minimale Messdauer für ein bestimmtes Signal definieren. Liegt ein interessierender Frequenzbereich des Eingangssignals zwischen 0 Hz und der Bandbreite B, so bestimmt sich die minimale Messdauer der Abtastreihe, die zur Erfassung bzw. zur Rekonstruktion des Signals nötig ist, mit:

$$T > \frac{1}{2 \cdot B} [Hz]$$

Die Inhärenz des Abtastprozesses der Fremdüberlagerung (Aliasing) macht die Gründe verständlich, warum in den meisten Anwendungsfällen ein Antialiasing-Filter vor den AD-Wandler geschaltet werden muss. Auch für den Fall, dass ein Signal mithilfe eines idealen AD-Wandlers digitalisiert wird (Umsetzzeit gleich

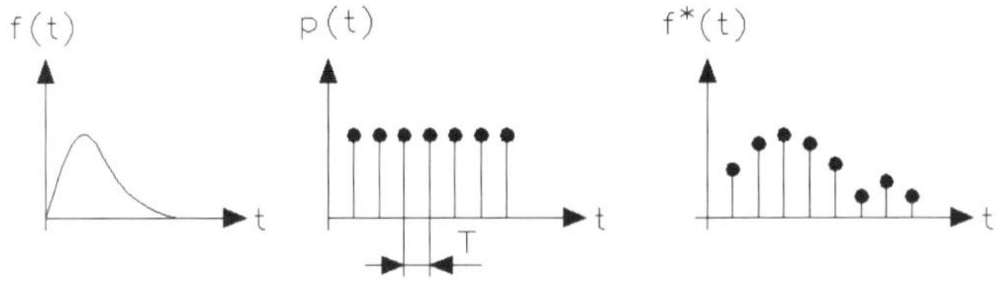

Abb. 2.14: Ideale Abtastung eines Signals f(t) mit p(t) und resultierendes Signal f*(t)

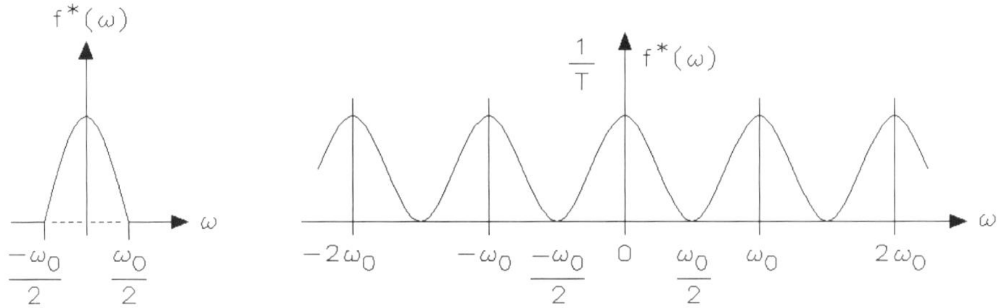

Abb. 2.15: Amplitudenspektren des Original- und des abgetasteten Signals

Null), tritt dieser Fehler auf, wie *Abb. 2.14* und *Abb. 2.15* zeigen. Lediglich die Seitenbänder werden auf der Frequenzachse verschoben.

Die durch die periodische Abtastung des Eingangssignals erzeugten Fehler – sie treten, wie gesagt, auch bei einer idealen Abtastung auf – können nur durch zwei Verfahren vermieden werden. Zum einen kann die Abtastfrequenz so groß gewählt werden, dass sie mit Sicherheit doppelt so groß wie die höchste im Signal enthaltene Teilfrequenz ist. Bei der Digitalisierung dynamischer Signale ist diese Methode kaum praktikabel. Deshalb wird der Anwender in fast allen Fällen von der Möglichkeit der Vorschaltung eines Antialiasing-Filters Gebrauch machen. Geeignete Filter sind Tiefpässe mit einer sehr großen Flankensteilheit, deren Grenzfrequenzen von der höchsten zu erfassenden Frequenzkomponente des umzusetzenden Signals bestimmt werden.

An die Güte eines idealen Antialiasing-Filters sind besonders hohe Anforderungen zu stellen. Im Einzelnen können die Forderungen wie folgt aufgestellt werden:

1. Der Frequenzgang sollte im Durchlassbereich geradlinig sein, ohne Restwelligkeiten an der oberen Grenzfrequenz.
2. Möglichst kein Überschwingen des Amplitudenganges.
3. Im Durchlassbereich eine geringe Phasendrehung.
4. Eine große Flankensteilheit oberhalb der oberen Grenzfrequenz.
5. Eine hohe Sperrdämpfung.
6. Vernachlässigbare Gruppenlaufzeiten.
7. Minimaler Klirrfaktor.
8. Die Eigenstörspannung muss unterhalb des Systemrauschens liegen.

Mit passiven Filterelementen sind diese Bedingungen in der Summe nicht zu erfüllen, sodass nur ein Einsatz von aktiven Filtern in Frage kommt. Eine andere Möglichkeit, die sich durch die Entwicklung moderner, hochintegrierter Schaltungen neuerdings anbietet, ist der Einsatz eines digitalen Filters. Ein digitales Filter ließe sich entweder als Hardwarelösung oder, bei weniger kritischen Zeitbedingungen, als Softwarelösung realisieren. Dieser Typ von Antialiasing-Filter müsste allerdings im Gegensatz zu analogen Filtern an den Ausgang des AD-Wandlers geschaltet werden. Sofern die Daten als bitserieller Datenstrom vorliegen, können digitale Filter auch mithilfe geschalteter Kapazitäten realisiert werden.

2.3 Bau und Programmierung eines digitalen TTL-Messkopfes

Der „Worst-Case"-Störspannungsabstand lässt sich mit dem digitalen TTL-Messkopf erfassen und in der 7-Segment-Anzeige ausgeben. Beträgt die Eingangsspannung an einem TTL-Baustein zwischen 0 V und 800 mV, gibt die Anzeige ein L für „Low" aus. Ist die Eingangsspannung größer als 2,00 V, steht in der Anzeige ein H für „High". Befindet sich die Spannung zwischen 800 mV und 2,00 V, erscheint in der Anzeige „-" und der Störabstand wird angezeigt. *Abb. 2.16* zeigt die Schaltung.

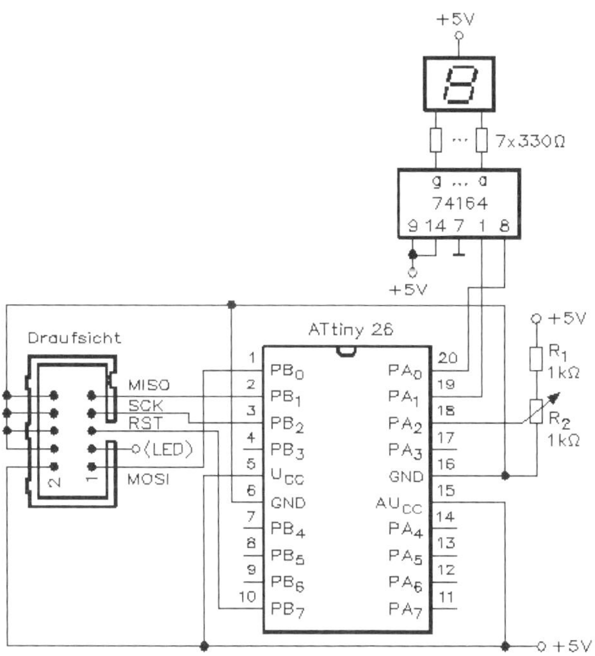

Abb. 2.16: Schaltung eines digitalen TTL-Messkopfes

Mittelpunkt der Schaltung ist der ATtiny26 in seinem 20-poligen DIL-Gehäuse. An Port PB0 (Pin 1) ist der MOSI-Eingang für den 10-poligen Wannenstecker angeschlossen. Hier erhält der Mikrocontroller seine seriellen Daten von dem USB-Programmer. Über Port PB1 (Pin 2) gibt der Mikrocontroller seine seriellen Daten an den USB-Programmer aus. Wichtig ist Port PB2 (Pin 3) für das Taktsignal. Der Pin 5 ist die Betriebsspannung VCC ($+U_b$) für den Mikrocontroller. Da die Versuche in diesem Buch nicht den hohen industriellen Ansprüchen genügen müssen, wird der AVCC-Anschluss (Pin 15) für die internen analogen Einheiten direkt mit VCC ($+U_b$) verbunden. Pin 6 ist der Masseanschluss GND für den Mikrocontroller und auch dieser Anschluss wird mit dem AGND-Pin (Pin 16) direkt verbunden. Für den USB-Programmer ist noch die Verbindung zum Port PB7 (Pin 10) herzustellen, damit die Kommunikation zwischen den beiden Gehäusen automatisch zurückgesetzt werden kann.

Am Port PA0 (Pin 20) gibt der ATtiny26 sein Taktsignal für das Schieberegister 74164 aus. Das Taktsignal des ATtiny26 steuert direkt den Taktanschluss des Schieberegisters an. Die seriellen Daten gibt der ATtiny26 über Port PA1 (Pin 19) aus und die Daten liegen an Pin 1 (serieller Dateneingang A). Wichtig ist neben den

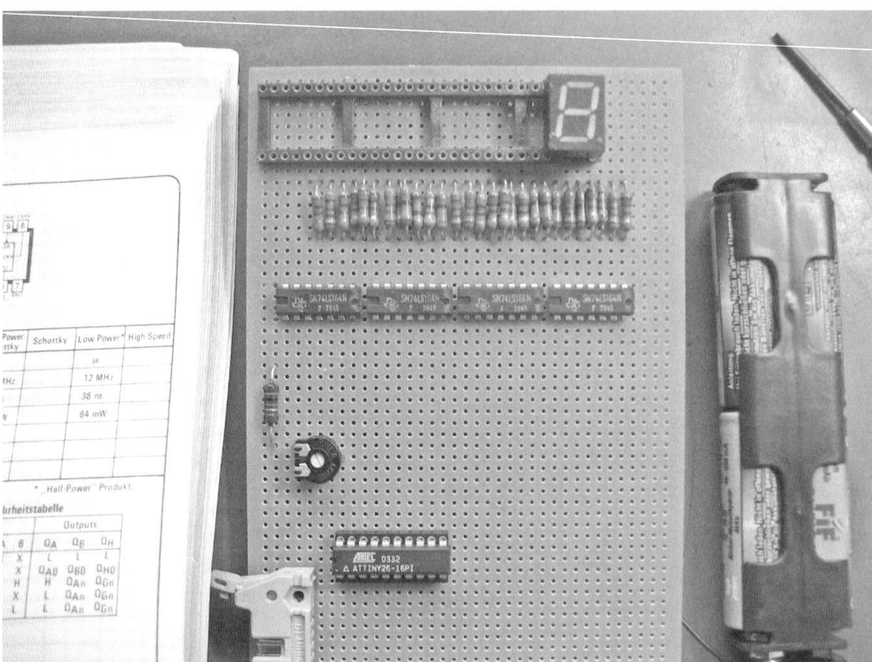

Abb. 2.17: Schaltung eines digitalen TTL-Messkopfes mit dem ATtiny26

beiden Anschlüssen +U (Pin 14) und Masse (Pin 7) die Verbindung von Pin 9 nach Pin 14. Pin 9 ist der „Clear"-Eingang zum Löschen der acht Schieberegister-Flipflops. Ist dieser Eingang nicht auf +5 V, kann das Schieberegister nicht ordnungsgemäß arbeiten.

An den Ausgängen des Schieberegisters wird die 7-Segment-Anzeige mit gemeinsamer Anode angeschlossen, wobei noch sieben Widerstände für die Strombegrenzung notwendig sind. An der gemeinsamen Anode wird +5 V angeschlossen.

Die Messspannung soll zwischen 0 V und 2,55 V an Port PA2 (Pin 18) für den ATtiny26 betragen. Der Widerstand von 1 kΩ und das Potentiometer mit 1 kΩ stellen den Spannungsteiler dar.

Abb. 2.18 zeigt das „main"-Programm für den digitalen TTL-Messkopf. Dieses Programm ist in acht Abschnitte unterteilt. Der Analog-Digital-Wandler ist mit Pin PA2 verbunden und daher muss dieser Kanal adressiert werden. Außerdem soll der A2-Kanal im „single ended"-Modus mit einer Auflösung von acht Bit arbeiten. Der Wandler selbst setzt mit 9,615 kHz um. Die erste Messung wird nach der Erfassung komplett gelöscht, da sie oft vom eigentlichen Wert abweicht. Die nächsten vier Messungen werden erfasst und hieraus wird der Mittelwert gebildet. Zu diesem

```
; mainprogram
main:
    cpi   stavec,$03
    brne  main

    ; measurement done, result in AVH:AVL
    lds   hlp0,AVL
    ldi   acc0,$08
    add   acc0,hlp0
    lds   hlp0,AVH
    adc   hlp0,r0
    andi  acc0,$F0
    or    acc0,hlp0
    swap  acc0
    cpi   acc0,81
    brsh  gt08
    ldi   ZL,$20
    rjmp  display
gt08:
    cpi   acc0,201
    brsh  gt20
    ldi   ZL,$21
    rjmp  display
gt20:
    ldi   ZL,$22
display:
    lpm   sacc0,Z
    rcall byteout

    cbr   stavec,$03
    ; restart ADC
    sts   AVH,r0
    sts   AVL,r0
    ldi   acc0,(1<<ADEN)|(1<<ADSC)|(1<<ADIF)|(1<<ADIE)|(1<<ADPS1)|(1<<ADPS0)
    out   ADCSR,acc0

    rjmp main

byteout:
    ldi sacc1, $08
byteout_next:
    cbi PORTA, 0
    lsl sacc0
    brcs byteout_1
    cbi PORTA, 1
    rjmp byteout_2
byteout_1:
    sbi PORTA, 1
byteout_2:
    sbi PORTA, 0
    dec sacc1
    brne byteout_next
    cbi PORTA, 0
    ret
```

Abb. 2.18: Programm für den digitalen TTL-Messkopf

Zweck werden die vier Messungen in das AVH- und AVL-Register geladen. Die beiden Register befinden sich im SRAM-Speicher des Mikrocontrollers.

Mit „lds hlp0, AVL“ wird der Inhalt des AVL-Registers aus dem SRAM-Speicher des Mikrocontrollers gespeichert. Danach wird der Akkumulator mit dem Wert 08 geladen und der Inhalt des Akkumulators mit dem „hlp0“-Wert addiert. Mit „lds hlp0, AVH“ wird der Inhalt des AVH-Registers aus dem SRAM-Speicher des Mikrocontrollers gespeichert. Danach erfolgt eine Addition unter Berücksichtigung des Carrybits zwischen Register r0 und dem „hlp0“-Register. Anschließend wird der Inhalt des Akkumulators mit einer Konstanten von F0 addiert und dann der Inhalt des Akkumulators mit dem „hlp0“-Register mit ODER verknüpft. Mit dem „swap“-Befehl wird das höherwertige mit dem niederwertigen Nibble im Akkumulators ausgetauscht. Dieser Befehl kann auch als 4-Bit-Schieberegisterbefehl betrachtet werden. Danach wird der Akkumulator mit dem Wert 81 verglichen. Der Wert 81 stellt die Grenze zwischen dem L-Pegel (0...80) und dem undefinierten Bereich (ab 81) der Eingangsspannung dar. Ist der Wert gleich oder größer, wird auf das Programm „gt08“ gesprungen. Ansonsten wird der Inhalt des ZL-Registers mit der Konstanten 20 geladen. Danach folgt ein Sprung auf „display“ und mit der Ausgabe des Buchstabens L wird begonnen, wie Tabelle 2.3 zeigt.

Symbol	**Segmente**							**Hexadezimale Darstellung**
	g	**f**	**e**	**d**	**c**	**b**	**a**	
L	1	0	0	0	1	1	1	87
–	0	1	1	1	1	1	1	7F
H	0	0	0	1	0	0	1	11

Tabelle 2.3: Ansteuerung einer 7-Segment-Anzeige mit gemeinsamer Anode

Im Programmabschnitt „gt08“ wird zuerst der Akkumulator mit dem Wert 201 verglichen. Der Wert 201 stellt die Grenze zwischen dem undefinierten Bereich zwischen 81 und 200 und dem H-Pegel (201 bis 255) dar. Ist der Wert gleich oder größer, wird auf das Programm „gt20“ gesprungen. Wenn nicht, wird das ZL-Register mit dem Wert 21 geladen und danach folgt ein Sprung auf „display“ mit der Ausgabe des Minussymbols (undefinierter Spannungsbereich).

Im Programmabschnitt „gt20“ wird nur das ZL-Register mit der Konstanten 22 geladen.

Im Programmabschnitt „display“ wird der Akkumulator mit „lpm sacc0, Z“ geladen. Danach folgt ein Aufruf der Subroutine. Mit „cbr stavec, $03“ wird der Statusvektor auf den Wert 3 gesetzt. Mit „sts AVH, r0“ wird das Register r0 mit dem höheren Bytewert direkt im SRAM-Speicher unter „AVH“ und mit „sts AVL, r0“ wird das Register r0 mit dem niedrigen Bytewert direkt im SRAM-Speicher unter „AVL“

abgelegt. Nach dem Laden des Akkumulators mit den sechs Registern des Analog-Digital-Wandlers wird der Akkumulator in das „ADCSR“-Register übergeben und dann erfolgt ein Rücksprung auf „main“.

Die letzten vier Programmabschnitte dienen der Ausgabe für die einstellige 7-Segment-Anzeige mit dem Schieberegister 74164. Die Arbeitsweise und die Schiebefunktionen wurden bereits beschrieben.

2.4 Programmierung eines digitalen Thermometers von 0 °C bis 99 °C

Die Erfassung der Temperatur ist in zahlreichen Prozessen von überragender Bedeutung, man denke an Schmelzen, chemische Reaktionen, Lebensmittelverarbeitung usw. So unterschiedlich die genannten Bereiche sind, so verschieden sind auch die Aufgabenstellungen an die Temperatursensoren, ihre physikalischen Wirkungsprinzipien und technische Ausführung.

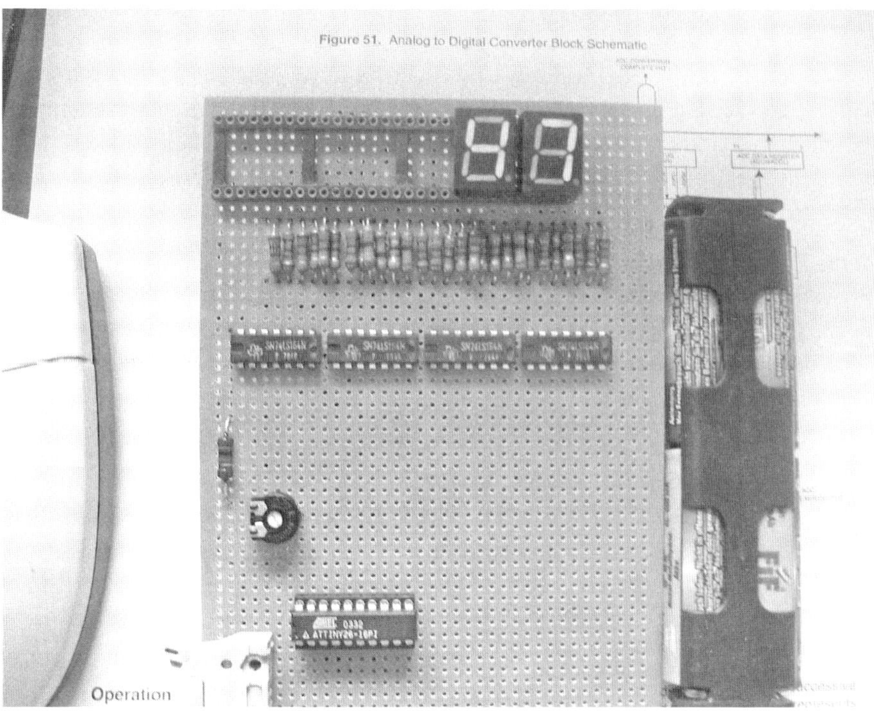

Abb. 2.19: Hardware für ein digitales Thermometer von 0 °C bis 99 °C

In Industrieprozessen ist der Messort vielfach weit vom Ort der Anzeige entfernt, da beispielsweise bei Schmelz- und Glühöfen die Prozessbedingungen dies erfordern oder eine zentrale Messwerterfassung gewünscht ist. Häufig ist auch eine weitere Verarbeitung des Messwertes in Reglern oder Registriergeräten gefordert. Hier eignen sich keine direkt anzeigenden Thermometer, wie man sie aus dem Alltag kennt, sondern nur solche, welche die Temperatur in ein anderes, ein elektrisches Signal umformen.

Für Messobjekte, die eine Berührung gestatten, eignen sich neben anderen Messmethoden besonders Thermoelemente und Widerstandsthermometer. Sie finden in sehr großer Stückzahl Anwendung und werden beispielsweise für die Messung in Gasen, Flüssigkeiten, Schmelzen, Festkörpern an ihrer Oberfläche und im Inneren benutzt. Genauigkeit, Ansprechverhalten, Temperaturbereich und chemische Eigenschaften bestimmen die verwendeten Sensoren und Schutzarmaturen.

Widerstandsthermometer nutzen die Tatsache, dass der elektrische Widerstand eines elektrischen Leiters mit der Temperatur variiert. Es wird zwischen Kalt- und Heißleitern unterschieden. Während bei den Kaltleitern der Widerstand mit wachsender Temperatur ansteigt, nimmt er bei den Heißleitern ab.

Zu den Kaltleitern zählen fast alle metallischen Leiter. Als Metalle kommen dabei vorwiegend Platin, Nickel, Iridium und nicht dotiertes Silizium zum Einsatz. Die weiteste Verbreitung hat dabei das Platin-Widerstandsthermometer gefunden. Die Vorteile liegen unter anderem in der chemischen Unempfindlichkeit dieses Metalls, was die Gefahr von Verunreinigungen durch Oxidation und andere chemische Einflüsse vermindert.

Platin-Widerstandsthermometer sind die genauesten Sensoren für industrielle Anwendungen und weisen auch die beste Langzeitstabilität auf. Als Richtwert kann für die Genauigkeit beim Platin-Widerstand ±0,5 Prozent von der Messtemperatur angegeben werden. Nach einem Jahr kann auf Grund von Alterungen eine Verschiebung um ±0,05 K auftreten.

Heißleiter sind Sensoren aus bestimmten Metalloxiden, deren Widerstand mit wachsender Temperatur abnimmt. Man spricht von Heißleitern, da sie erst bei höheren Temperaturen eine gute elektrische Leitfähigkeit besitzen. Da die Temperatur/Widerstands-Kennlinie fällt, spricht man auch von einem NTC-Widerstand (Negativer Temperature Coefficient).

Wegen der Natur der zugrundeliegenden Prozesse nimmt die Zahl der Leitungselektronen mit wachsender Temperatur exponentiell zu, sodass die Kennlinie durch einen stark ansteigenden Verlauf charakterisiert ist.

Diese starke Nichtlinearität ist ein großer Nachteil der NTC-Widerstände und schränkt die zu erfassenden Temperaturbereiche auf ca. 50 Kelvin ein. Zwar ist eine Linearisierung durch eine Reihenschaltung mit einem rein ohmschen Widerstand von etwa zehnfachem Widerstandswert möglich, Genauigkeit und Linearität genügen jedoch über größere Messspannen meist nicht den Anforderungen. Auch die Drift bei Temperaturwechselbelastungen ist höher als bei den anderen aufgezeigten Verfahren. Wegen des Kennlinienverlaufes sind sie empfindlich gegenüber Eigenerwärmung durch zu hohe Messströme. Ihr Aufgabengebiet liegt in einfachen Überwachungs- und Anzeigeanwendungen, wo Temperaturen bis 200 °C auftreten und Genauigkeiten von einigen Kelvin hinreichend sind. In derartig einfachen Anwendungsfällen sind sie allerdings wegen ihres niedrigen Preises und durch die vergleichsweise einfache Folgeelektronik den teureren Thermoelementen und (Metall-)Widerstandsthermometern überlegen. Auch lassen sich sehr kleine Ausführungsformen mit kurzen Ansprechzeiten und geringen thermischen Massen realisieren.

Thermoelementen liegt der Effekt zugrunde, dass sich an der Verbindungsstelle zweier unterschiedlicher Metalle eine mit der Temperatur zunehmende Spannung ausbildet. Sie haben gegenüber Widerstandsthermometern den eindeutigen Vorteil einer höheren Temperatur-Obergrenze von bis zu mehreren tausend Grad Celsius. Ihre Langzeitstabilität ist demgegenüber schlechter (einige Kelvin nach einem Jahr), die Messgenauigkeit etwas geringer (im Mittel ±0,75 % vom Messbereich).

NTC-Widerstände weisen einen negativen Temperaturkoeffizienten auf, d. h., ihr Widerstand nimmt mit steigender Temperatur ab und sie werden daher auch als Heißleiter bezeichnet. Bei den Heißleitern erhöht sich mit steigender Temperatur die Zahl der freien Ladungsträger, wodurch die Leitfähigkeit zunimmt. Der Temperaturkoeffizient von Heißleitern liegt bei Zimmertemperatur zwischen $-30 \cdot 10^{-3}$ 1/K und $-55 \cdot 10^{-3}$ 1/K. Der Temperaturkoeffizient hat nicht nur ein anderes Vorzeichen als bei Metallen, er ist im Mittel auch um den Faktor 10 größer, d. h., der Widerstandswert ändert sich bereits bei geringen Temperaturschwankungen.

NTC-Widerstände werden aus Eisen-, Nickel- und Kobaltoxiden hergestellt, denen zur Erhöhung der Stabilität noch andere Oxide zugesetzt werden. Die Oxidmasse wird zusammen mit plastischen Bindemitteln bei hohen Temperaturen unter hohem Druck zusammengepresst (gesintert). Bei NTC-Widerständen sind drei Bauformen üblich: scheibenförmige, stabförmige und Zwerg-NTC-Widerstände.

Heißleiter werden in vielen unterschiedlichen Bauformen hergestellt. Die Bauformen hängen von der Belastbarkeit dem Temperaturverhalten und dem thermischen Zeitverhalten ab.

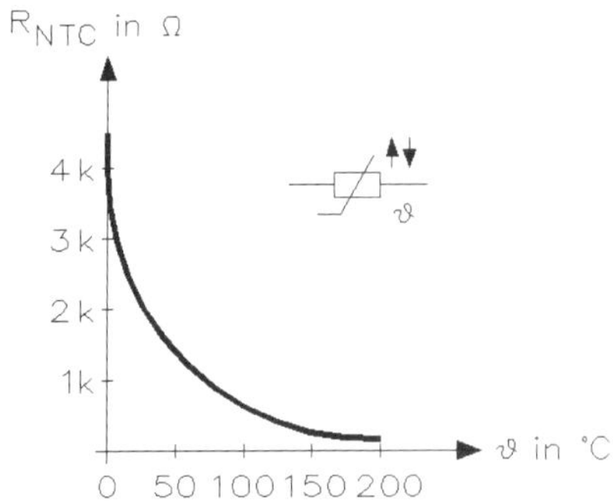

Abb. 2.20: Kennlinie eines NTC-Widerstands

Abb. 2.20 zeigt die Kennlinie eines NTC-Widerstands, der durch die Umgebungstemperatur erwärmt wird. Bei der linearen Darstellung sind die Widerstandsverhältnisse bei Temperaturen oberhalb von 100 °C nicht mehr ablesbar, weshalb in Datenbüchern die Kennlinien halblogarithmisch dargestellt werden.

Ein NTC-Widerstand kann nicht nur durch die Umgebungstemperatur, sondern auch durch elektrische Belastung erwärmt werden. Da sich mit ändernder elektrischer Belastung auch der Widerstand ändert, ergibt sich eine typische stationäre Strom/Spannungskennlinie für NTC-Widerstände. Diese Kennlinie heißt stationär, weil nach jeder Belastungsänderung mit dem Ablesen der Messwerte gewartet werden muss, bis ein thermisches Gleichgewicht mit der Umgebung besteht. Bei kleiner elektrischer Leistung ist die Erwärmung vernachlässigbar und der NTC-Widerstand verhält sich wie ein ohmscher Widerstand d. h. die Kennlinie verläuft geradlinig. Sobald die Leistung so groß wird, dass der NTC-Widerstand ca. 20 K bis 50 K wärmer als die Umgebung ist, wird die Widerstandsabnahme so groß, dass der Strom stark ansteigt, obwohl die Spannung kleiner wird.

NTC-Widerstände werden eingesetzt zur Temperaturmessung und Temperaturkompensation, zur Unterdrückung von Einschaltstromstößen, zur Beeinflussung von Relaisschaltzeiten, zur Amplitudenstabilisierung in Verstärkern und Stabilisierung kleiner Spannungen, zur Effektivwertmessung von nicht sinusförmigen hochfrequenten Wechselströmen und als ferngesteuerte Stellglieder in Steuerungen und Regelungen.

Wenn man die Schaltung von *Abb. 2.21* aufbaut, ergeben sich keine Schwierigkeiten. Die Anzeige wird um eine Stelle nach links durch ein Schieberegister 74164 erweitert. Der Spannungsteiler besteht aus einem Widerstand mit 4,7 kΩ und dem NTC-Widerstand B57421V2152H062 von EPCOS. Wahlweise kann für diese Schaltung auch ein Potentiometer mit 5 kΩ verwendet werden.

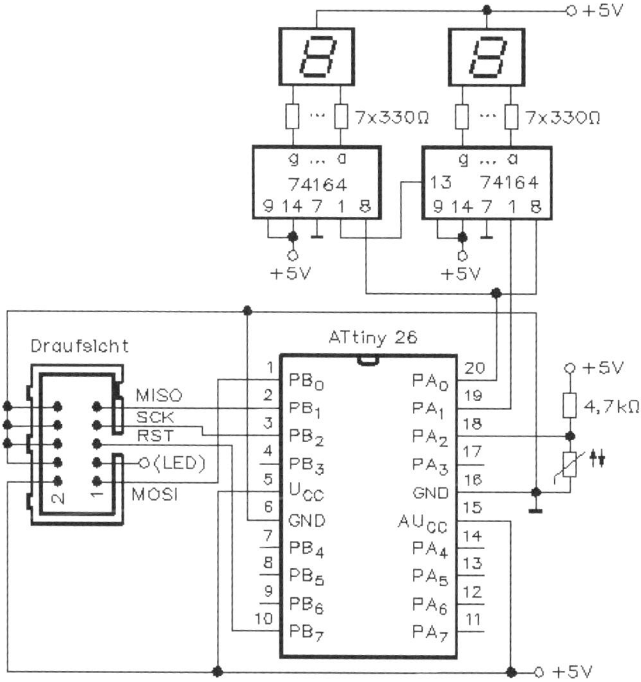

Abb. 2.21: Schaltung eines digitalen Thermometers von 0 °C bis 99 °C

Das eigentliche Problem stellt die Kennlinie des NTC-Widerstands dar. *Abb. 2.22* zeigt das Fenster des NTC-Widerstands B57421V2152H062 von EPCOS. Sie finden die zahlreichen NTC-Widerstände unter „NTC_EPCOS" im Internet. Aus den zahlreichen NTC-Widerständen wurde dieser Typ ausgewählt, da dieser bei 25 °C einen Wert von 1,5 kΩ hat.

Der Temperaturbereich des NTC-Widerstands reicht von –55 °C bis 125 °C. Für ein zweistelliges Thermometer von 0 °C bis 99 °C sind in der Tabelle die einzelnen Widerstände und ihre Bereiche aufgelistet. Es ergeben sich zwei Temperaturgrenzen:

0 °C ⇒ 2,5 V
99 °C ⇒ 0,192 V

In Tabelle 2.4 steht die Änderung der Ausgangsspannung für den NTC-Widerstand B57421V2152H062.

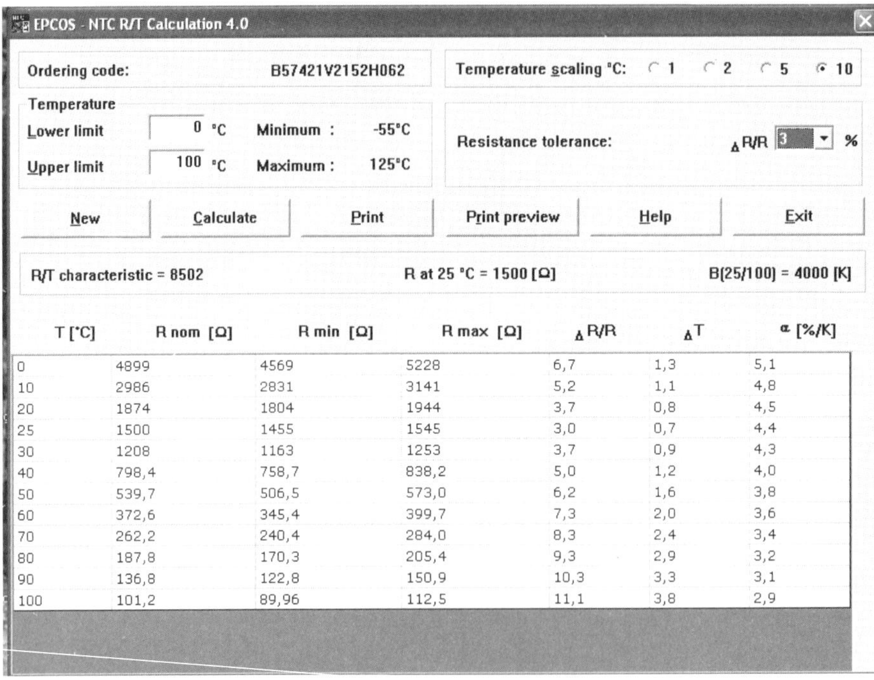

Abb. 2.22: Fenster des NTC-Bauteils B57421V2152H062 von EPCOS

Tabelle 2.4: Änderung der Ausgangsspannung

ϑ in °C	U_a in V	Wandler	Differenz	Hex	Korrektur	Differenz in Hex	Messfaktor
0	2,55	1021		3FD			
			244			\$316	0
10	1,95	777		309	\$309 + 12		
			207			\$315	1
20	1,43	570		23A	\$23A + 10		
			161			\$244	2
30	1,02	409		199	\$199 + 8		
			119			\$1A1	3
40	0,73	290		122	\$122 + 6		
			84			\$128	4
50	0,52	206		CE	\$CE + 4		
			59			\$D2	5
60	0,37	147		93	\$93 + 3		
			41			\$96	6

Tabelle 2.4: (*Fortsetzung*)

ϑ in °C	U_a in V	Wandler	Differenz	Hex	Korrektur	Differenz in Hex	Messfaktor
70	0,26	106		6A	\$6A + 2		
			29			\$6C	7
80	0,19	77		4D	\$4D + 1		
			20			\$4E	8
90	0,14	57		39	\$39 + 1		
			15			\$3A	9
100	0,105	42		2A			

Zwischen den einzelnen Temperaturen, Widerstandsänderungen und Ausgangsspannungen muss eine lineare Interpolation, eine Berechnung der Zwischenwerte, erfolgen.

Das Hauptprogramm von *Abb. 2.23* ist in 16 Programme unterteilt. Am Anfang von „main" wird das Register für den Statusvektor mit der Konstanten 03 verglichen und gesetzt. Ist das Ergebnis nicht gleich, springt das Programm zurück, andernfalls wird die Messung eingeleitet. Das Ergebnis steht in den Registern AVH und AVL im RAM-Speicher. Dazu wird der Inhalt von AVL aus dem SRAM-Speicher in den Akkumulator geladen und beim nächsten Schritt wird der andere Akkumulator mit der Konstanten 02 geladen. Es erfolgt eine Addition der beiden Akkumulatoren. Dann wird der Inhalt von AVH aus dem SRAM-Speicher in den Akkumulator geladen und der Inhalt von Akkumulator und Register mit Carry addiert. Mit „clc" wird das Carrybit gelöscht und dann der Inhalt des Akkumulators um eine Stelle nach rechts geschoben. Das Gleiche passiert auch beim anderen Akkumulator. Anschließend wird das Carrybit gelöscht und der Inhalt der beiden Akkumulatoren nochmals nach rechts verschoben. Der Inhalt von beiden Akkumulatoren wird in den „hlp"-Registern gespeichert. Das Ergebnis der beiden „hlp"-Register beinhaltet einen 10-Bit-Wert. Zum Schluss wird das „hlp4"-Register gelöscht und das wertniedrige Z-Register mit dem Wert „2C" geladen.

Das Programm „tap_num_next" beginnt mit der Übertragung des „lpm"-Befehls vom Z-Register in das „hlp3"-Register. Dann erfolgt ein Inkrement des unteren Z-Registers. Mit „lpm" wird das Z-Register nach „hlp2" geladen und der gesamte Wert steht in „hlp3:hlp2". Dann wird „hlp0" in den Akkumulator geladen und das Gleiche passiert mit „hlp1". Anschließend wird der Wert vom „hlp2"-Register vom Akkumulator subtrahiert. Mit „sbc acc1, hlp3" erfolgt eine Subtraktion unter Berücksichtigung des Carrybits von beiden Registern. Mit dem Verzweigungsbefehl „brcc" wird das Carrybit untersucht. Ist das Carrybit gelöscht, kommt der Programmaufruf „tab_num_found" und wenn nicht, wird das „hlp4"-Register inkre-

```
; mainprogram
main:
    cpi   stavec,$03
    brne  main

    ; measurement done, result in AVH:AVL
    lds   acc1,AVL
    ldi   acc0,$02
    add   acc0,acc1
    lds   acc1,AVH
    adc   acc1,r0
    clc
    ror   acc1
    ror   acc0
    clc
    ror   acc1
    ror   acc0
    mov   hlp1,acc1
    mov   hlp0,acc0
    ; 10 bit average in hlp1:hlp0

    clr   hlp4

    ldi   ZL,$2c
tab_num_next:
    lpm   hlp3,Z
    inc   ZL
    lpm   hlp2,Z
    ; tab value in hlp3:hlp2
    mov   acc0,hlp0
    mov   acc1,hlp1
    sub   acc0,hlp2
    sbc   acc1,hlp3
    brcc  tab_num_found
    inc   hlp4
    inc   ZL
    rjmp  tab_num_next

tab_num_found:
    mov   acc0,hlp4
    cpi   acc0,$00
    brne  temp_gt99
    ldi   sacc0,$a0
    rcall dez2_out
    rjmp  finished
temp_gt99:
    cpi   acc0,$0b
    brne  tab_num2
    ldi   sacc0,$99
    rcall dez2_out
    rjmp  finished

tab_num2:
    ; second tab_value for interpolation
    ldi   ZL,$2c
    dec   hlp4
    add   ZL,hlp4
    add   ZL,hlp4
    lpm   acc1,Z
    inc   ZL
    lpm   acc0,Z
    ; 2. tab value
    sts   TAB2H,acc1
    sts   TAB2L,acc0

    sub   acc0,hlp2
    sbc   acc1,hlp3
    ; tab2 - tab1
    sts   TABDIFFH,acc1
    sts   TABDIFFL,acc0

    lds   acc1,TAB2H
    lds   acc0,TAB2L
    sub   acc0,hlp0
    sbc   acc1,hlp1
    ; tab2 - average
    mov   hlp1,acc1
    mov   hlp0,acc0

    clc
    rol   acc0
    rol   acc1
    clc
    rol   acc0
    rol   acc1
    add   hlp0,acc0
    adc   hlp1,acc1
    clc
    rol   hlp0
    rol   hlp1
    clc
    rol   hlp0
    rol   hlp1
    ; 20 X (tab2 -average) in hlp1:hlp0
    clr   hlp3
    lds   acc1,TABDIFFH
    lds   acc0,TABDIFFL

interval_next:
    sub   hlp0,acc0
    sbc   hlp1,acc1
    brcs  interval_found
    inc   hlp3
    sub   hlp0,acc0
    sbc   hlp1,acc1
    brcc  interval_next

interval_found:
    mov   acc0,hlp3
    cpi   acc0,$0a
    brlo  interval_end
    inc   hlp4
    clr   hlp3

interval_end:
    mov   acc0,hlp4
    cpi   acc0,$0a
    brne  normal_output
    ldi   sacc0,$99
    rcall dez2_out
    rjmp  finished

normal_output:
    ldi   sacc0,$a0
    cpi   acc0,$00
    breq  normal_1
    mov   sacc0,hlp4
    swap  sacc0
normal_1:
    or    sacc0,hlp3
    rcall dez2_out

finished:
    cbr   stavec,$03
    ; restart ADC
    sts   AVH,r0
    sts   AVL,r0
    ldi   acc0,(1<<ADEN)|(1<<ADSC)|(1<<ADIF)|(1<<ADIE)|(1<<ADPS1)|(1<<ADPS0)
    out   ADCSR,acc0
    rjmp main

dez2_out:
    mov   shlp0,sacc0
    swap  sacc0
    andi  sacc0,$0f
    ldi   ZL,$20
    add   ZL,sacc0
    lpm   sacc0,Z
    rcall byteout
    mov   sacc0,shlp0
    andi  sacc0,$0f
    ldi   ZL,$20
    add   ZL,sacc0
    lpm   sacc0,Z
    rcall byteout
    ret

byteout:
    ldi sacc1, $08
byteout_next:
    cbi PORTA, 0
    lsl sacc0
    brcs byteout_1
    cbi PORTA, 1
    rjmp byteout_2
byteout_1:
    sbi PORTA, 1
byteout_2:
    sbi PORTA, 0
    dec sacc1
    brne byteout_next
    cbi PORTA, 0
    ret
```

Abb. 2.23: Programm des digitalen Thermometers von 0 °C bis 99 °C

mentiert. Das niederwertige Z-Register wird anschließend inkrementiert und dann erfolgt der Rücksprung auf das Programm „tab_num_next“, da es noch nicht komplett abgearbeitet ist.

Das Programm „tab_num_found“ speichert das „hlp4“-Register in den Akkumulator und anschließend wird der Inhalt des Akkumulators mit einer Konstanten verglichen. Es kommt eine Verzweigung mit „brne temp_gt99“ und ist das Ergebnis des Vergleichs nicht gleich, springt das Programm. Wenn nicht, wird der Akkumulator mit dem Wert „A0“ geladen und die Subroutine aufgerufen. Dann erfolgt ein Sprung nach „finished“.

Das Programm „temp_gt99“ legt die obere Grenze von 99 °C für den maximalen Temperaturbereich fest. Zuerst wird der Akkumulator mit einer Konstanten „0B“ verglichen und der Wert des Vergleichs befindet sich im Akkumulator. Ist der Inhalt nicht gleich, springt das Programm auf „tab_num2“, der Zehnerstelle. Der Akkumulator wird mit einer Konstanten von „99“ geladen und dann erfolgt der Aufruf der Subroutine „dez2_out“. Anschließend erfolgt ein Sprung nach „finished“.

Mit dem Programm „tap_num2“ erfolgt die Interpolation. Das untere Z-Register wird mit der Konstanten „2C“ geladen und unmittelbar danach wird der Inhalt vom „hlp4-Register“ dekrementiert. Danach wird der Inhalt der beiden Register „ZL“ und „hlp4“ addiert und ein zweites Mal addiert. Das Z-Register wird in den Akkumulator geladen und dann das ZL-Register inkrementiert. Der Inhalt des Z-Registers wird in den Akkumulator geladen und damit ist die Interpolation abgeschlossen. Die Inhalte der beiden Akkumulatoren werden direkt im SRAM-Speicher unter „TAB2H“ und „TAB2L“ abgespeichert. Es erfolgt eine Subtraktion des „hlp2“-Registers vom Akkumulator und eine weitere Subtraktion unter Berücksichtigung des Carrybits im „hlp2“-Register vom Akkumulator. Die Inhalte der beiden Akkumulatoren werden direkt in den SRAM-Speicher unter „TABDIFFH“ und „TABDIFFL“ abgespeichert. Der Inhalt vom SRAM wird mit „TAB2H“ und „TAB2L“ im nächsten Schritt zurückgeschrieben und dann erfolgt wieder eine Subtraktion ohne und mit Berücksichtigung des Carrybits. Die Messung ist abgeschlossen und es erfolgt die Rückspeicherung der beiden Akkumulatoren in die „hlp“-Register. Das Carrybit wird gelöscht. Der Inhalt der beiden Akkumulatoren wird nach links durch das Carrybit zweimal geschoben und dann wird das Carrybit gelöscht. Anschließend wird der Inhalt der beiden Akkumulatoren nach links durch das Carrybit zweimal geschoben. Es erfolgen zwei Additionen zwischen Akkumulator und „hlp“-Registern. Das Carrybit wird gelöscht. Der Inhalt der beiden Akkumulatoren wird nach links durch das Carrybit zweimal geschoben und dann wird das Carrybit gelöscht. Der Inhalt der beiden Akkumulatoren wird zweimal nach links durch das Carrybit geschoben und unter „TABDIFFH“ und „TABDIFFL“ direkt in das SRAM eingeschrieben.

Das Programm „interval_next“ subtrahiert vom „hlp0“-Register den Inhalt vom Akkumulator und dann vom „hlp1“-Register den Inhalt vom Akkumulator unter Berücksichtigung des Carrybits. Mit dem Befehl „brcs“ wird das Carrybit abgefragt, ob es gesetzt ist. Ist es gesetzt, springt das Programm nach „interval_found“, andernfalls wird das „hlp3“-Register inkrementiert. Es folgt eine Subtraktion zwischen Akkumulator und „hlp0“-Register und dann eine weitere Subtraktion zwischen Akkumulator und „hpl“-Register unter Berücksichtigung des Carrybits. Zum Schluss wird das Carrybit abgefragt, ob es gelöscht ist, und das Programm springt auf „interval_next“.

Das Programm „interval_found“ beginnt mit dem Laden des Akkumulators mit dem Wert des „hlp3“-Registers und dann wird der Akkumulator mit der Konstanten 0A verglichen. Ist das Ergebnis kleiner, springt der Mikrocontroller auf „interval_end“ und andernfalls wird der Inhalt von „hlp4“-Register inkrementiert. Zum Schluss wird das „hlp3-Register gelöscht.

Das Programm „interval_end“ beginnt mit dem Laden des Akkumulators mit dem Wert des „hlp4“-Registers und der Akkumulator wird mit der Konstanten 0A verglichen. Ist das Ergebnis ungleich, springt der Mikrocontroller nach „normal_output“, andernfalls wird der Akkumulator mit der Konstanten 99 geladen. Es erfolgt ein „rcall“, also ein Aufruf der Subroutine, und zum Schluss springt das Programm auf „finished“.

Das Programm „normal_output“ beginnt mit dem Laden des Akkumulators mit der Konstanten A0. Dann wird der Inhalt des Akkumulators mit der Konstanten 0 verglichen und dann erfolgt ein Vergleich mit dem „breq“-Befehl. Ist das Ergebnis des Akkumulators gleich, springt der Mikrocontroller nach „normal_l“, andernfalls wird der Inhalt vom „hlp4“-Register in den Akkumulator gespeichert und mit „swap“ werden beide Nibbles des Akkumulators vertauscht.

Mit dem Programm „normal_l“ wird eine ODER-Verknüpfung zwischen Akkumulator und „hlp3“-Register durchgeführt. Anschließend erfolgt für das Programm ein unbedingter Aufruf für die Subroutine „dez2_out“.

Das Programm „finished“ führt zuerst ein Löschen des Statusvektors durch und damit wird der Analog-Digital-Wandler im Mikrocontroller gestartet. Das Programm lädt den Inhalt vom Register r0 in das AVH- und AVL-Register. Dann erfolgt das Laden des Akkumulators und der Inhalt wird in das Steuerregister des AD-Wandlers gespeichert. Zum Schluss erfolgt ein Rücksprung nach „main“.

Mit dem Programm „dez2_out“ wird der Akkumulator in das „shlp0“-Register geladen und dann erfolgt die Vertauschung der beiden Nibbles im Akkumulator. Es wird der Inhalt vom Akkumulator mit einer Konstante 0F über UND verknüpft und das Ergebnis der Verknüpfung befindet sich im Akkumulator. Das ZL-Register wird mit einer Konstanten 20 geladen und danach erfolgt eine Addition zwischen ZL-Register und Akkumulator. Der Inhalt vom Z-Register wird in den Akkumulator geladen und dann beginnt ein „rcall" mit dem Programm „byteout". Mit dem „mov"-Befehl wird der Inhalt von „shlp0"-Register in den Akkumulator übernommen und dann erfolgt eine UND-Verknüpfung zwischen dem Akkumulator und der Konstanten 0F. Die Konstante 20 wird direkt in das ZL-Register geladen und dann erfolgt eine Addition zwischen Z-Register und Akkumulator. Der Inhalt des Z-Registers im Programmspeicher wird direkt in den Akkumulator übernommen. Anschließend erfolgt ein Aufruf der Subroutine und mit „ret" kehrt das Programm zurück in die Subroutine.

Zum Schluss des Programms ist die Ansteuerung der drei Schieberegister für die Ausgabe des Messwerts vorhanden.

2.5 Programmierung eines dreistelligen Voltmeters von 0 V bis 2,55 V

Für die Schaltung eines dreistelligen Voltmeters von 0 V bis 2,55 V benötigt man drei 7-Segment-Anzeigen. Die rechte Anzeige gibt die Messung in Schritten von 10 mV aus. *Abb. 2.24* zeigt die Schaltung.

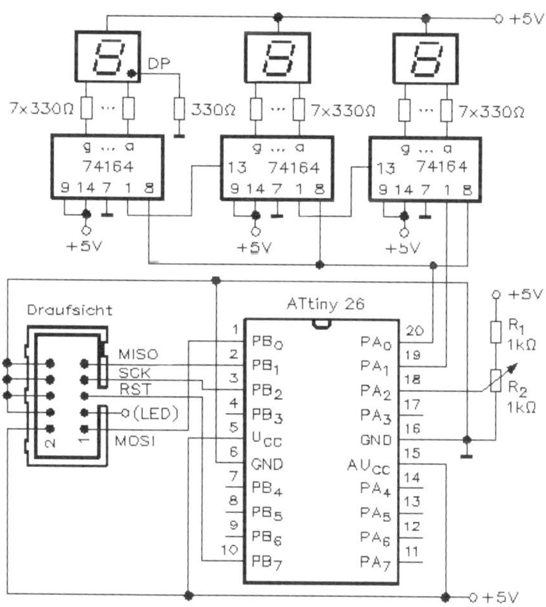

Abb. 2.24: Schaltung eines dreistelligen Voltmeters von 0 V bis 2,55 V

Als Eingangsspannung für den analogen Kanal PA2 dient die Betriebsspannung von +4,8 V. Mit dem Spannungsteiler erhält man eine maximale Messspannung von 2,4 V. Die Eingangsspannung errechnet sich aus:

$$U_e = U \frac{R_2}{R_1 + R_2}$$

Die Messspannung am Eingang PA2 ist vom Drehwinkel des Potentiometers abhängig und beträgt U_{emin} = 0 V bis U_{emax} = 2,4 V. Statt des Spannungsteilers kann man die Messspannung über einen Eingangswiderstand von 1 kΩ anlegen. Durch eine Diode zwischen Messspannung und $+U_b$ lässt sich auf +2,56 V + 0,7 V = 3,26 V und durch eine Diode zwischen Messspannung und 0 V auf 0 V –0,7 V = –0,7 V begrenzen.

Der zusätzliche Widerstand von 330 Ω ist für den Dezimalpunkt erforderlich. Zwischen der 100-mV- und der 1-V-Anzeige wird der Widerstand von 330 Ω gegen Masse geschaltet.

Abb. 2.25: Hardware für ein dreistelliges Voltmeter von 0 V bis 2,55 V

```
; mainprogram
main:
    cpi   stavec,$03
    brne  main

    ; measurement done, result in AVH:AVL
    lds   hlp0,AVL
    ldi   acc0,$08
    add   acc0,hlp0
    lds   hlp0,AVH
    adc   hlp0,r0

    sbrs  hlp0,4
    rjmp  div16
    ldi   acc0,$0f
    mov   hlp0,acc0
    ser   acc0

div16:
    andi  acc0,$F0
    or    acc0,hlp0
    swap  acc0

    clr   hlp0
dez2:
    subi  acc0,$64
    brcs  dez2_end
    inc   hlp0
    rjmp  dez2
dez2_end:
    ;addi  acc0,$64
    subi  acc0,$9c
    ldi   ZL,$20
    add   ZL,hlp0
    lpm   sacc0,Z
    rcall byteout

    clr   hlp0
dez1:
    subi  acc0,$0a
    brcs  dez1_end
    inc   hlp0
    rjmp  dez1

dez1_end:
    ;addi  acc0,$0a
    subi  acc0,$f6
    ldi   ZL,$20
    add   ZL,hlp0
    lpm   sacc0,Z
    rcall byteout

    ldi   ZL,$20
    add   ZL,acc0
    lpm   sacc0,Z
    rcall byteout

    cbr   stavec,$03
    ; restart ADC
    sts   AVH,r0
    sts   AVL,r0
    ldi   acc0,(1<<ADEN)|(1<<ADSC)|(1<<ADIF)|(1<<ADIE)|(1<<ADPS1)|(1<<ADPS0)
    out   ADCSR,acc0

    rjmp main


byteout:
    ldi sacc1, $08
byteout_next:
    cbi PORTA, 0
    lsl sacc0
    brcs byteout_1
    cbi PORTA, 1
    rjmp byteout_2
byteout_1:
    sbi PORTA, 1
byteout_2:
    sbi PORTA, 0
    dec sacc1
    brne byteout_next
    cbi PORTA, 0
    ret
```

Abb. 2.26: Programm für ein dreistelliges Voltmeter von 0 V bis 2,55 V

Das Hauptprogramm hat zehn Teilprogramme. Zuerst wird das Statusregister mit der Konstanten 03 verglichen und dann erfolgt eine Verzweigung mit dem „brne"-Befehl. Ist das Statusregister nicht gleich, springt das Programm auf „main" zurück oder man startet die Messung, wobei das Ergebnis in dem AVH- und AVL-Register steht. Dazu wird mit dem „ldi-Befehl der Akkumulator mit der Konstanten 08 geladen und der Wert vom „hlp"-Register wird mit der Konstanten 08 im Akkumulator addiert. Anschließend wird der Inhalt des AVH-Registers, das sich im SRAM-Bereich befindet, in das „hlp"-Register geladen. Dann folgt eine Addition mit Berücksichtigung des Carrybits zwischen Register r0 und „hlp0"-Register. Mit dem „sbrs"-Befehl wird das „hlp0"-Register mit dem Wert 4 geladen und dann erfolgt ein Programmsprung nach „div16". Mit „ldi" wird der Akkumulator mit dem Wert 0F geladen und anschließend mit „mov" vom Akkumulator in das „hlp0"-Register übertragen. Den Abschluss des Teilprogramms bildet das Setzen des Akkumulators mit dem Wert 0F.

Das zweite Teilprogramm führt zuerst eine UND-Verknüpfung mit dem Akkumulator und dem Wert F0 durch. Dann folgt eine ODER-Verknüpfung zwischen Akkumulator und „hlp0"-Register. Anschließend werden die Nibbles im Akkumulator mit dem „swap"-Befehl vertauscht. Zum Schluss wird das „hlp0"-Register gelöscht.

Mit dem dritten Teilprogramm wird die zweite Anzeigenstelle berechnet. Zuerst erfolgt eine Subtraktion zwischen dem Akkumulator und der Konstanten 64. Mit dem „brcs"-Befehl wird das Carrybit abgefragt. Ist es gesetzt, führt der Mikrocontroller das Programm „dez_end" weiter oder er inkrementiert das „hlp0"-Register. Es erfolgt ein Rücksprung auf „dez2".

Das Programm „dez2_end" beginnt eigentlich mit einer Addition zwischen Akkumulator und der Konstanten 64. Da aber dieser Befehl nicht vorhanden ist, erfolgt eine Subtraktion und vom Inhalt des Akkumulators wird 9C abgezogen. Dann wird eine Konstante 20 in das ZL-Register geladen und mit dem Inhalt von „hlp0"-Register und ZL-Register addiert. Mit dem „lpm"-Befehl wird der Akkumulator mit dem Wert vom Programmspeicher geladen und anschließend erfolgt der Aufruf der Subroutine „byteout". Zum Schluss wird das „hlp0"-Register gelöscht.

Das Programm „dez1" führt eine Subtraktion zwischen Akkumulator und der Konstanten 0A durch. Mit dem „brcs"-Befehl wird das Carrybit abgefragt und ist es gesetzt, führt der Mikrocontroller das Programm auf „dez1_end" aus. Andernfalls wird das „hlp0"-Register inkrementiert und dann auf das „dez1"-Programm gesprungen.

Das Programm „dez1_end" dient zur Ausgabe der Dezimalstelle 1. Eigentlich müsste eine Addition des Akkumulators mit 0A erfolgen, da aber dieser Befehl nicht vorhanden ist, wird eine Subtraktion mit dem Akkumulator minus der Konstanten

F6 durchgeführt. Dann wird die Konstante 20 in das ZL-Register geladen und anschließend erfolgt eine Addition vom ZL-Register mit dem „hlp0"-Register. Es erfolgt das Laden des Akkumulators mit dem Wert aus dem Programmspeicher und dem Aufruf der Subroutine „byteout". Dann wird die Konstante 20 in das ZL-Register geladen und mit dem Akkumulator addiert. Danach wird der Z-Wert auf dem Programmspeicher in den Akkumulator geladen und mit „rcall" wird die Subroutine „byteout" aufgerufen. Das Register für den Statusvektor wird gelöscht und mit 03 geladen. Danach erfolgt der Restart für den AD-Wandler mit dem Laden der beiden AVL- und AVH-Register. Der Akkumulator erhält die Werte aus dem Programmspeicher zum Setzen oder Rücksetzen des Steuerregisters für den AD-Wandler.

Den Schluss des Programms bildet die Ansteuerung der drei Schieberegister für die Ausgabe des Messwertes in der 7-Segment-Anzeige.

2.6 Differenzmessung von Spannungen im 10-mV-Bereich

Für eine Differenzmessung ist eine Brückenschaltung nach Wheatstone von vier gleich großen Widerständen erforderlich. Es ergibt sich:

$$\frac{R_1}{R_2} = \frac{R_3}{R_4}$$

Die Wheatstonesche Messbrücke besteht im Prinzip aus zwei Spannungsteilern und daher gilt:

$$U_a = U_e \cdot \frac{R_2}{R_1 + R_2} \text{ und } U_a = U_e \cdot \frac{R_4}{R_3 + R_4}$$

Die Differenzspannung errechnet sich aus:

$$\Delta U = U_{a1} - U_{a2}$$

Schaltet man die Messbrücke an den Mikrocontroller ATtiny26, erhält man die Schaltung von *Abb. 2.27*. Der linke Zweig der Brückenschaltung ist mit Pin 13 (ADC5) und der rechte Zweig mit Pin 14 (ADC4) verbunden.

Alle vier Widerstände der Messbrücke sollen einen Wert von 1 kΩ aufweisen. Die Messbrücke ist auf ΔU = 0 V abgeglichen und die Anzeige des Mikrocontrollers zeigt 0 V an. Der rechte Zweig ist mit + gekennzeichnet und die Spannung beträgt 2,5 V gegen Masse. Diese Spannung wird am positiven Differenzeingang (Pin 14)

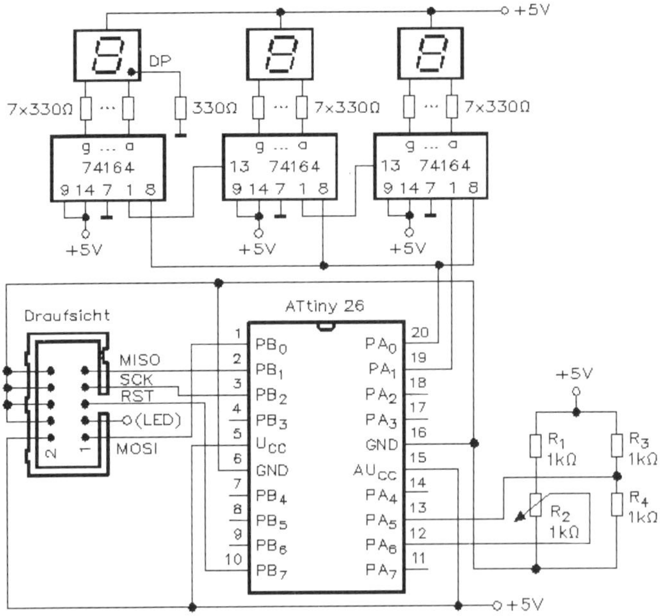

Abb. 2.27: Messbrücke zur Differenzmessung am Mikrocontroller ATtiny26

angeschlossen. Der linke Zweig ist mit – gekennzeichnet und die Spannung beträgt 2,5 V gegen Masse. Diese Spannung wird am negativen Differenzeingang (Pin 13) angeschlossen. Diese Spannung ist einstellbar zwischen 0 V (Anzeige 0) und +2,5 V (2.50 V).

Wichtig! Die Spannung von U_{a2} ist konstant und definiert den Bezugspunkt der Messbrücke. Verändert man das Potentiometer, ändert sich auch die Spannung von U_{a1}, aber in negativer Richtung bis auf –2,5 V. Dies ist der Arbeitspunkt der Messbrücke. Wird die Spannung an U_{a2} positiver als U_{a1}, funktioniert der AD-Wandler des Mikrocontrollers ATtiny26 nicht. Tauscht man auch R_1 (Widerstand) und R_2 (Potentiometer), funktioniert die Messbrücke ebenfalls nicht.

Die interne Verstärkung für die Differenzspannung wurde mit v = 1 gewählt. Dieser Verstärkungsfaktor kann auch auf v = 20 eingestellt werden.

Die Reset-Bedingung muss der Schaltung angepasst werden. A0 und A1 sind für den Takt und die seriellen Daten. A5 und A6 sind die analogen Eingänge und die freien Eingänge werden folgendermaßen definiert: „others Input with Pullup", d. h. A2, A3, A4 und A7 sind Eingänge mit einem „pullup"-Widerstand, also 1-Signal. A5 und A6 arbeiten als analoge Differenzspannungseingänge. *Abb. 2.29* zeigt das Programm zur Differenzmessung.

Abb. 2.28: Hardware für eine Differenzmessung von Spannungen im 10-mV-Bereich

Für die interne Referenzspannung muss auch umprogrammiert werden in „A5, A6 differential". Das Taktsignal für den AD-Wandler bleibt aber in dieser Einstellung.

Das Hauptprogramm ist in elf Programme aufgeteilt. Das Programm beginnt mit „cpi stavec,$03" und vergleicht die Konstante 03 mit dem Wert des Statusvektors. Ist der Vergleich nicht gleich, springt das Programm in die Schleife, ist er aber gleich, wird die Messung eingeleitet. Das Ergebnis steht in „AVH:AVL". Mit „lds hlp0,AVL" wird das „hlp0"-Register mit dem Ergebnisregister AVL geladen. Dann wird im nächsten Schritt der Akkumulator mit der Konstanten 08 geladen. Es erfolgt eine Addition zwischen dem Akkumulator und dem „hlp0"-Register. Danach erfolgt ein direktes Laden vom SRAM-Speicher in das „hlp0"-Register und eine direkte Addition zwischen dem „hlp0"-Register und dem Register r0. Im nächsten Schritt erfolgt ein Sprungbefehl, wenn das „hlp0"-Register gesetzt ist. Ist die Bedingung nicht erfüllt, springt das Programm auf „div16" oder es setzt das Programm fort mit dem „ldi"-Befehl. Die Konstante 0F wird in den Akkumulator

```
; mainprogram
main:
    cpi    stavec,$03
    brne   main

    ; measurement done, result in AVH:AVL
    lds    hlp0,AVL
    ldi    acc0,$08
    add    acc0,hlp0
    lds    hlp0,AVH
    adc    hlp0,r0

    sbrs   hlp0,4
    rjmp   div16
    ldi    acc0,$0f
    mov    hlp0,acc0
    ser    acc0

div16:
    andi   acc0,$F0
    or     acc0,hlp0
    swap   acc0

main_out:
    clr    hlp0
dez2:
    subi   acc0,$64
    brcs   dez2_end
    inc    hlp0
    rjmp   dez2
dez2_end:
    ;addi  acc0,$64
    subi   acc0,$9c
    ldi    ZL,$20
    add    ZL,hlp0
    lpm    sacc0,Z
    rcall  byteout

    clr    hlp0
dez1:
    subi   acc0,$0a
    brcs   dez1_end
    inc    hlp0
    rjmp   dez1
dez1_end:
    ;addi  acc0,$0a
    subi   acc0,$f6
    ldi    ZL,$20
    add    ZL,hlp0
    lpm    sacc0,Z
    rcall  byteout

    ldi    ZL,$20
    add    ZL,acc0
    lpm    sacc0,Z
    rcall  byteout

    cbr    stavec,$03
    ; restart ADC
    sts    AVH,r0
    sts    AVL,r0
    ldi    acc0,(1<<ADEN)|(1<<ADSC)|(1<<ADIF)|(1<<ADIE)|(1<<ADPS1)|(1<<ADPS0)
    out    ADCSR,acc0

    rjmp main


byteout:
    ldi sacc1, $08
byteout_next:
    cbi PORTA, 0
    lsl sacc0
    brcs byteout_1
    cbi PORTA, 1
    rjmp byteout_2
byteout_1:
    sbi PORTA, 1
byteout_2:
    sbi PORTA, 0
    dec sacc1
    brne byteout_next
    cbi PORTA, 0
    ret
```

Abb. 2.29: Programm zur Differenzmessung

geladen und danach mit dem „mov"-Befehl vom Akkumulator in dem „hlp0"-Register gespeichert. Zum Schluss wird der Akkumulator gesetzt.

Das Programm „div16" beginnt mit der UND-Verknüpfung zwischen dem Akkumulator und der Konstanten F0. Dann folgt eine ODER-Verknüpfung zwischen dem Akkumulator und dem „hlp0"-Register. Zum Schluss vertauscht „swap" die beiden Nibbles vom Akkumulator.

Das Programm „main_out" löscht das „hlp0"-Register.

Mit dem Programm „dez2" wird die Ausgabeoperation eingeleitet. Der „subi"-Befehl subtrahiert vom Akkumulator die Konstante 64 und dann erfolgt eine Verzweigung mit dem „brcs"-Befehl. Ist das Carrybit gesetzt, springt das Programm auf „dez2_end". Wenn nicht, wird das „hlp0"-Register inkrementiert. Danach springt das Programm auf „rjmp dez2".

Mit dem Programm „dez2_end" wird die Ausgabeoperation abgeschlossen. Da der „addi-Befehl" nicht vorhanden ist, muss mit „subi" gearbeitet werden, und es wird eine Subtraktion zwischen Akkumulator und einer Konstanten 9c durchgeführt. Das ZL-Register wird mit dem Wert 20 geladen und dann erfolgt eine Addition zwischen ZL- und „hlp0"-Register. Der Inhalt des ZL-Registers wird aus dem Programmspeicher in den Akkumulator geladen und dann erfolgt ein Aufruf der Subroutine „byteout". Zum Schluss wird das „hlp0"-Register gelöscht.

Mit dem Programm „dez1" wird die Ausgabeoperation eingeleitet und das Programm arbeitet wie „dez2".

Mit dem Programm „dez1_end" wird die Ausgabeoperation abgeschlossen. Da der „addi-Befehl" nicht vorhanden ist, muss mit „subi" gearbeitet werden und es wird eine Subtraktion zwischen Akkumulator und einer Konstanten f6 durchgeführt. Das ZL-Register wird mit dem Wert 20 geladen und dann erfolgt eine Addition zwischen ZL- und „hlp0"-Register. Der Inhalt des ZL-Registers wird aus dem Programmspeicher in den Akkumulator geladen und dann erfolgt ein Aufruf der Subroutine „byteout". Zum Schluss wird das „hlp0"-Register gelöscht. Das ZL-Register wird mit dem Wert 20 geladen und es erfolgt eine Addition zwischen ZL- und „hlp0"-Register. Der Inhalt des ZL-Registers wird aus dem Programmspeicher in den Akkumulator geladen und dann erfolgt ein Aufruf der Subroutine „byteout". Zum Schluss wird das „hlp0"-Register gelöscht. Anschließend wird das Register vom Statusvektor mit der Konstanten 03 gesetzt. Es erfolgt der Restart vom AD-Wandler. Mit den beiden „sts"-Befehlen wird der Inhalt von Register r0 direkt in das SRAM geschrieben. Danach wird der Akkumulator mit den Steuerbefehlen geladen und anschließend wird der Akkumulator in das Steuerregister des AD-Wandlers übernommen. Zum Schluss folgt der Rücksprung nach „main".

Bei den vier letzten Programmen werden die Werte in den Schieberegistern gespeichert und ausgegeben.

2.7 Messungen und Anzeigen von zwei Spannungen

Für das Messen von zwei Spannungen benötigt man den Eingangskanal PA2 und PA4. Warum nicht den Eingangskanal PA3? Über den Anschluss PA3 kann man die interne Referenzspannung von 2,56 V messen. Misst man die Spannung, ergibt sich ein Messfehler von etwa ±5 %. *Abb. 2.30* zeigt die Schaltung.

PA0 arbeitet als Ausgang für den seriellen Takt und PA1 dient als Anschluss für den seriellen Datenstrom vom Mikrocontroller zur Anzeige. PA2 arbeitet als analoger Eingang, ebenso PA4. PA6 und PA7 steuern die Ausgänge der beiden Leuchtdioden an. Wird PA2 im AD-Wandler angesteuert, emittiert die Leuchtdiode an PA6 ein Licht. Findet die Wandlung am Eingang PA4 statt, leuchtet die Anzeige am Ausgang PA7. Entsprechend müssen die Ein- und Ausgänge programmiert werden. Jede Sekunde wird ein analoger Eingang abgefragt, digital ausgegeben und mit den beiden Leuchtdioden wird der Messkanal angezeigt.

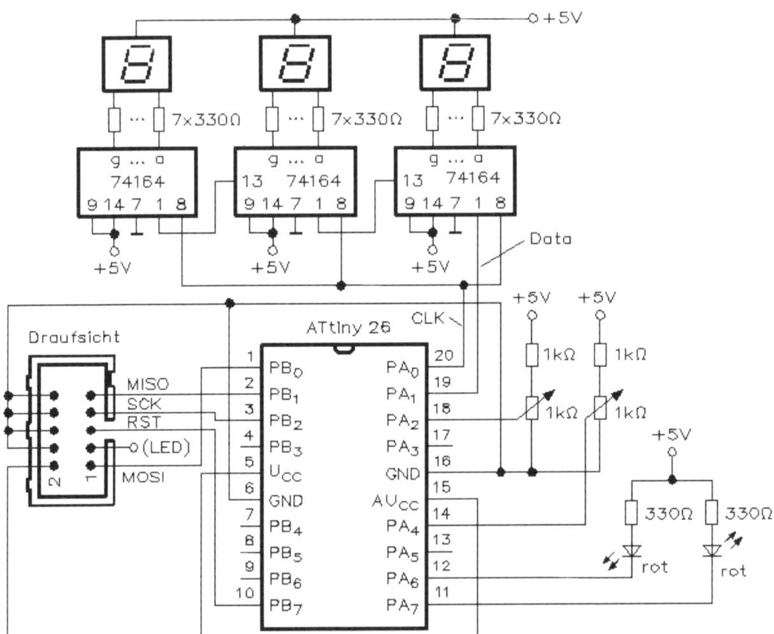

Abb. 2.30: Schaltung für das Messen und Anzeigen von zwei Spannungen

Das Hauptprogramm ist in elf Programme aufgeteilt. Das Programm beginnt mit „cpi stavec,$03" und vergleicht die Konstante 03 mit dem Wert des Statusvektors. Ist der Vergleich nicht gleich, springt das Programm in die Schleife, ist er aber gleich, wird die Messung eingeleitet. Das Ergebnis steht in „AVH:AVL". Mit „lds hlp0,AVL" wird das „hlp0"-Register mit dem Ergebnisregister AVL geladen. Dann wird im nächsten Schritt der Akkumulator mit der Konstanten 08 geladen. Es erfolgt eine Addition zwischen dem Akkumulator und dem „hlp0"-Register. Danach erfolgt ein direktes Laden vom SRAM-Speicher in das „hlp0"-Register und eine direkte Addition zwischen dem „hlp0"-Register und dem Register r0. Im nächsten Schritt erfolgt ein Sprungbefehl, wenn das „hlp0"-Register gesetzt ist. Ist die Bedingung nicht erfüllt, springt das Programm auf „div16" oder es setzt das Programm fort mit dem „ldi"-Befehl. Die Konstante 0F wird in den Akkumulator geladen und danach mit dem „mov"-Befehl vom Akkumulator in das „hlp0"-Register gebracht. Zum Schluss wird der Akkumulator gesetzt.

Abb. 2.31 zeigt das Programm für das Messen von zwei Spannungen. Das Programm „div16" beginnt mit der UND-Verknüpfung zwischen dem Akkumulator und der Konstanten F0. Dann folgt eine ODER-Verknüpfung zwischen dem Akkumulator und dem „hlp0"-Register. Anschließend werden mit „swap" die beiden Nibbles vom Akkumulator vertauscht. Zum Schluss wird das „hlp0"-Register gelöscht.

Mit dem Programm „dez2" wird die Ausgabeoperation eingeleitet. Der „subi"-Befehl subtrahiert vom Akkumulator die Konstante 64 und dann erfolgt eine Verzweigung mit dem „brcs"-Befehl. Ist das Carrybit gesetzt, springt das Programm auf „dez2_end". Wenn nicht, wird das „hlp0"-Register inkrementiert. Danach springt das Programm auf „rjmp dez2".

Mit dem Programm „dez2_end" wird die Ausgabeoperation abgeschlossen. Da der „addi-Befehl" nicht vorhanden ist, muss mit „subi" gearbeitet werden und es wird eine Subtraktion zwischen Akkumulator und der Konstanten 9c durchgeführt. Das ZL-Register wird mit dem Wert 20 geladen und dann erfolgt eine Addition zwischen ZL- und „hlp0"-Register. Der Inhalt des ZL-Registers wird aus dem Programmspeicher in den Akkumulator geladen und danach erfolgt ein Aufruf der Subroutine „byteout". Zum Schluss wird das „hlp0"-Register gelöscht.

Mit dem Programm „dez1" wird die Ausgabeoperation eingeleitet und das Programm arbeitet wie „dez2".

Mit dem Programm „dez1_end" wird die Ausgabeoperation abgeschlossen. Da der „addi-Befehl" nicht vorhanden ist, muss mit „subi" gearbeitet werden und es wird eine Subtraktion zwischen Akkumulator und der Konstanten f6 durchgeführt. Das ZL-Register wird mit dem Wert 20 geladen und dann erfolgt eine Addition zwi-

```
; mainprogram
main:
    cpi   stavec,$03
    brne  main

    ; measurement done, result in AVH:AVL
    lds   hlp0,AVL
    ldi   acc0,$08
    add   acc0,hlp0
    lds   hlp0,AVH
    adc   hlp0,r0

    sbrs  hlp0,4
    rjmp  div16
    ldi   acc0,$0f
    mov   hlp0,acc0
    ser   acc0

div16:
    andi  acc0,$F0
    or    acc0,hlp0
    swap  acc0

    clr   hlp0
dez2:
    subi  acc0,$64
    brcs  dez2_end
    inc   hlp0
    rjmp  dez2
dez2_end:
    ;addi  acc0,$64
    subi  acc0,$9c
    ldi   ZL,$20
    add   ZL,hlp0
    lpm   sacc0,Z
    rcall byteout

    clr   hlp0
dez1:
    subi  acc0,$0a
    brcs  dez1_end
    inc   hlp0
    rjmp  dez1
dez1_end:
    ;addi  acc0,$0a
    subi  acc0,$f6
    ldi   ZL,$20
    add   ZL,hlp0
    lpm   sacc0,Z
    rcall byteout

    ldi   ZL,$20
    add   ZL,acc0
    lpm   sacc0,Z
    rcall byteout

    cbr   stavec,$03
    ; restart ADC
    in    acc0,ADMUX
    andi  acc0,$01
    brne  adc3_sel
    sbi   PORTA,7
    cbi   PORTA,6
    ldi   acc0,$83
    rjmp  adc_sel_end
adc3_sel:
    sbi   PORTA,6
    cbi   PORTA,7
    ldi   acc0,$82
adc_sel_end:
    out   ADMUX,acc0
    sts   AVH,r0
    sts   AVL,r0
    ldi   acc0,(1<<ADEN)|(1<<ADSC)|(1<<ADIF)|(1<<ADIE)|(1<<ADPS1)|(1<<ADPS0)
    out   ADCSR,acc0

    rjmp main

byteout:
    ldi sacc1, $08
byteout_next:
    cbi PORTA, 0
    lsl sacc0
    brcs byteout_1
    cbi PORTA, 1
    rjmp byteout_2
byteout_1:
    sbi PORTA, 1
byteout_2:
    sbi PORTA, 0
    dec sacc1
    brne byteout_next
    cbi PORTA, 0
    ret
```

Abb. 2.31: Programm für das Messen von zwei Spannungen

schen ZL- und „hlp0"-Register. Das ZL-Register wird mit dem Wert 20 geladen und dann erfolgt eine Addition zwischen ZL- und „hlp0"-Register. Der Inhalt des ZL-Registers wird aus dem Programmspeicher in den Akkumulator geladen und es folgt ein Aufruf der Subroutine „byteout". Zum Schluss wird das „hlp0"-Register gelöscht. Anschließend wird das Register vom Statusvektor mit der Konstanten 03 gesetzt. Es erfolgt der Restart vom AD-Wandler. Mit dem „in"-Befehl wird der Inhalt des ADMUX-Registers in den Akkumulator geladen. Dann wird der Akkumulator mit der Konstanten 01 geladen und es erfolgt eine Umschaltung des Messkanals. Danach erfolgt ein Vergleich mit dem „brne"-Befehl und ist der Vergleich „nicht gleich", springt das Programm auf „adc3_sel". Ist die Bedingung nicht erfüllt, wird das PortA-Register auf 7 gesetzt. Damit erhält PA7 an seinem Ausgang ein 0-Signal und die LED kann leuchten. Danach wird das PortA-Register gelöscht und damit erhält PA6 an seinem Ausgang ein 0-Signal und die andere LED leuchtet auf. Anschließend wird der Akkumulator mit einer Konstanten 83 geladen und es erfolgt ein Sprung nach „adc_sel_end".

Es beginnt das Programm „adc3_sel" mit dem Setzen des I/O-Registers PortA auf den Wert 6. Anschließend wird der gleiche Port gelöscht und der Ausgang PA7 hat ein 0-Signal. Danach wird der Akkumulator mit der Konstanten 82 geladen.

Mit dem Programm „adc_sel_end" wird der Inhalt des Akkumulators, der den Multiplexer des AD-Wandlers freischaltet, gesetzt. Mit dem „sts"-Befehl wird der Inhalt von Register r0 in den AVH-Speicherplatz des SRAM-Speichers geschrieben und danach erfolgt das Gleiche in den AVL-Speicherplatz. Es erfolgt das Setzen des Steuerregisters für den Wandler und der Rücksprung nach „main".

In den letzten vier Programmen werden die Werte in den Schieberegistern gespeichert und über die 7-Segment-Anzeigen ausgegeben.

2.8 Messungen von Wechselspannungen im unteren und höheren Frequenzbereich

Die Messung von Wechselspannungen mit dem Mikrocontroller muss an den Eingängen PA6 (AIN0) und PA7 (AIN1) durchgeführt werden. Mit der Schaltung von *Abb. 2.32* erhält man einen Frequenzzähler mit zwei Arbeitsbereichen.

Der obere Messbereich erfasst Frequenzen von ≈100 Hz bis 9999 Hz, der untere Messbereich von ≈1 Hz bis ≈ 700 Hz. Die Schaltung verwendet eine dreistellige Anzeige und kann Werte zwischen 1 Hz und 999 Hz ausgegeben, wobei sich bei der Ausgabe diverse Fehler ergeben, die durch die Software bestimmt werden.

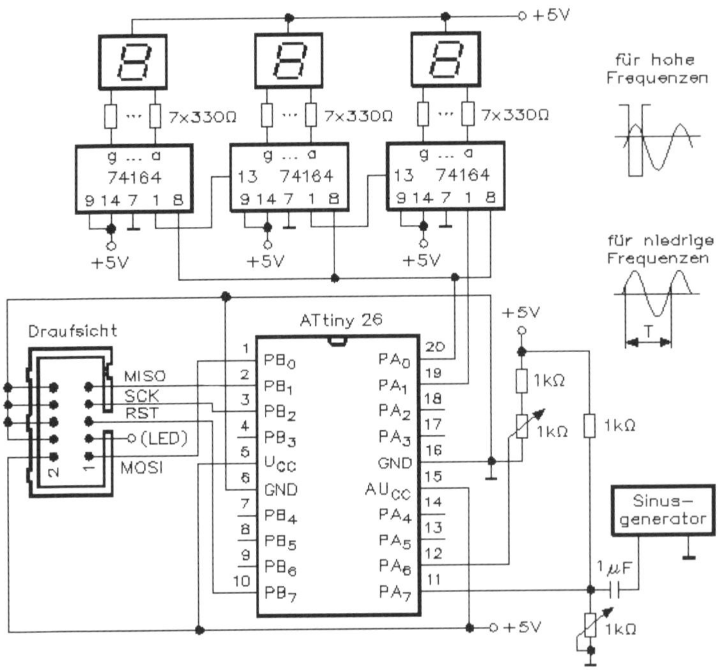

Abb. 2.32: Schaltung eines Frequenzzählers mit zwei Arbeitsbereichen

Höhere Frequenzen von 100 Hz bis 10 kHz lassen sich jeweils im Nulldurchgang der Sinusspannung messen, wie das Messdiagramm zeigt. Für niedrige Frequenzen von 1 Hz bis 700 Hz bevorzugt man das andere Verfahren, d. h. bei jedem positiven Nullvorgang misst man die Zeitdauer.

Der Sinusgenerator liegt über einen Koppelkondensator an dem Spannungsteiler. Der Koppelkondensator unterdrückt den Gleichspannungsanteil des Sinusgenerators und nur die Wechselspannung liegt an dem Eingang PA7. Mit dem Potentiometer an dem Anschluss PA7 verändert man den Gleichspannungsanteil. Bei niedrigen Frequenzen bildet der Koppelkondensator mit dem Potentiometer einen Tiefpass und daher muss man unter Umständen den Kondensator von 1 µF auf 10 µF erhöhen oder noch vergrößern.

Abb. 2.33 zeigt das Programm für Messungen von Wechselspannungen im höheren Frequenzbereich. Zuerst muss man in das Programm den analogen Komparator einfügen. Das Programm „ANA_COMP“ befindet sich nicht im Hauptprogramm, sondern wird im Programmkopf gespeichert. Die Eingänge PA6 und PA7 für den analogen Komparator sind auf Eingangsbetrieb zu setzen.

```
; mainprogram
main:
    cpi    stavec,$01
    brne   main

    lds    acc0,FREQ_L
    lds    acc1,FREQ_H

    clr    hlp0
dez3:
    subi   acc0,$e8
    sbci   acc1,$03
    brcs   dez3_end
    inc    hlp0
    rjmp   dez3
dez3_end:
    ;addi  acc0,$e8
    ldi    acc2,$e8
    add    acc0,acc2
    ldi    acc2,$03
    adc    acc1,acc2
    ldi    ZL,$20
    add    ZL,hlp0
    lpm    sacc0,Z
    rcall  byteout

    clr    hlp0
dez2:
    subi   acc0,$64
    sbci   acc1,$00
    brcs   dez2_end
    inc    hlp0
    rjmp   dez2
dez2_end:
    ;addi  acc0,$64
    subi   acc0,$9c
    ldi    ZL,$20
    add    ZL,hlp0
    lpm    sacc0,Z
    rcall  byteout

    clr    hlp0
dez1:
    subi   acc0,$0a
    brcs   dez1_end
    inc    hlp0
    rjmp   dez1
dez1_end:
    ;addi  acc0,$0a
    subi   acc0,$f6
    ldi    ZL,$20
    add    ZL,hlp0
    lpm    sacc0,Z
    rcall  byteout

    ldi    ZL,$20
    add    ZL,acc0
    lpm    sacc0,Z
    rcall  byteout

    cbr    stavec,$01

    rjmp main


byteout:
    ldi sacc1, $08
byteout_next:
    cbi PORTA, 0
    lsl sacc0
    brcs byteout_1
    cbi PORTA, 1
    rjmp byteout_2
byteout_1:
    sbi PORTA, 1
byteout_2:
    sbi PORTA, 0
    dec sacc1
    brne byteout_next
    cbi PORTA, 0
    ret
```

Abb. 2.33: Programm für Messungen von Wechselspannungen im höheren Frequenzbereich

Das Hauptprogramm ist in elf Programme unterteilt. Das erste Programm mit „main“ beginnt mit einem Vergleich des Registers für den Statusvektor mit 1. Ist die Bedingung erfüllt, lädt das Programm „FREQ_L“ und „FREQ_H“ direkt die beiden Akkumulatoren aus dem RAM-Speicher. Danach wird das „hlp0“-Register gelöscht.

Das Programm „dez3“ beginnt mit einer Subtraktion von der Konstanten E8 und mit einer Subtraktion unter Berücksichtung des Carrybits mit der Konstanten 03. Ist das Carrybit gesetzt, wird das Programm auf „dez3_end“ fortgesetzt. Andernfalls wird das „hlp0“-Register inkrementiert und der Rücksprung auf „dez3“ erfolgt.

Das Programm „dez3_end“ beginnt mit einem Hinweis, dass der Mikrocontroller keinen „addi“-Befehl durchführen kann. Es wird eine Konstante in den Akkumulator geladen und dann erfolgt eine Addition. Danach wird der Akkumulator mit der Konstanten 03 geladen und es erfolgt eine weitere Addition unter Berücksichtung des Carrybits. Dann wird der Inhalt des „hlp0“-Registers mit dem ZL-Register addiert. Der Programmspeicher aus dem Z-Register wird in den Akkumulator geladen und anschließend erfolgt der Aufruf des Unterprogramms „byteout“. Zum Schluss wird das „hlp0“-Register gelöscht.

Mit dem Programm „dez2“ wird die Ausgabeoperation eingeleitet. Der „subi“-Befehl subtrahiert vom Akkumulator die Konstante 64 und dann wird eine Subtraktion unter Berücksichtigung des Carrybits durchführt.

Mit dem Programm „dez2_end“ wird die Ausgabeoperation abgeschlossen. Da der „addi-Befehl“ nicht vorhanden ist, muss mit „subi“ gearbeitet werden und es wird eine Subtraktion zwischen Akkumulator und der Konstanten 9c durchgeführt. Das ZL-Register wird mit dem Wert 20 geladen und dann erfolgt eine Addition zwischen ZL- und „hlp0“-Register. Der Inhalt des ZL-Registers wird aus dem Programmspeicher in den Akkumulator geladen und dann erfolgt ein Aufruf der Subroutine „byteout“. Zum Schluss wird das „hlp0“-Register gelöscht. Es erfolgt eine Verzweigung mit dem „brcs“-Befehl. Ist das Carrybit gesetzt, springt das Programm auf „dez2_end“, wenn nicht, wird das „hlp0“-Register inkrementiert. Danach springt das Programm auf „rjmp dez2“.

Mit dem Programm „dez1“ wird die Ausgabeoperation eingeleitet und das Programm arbeitet wie „dez2“.

Mit dem Programm „dez1_end“ wird die Ausgabeoperation abgeschlossen. Da der „addi-Befehl“ nicht vorhanden ist, muss mit „subi“ gearbeitet werden und es wird eine Subtraktion zwischen Akkumulator und der Konstanten f6 durchgeführt. Das ZL-Register wird mit dem Wert 20 geladen und dann erfolgt eine Addition zwischen ZL- und „hlp0“-Register. Der Inhalt des ZL-Registers wird aus dem Programmspeicher in den Akkumulator geladen und dann erfolgt ein Aufruf der Subroutine „byteout“. Zum Schluss wird das „hlp0“-Register gelöscht.

In den letzten vier Programmen werden die Werte in den Schieberegistern gespeichert und über die 7-Segment-Anzeigen ausgegeben.

Abb. 2.34 zeigt das Programm für Messungen von Wechselspannungen im unteren Frequenzbereich. Dieses Programm ist wesentlich aufwendiger, da eine Division durchgeführt werden muss. Das Programm hat 18 Teilprogramme. Das erste Programm mit „main“ beginnt mit einem Vergleich des Registers für den Statusvektor mit der Konstanten 0. Ist die Bedingung erfüllt, werden die beiden Akkumulatoren gelöscht und dann wird das Register vom Statusvektor gelöscht. Es erfolgt der Rücksprung nach „dez_out“. Danach lädt das Programm „PER_L“ und „PER_H“ direkt die beiden Akkumulatoren aus dem RAM-Speicher. Mit dem „cpi“-Befehl wird der Akkumulator mit der Konstanten 00 geladen. Danach erfolgt der Aufruf des Programmteils „div_start“, wenn die Bedingung „nicht gleich“ erfüllt ist. Mit dem „cpi“-Befehl wird der Akkumulator mit der Konstanten 00 geladen, anschließend erfolgt der Aufruf des Programmteils „div_start“, wenn die Bedingung „nicht gleich“ erfüllt ist. Es erfolgt ein Sprung nach „main“.

```
; mainprogram
main:
    sbrs  stavec,0
    rjmp  main

    clr   acc0
    clr   acc1
    sbrc  stavec,1
    rjmp  dez_out

    lds   acc0,PER_L
    lds   acc1,PER_H
    cpi   acc0,$00
    brne  div_start
    cpi   acc1,$00
    brne  div_start
    cbr   stavec,$01
    rjmp  main

    ; 1000000 / 16 = 62500 = $f424
    ; $f424 : (PER_H,PER_L) -> (hlp1,hlp0)
    ; (acc3,acc2) : (acc1,acc0) -> (hlp1,hlp0)
div_start:
    clr   hlp2
    clr   hlp0
    clr   hlp1

    ldi   acc2,$24
    ldi   acc3,$f4
    lds   acc0,PER_L
    lds   acc1,PER_H

div_test_rol:
    cpi   acc1,$80
    brcc  div_rol_done
    lsl   acc0
    rol   acc1
    inc   hlp2
    rjmp  div_test_rol
div_sub_next:
    sec
    rol   hlp0
    rol   hlp1
    dec   hlp2
    brmi  div_done
    lsr   acc1
    ror   acc0

div_rol_done:
    sub   acc2,acc0
    sbc   acc3,acc1
    brcs  div_add_next
    rjmp  div_sub_next

div_add_next:
    lsl   hlp0
    rol   hlp1
    dec   hlp2
    brmi  div_done
    lsr   acc1
    ror   acc0

    add   acc2,acc0
    adc   acc3,acc1
    brcs  div_sub_next
    rjmp  div_add_next

div_done:
    mov   acc0,hlp0
    mov   acc1,hlp1

dez_out:
    clr   hlp0
dez3:
    subi  acc0,$e8
    sbci  acc1,$03
    brcs  dez3_end
    inc   hlp0
    rjmp  dez3
dez3_end:
    ;addi  acc0,$e8
    ldi   acc2,$e8
    add   acc0,acc2
    ldi   acc2,$03
    adc   acc1,acc2
    ldi   ZL,$20
    add   ZL,hlp0
    lpm   sacc0,Z
    rcall byteout

    clr   hlp0
dez2:
    subi  acc0,$64
    sbci  acc1,$00
    brcs  dez2_end
    inc   hlp0
    rjmp  dez2
div_add_next:
    lsl   hlp0
    rol   hlp1
    dec   hlp2
    brmi  div_done
    lsr   acc1
    ror   acc0

    add   acc2,acc0
    adc   acc3,acc1
    brcs  div_sub_next
    rjmp  div_add_next

div_done:
    mov   acc0,hlp0
    mov   acc1,hlp1

dez_out:
    clr   hlp0
dez3:
    subi  acc0,$e8
    sbci  acc1,$03
    brcs  dez3_end
    inc   hlp0
    rjmp  dez3
dez3_end:
    ;addi  acc0,$e8
    ldi   acc2,$e8
    add   acc0,acc2
    ldi   acc2,$03
    adc   acc1,acc2
    ldi   ZL,$20
    add   ZL,hlp0
    lpm   sacc0,Z
    rcall byteout

    clr   hlp0
dez2:
    subi  acc0,$64
    sbci  acc1,$00
    brcs  dez2_end
    inc   hlp0
    rjmp  dez2
dez2_end:
    ;addi  acc0,$64
    subi  acc0,$9c
    ldi   ZL,$20
    add   ZL,hlp0
    lpm   sacc0,Z
    rcall byteout

    clr   hlp0
dez1:
    subi  acc0,$0a
    brcs  dez1_end
    inc   hlp0
    rjmp  dez1

dez1_end:
    ;addi  acc0,$0a
    subi  acc0,$f6
    ldi   ZL,$20
    add   ZL,hlp0
    lpm   sacc0,Z
    rcall byteout

    ldi   ZL,$20
    add   ZL,acc0
    lpm   sacc0,Z
    rcall byteout

    cbr   stavec,$03

    rjmp main

byteout:
    ldi sacc1, $08
byteout_next:
    cbi PORTA, 0
    lsl sacc0
    brcs byteout_1
    cbi PORTA, 1
    rjmp byteout_2
byteout_1:
    sbi PORTA, 1
byteout_2:
    sbi PORTA, 0
    dec sacc1
    brne byteout_next
    cbi PORTA, 0
    ret
```

Abb. 2.34: Programm für Messungen von Wechselspannungen im unteren Frequenzbereich

Danach beginnt die Division, denn der Mikrocontroller ATtiny26 hat keinen Multiplikations- und Divisionsbefehl. Es sollen nun die Multiplikations- und Divisions-Algorithmen erklärt werden.

Der Multiplikations-Algorithmus entspricht der Regel für das schriftliche Multiplizieren, hierzu ein Beispiel:

Multiplikation der 4-Bit-Dualzahlen 1011 · 1101 (entsprechend dezimal 11 · 13 = 143)

Es sind zwei Multiplikations-Algorithmen möglich:

```
a) high-low-Abarbeitung                          b) low-high-Abarbeitung

Multiplikand  Multiplikator                      Multiplikand  Multiplikator
  1 0 1 1   ·   1 1 0 1                             1 0 1 1   ·   1 1 0 1
                ------->                                          <-------
---------------------                            ---------------------
  1 0 1 1  \                                     /      1 0 1 1
    1 0 1 1 |                                    |    1 0 1 1
      0 0 0 0 }          Teilprodukte            {  0 0 0 0
        1 0 1 1 /                                \1 0 1 1

                         Überträge
 1 1 1 1            <-   bei Addition   ->         1 1 1 1
----------------                                 ----------------
1 0 0 0 1 1 1 1                                  1 0 0 0 1 1 1 1
```

Gegenüber den Dezimalzahlen ergibt sich der Vorteil, dass für die Teilproduktbildung nur zwei Fälle zu unterscheiden sind: Bei einer „1“ in der auszuwertenden Stelle des Multiplikators wird der Multiplikand übernommen, bei einer „0“ dagegen nicht. Aus dem Beispiel ergeben sich noch zwei weitere Erkenntnisse:

- Der Algorithmus ist für den 2er-Komplement-Code ungeeignet. Bei Vorliegen dieser Codierung muss vor der Multiplikation bei negativen Zahlen eine Umwandlung in den Dualzahlencode erfolgen, das Vorzeichen muss allerdings für die Ermittlung des Ergebnis-Vorzeichens zwischengespeichert werden.
- Das Ergebnis hat gegenüber gleichlangen Operanden ein doppeltes Format. Bei der Verwendung ganzer Zahlen muss dieses Format weiterverarbeitet werden, damit der Zahlenwert nicht verfälscht wird.

Übrigens sind die beiden im Beispiel aufgeführten Algorithmen, die sich nur durch die Abarbeitungsrichtung beim Multiplikator unterscheiden, zunächst gleichwertig. Es gibt jedoch, wie noch gezeigt wird, bei der programmtechnischen Realisierung einige Unterschiede.

Auch der Divisions-Algorithmus lässt sich aus den Regeln der entsprechenden schriftlichen Rechnung übernehmen:

Beispiel 1: Division der Dualzahlen 1011 : 11 (entsprechend dezimal 11: 3 = 3 Rest 2)

```
Dividend                      Divisor
1 0 1 1            :          1 1         =                  0 0 1 1  = 3
        Subtraktion zweimal nicht möglich
1 0 1   Subtraktion möglich
– 1 1
  1 0 1 Subtraktion möglich
  – 1 1
    1 0              → Rest 2
```

Für Dualzahlen vereinfacht sich jeder Divisionsschritt gegenüber Dezimalzahlen dahingehend, dass nun untersucht werden muss, ob der Divisor im untersuchten Dividendenteil bzw. -rest enthalten ist (→ Ergebnis-Bit = 1) oder nicht (→ Ergebnis-Bit = 0). Im ersten Fall ist der Divisor zu subtrahieren. Grundsätzlich müssen mindestens so viele Divisionsschritte ausgeführt werden, bis die Einerstelle des Ergebnisses ermittelt worden ist. Dies ist dann der Fall, wenn der Divisor erstmalig nicht stellenversetzt mit dem Dividendenrest verglichen wurde (bei den beiden hier behandelten Beispielen also nach jeweils vier Schritten).

Beispiel 2: Division der Dualzahlen 1011 : 1100 (entsprechend dezimal 11 : 12 = 0,9166...)

```
1 0 1 1            :   1 1 0 0       =         0 0 0 0, 1 1 1 0 = 0,875
              Subtraktion viermal nicht möglich
1 0 1 1, 0    Subtraktion möglich
– 1 1 0, 0
  1 0 1, 0 0  Subtraktion möglich
  – 1 1, 0 0
    1 0, 0 0 0  Subtraktion möglich
    –   1, 1 0 0
        0, 1 0 0  Subtraktion nicht möglich
      – , 1 1 0 0
              → Rest 0,5
```

Im Beispiel 1 wurde nach der Mindestschrittzahl abgebrochen. Man erhält damit ein ganzzahliges Ergebnis und einen ganzzahligen Rest. Eine Ausführung weiterer Divisionsschritte hätte zu Nachkommastellen und damit zu einer Erhöhung der Zahl der geltenden Ziffern im Ergebnis geführt. Man kann sich aber auch darauf beschränken, nur die erste Nachkommastelle zu ermitteln und diese für Rundungszwecke zu verwenden (im Beispiel 1 ergäbe sich als erste Nachkommastelle eine „1“, und das Ergebnis könnte damit auf 0100 = 4 aufgerundet werden).

Beispiel 2 zeigt zwei Probleme des Divisions-Algorithmus auf:

1. Wenn der Divisor die Größenordnung des Dividenden hat, ergibt sich nur eine oder keine geltende Vorkommastelle. Um ein Ergebnis mit einer bestimmten Mindestanzahl geltender Ziffern zu erhalten, muss also eine von den Operandengrößen abhängige Zahl von Divisionsschritten ausgeführt werden (im Beispiel waren acht Divisionsschritte notwendig, um vier geltende Ergebnisziffern zu erhalten). Bei etwa gleich großen Operanden empfiehlt sich deshalb eine Vorabprüfung, wie viele Dividendenstellen gleich beim ersten Divisionsschritt erfasst werden können. Dafür gilt die Regel:

   Dividendenteil (1. Schritt) $\leq$ 2. Divisor

   Beispielsweise hätte man damit im Beispiel 2 gleich mit dem ersten Schritt alle vier Dividendenbits erfassen dürfen und sich mit fünf Divisionsschritten begnügen können.

2. Es können unter Umständen bei den Subtraktionen „Überformate" zu verarbeiten sein (im Beispiel zwei fünfstellige Zahlen bei vierstelligen Operanden). Dies kann bei der programmtechnischen Realisierung einige Probleme ergeben, wenn das Operandenformat dem mit dem Rechner verarbeitbaren Zahlenformat entspricht. Überformate können vermieden werden, wenn man folgende Einschränkung für die Ziffernfolge des Divisors trifft:

   Divisor $\leq$ 100...0

Auch der Divisions-Algorithmus ist nur für den Dualzahlencode anwendbar. 2er-Komplement-codierte Zahlen müssen vor Ausführung der Division bei negativem Vorzeichen in Dualzahlen verwandelt werden. Bei der Verwendung vorzeichenbehafteter Zahlen gilt für Multiplikation und Division die folgende Regel für die Ermittlung des Ergebnis-Vorzeichens: Das Ergebnis-Vorzeichen nach Multiplikationen oder Divisionen ist negativ bei ungleichen, positiv bei gleichen Operanden-Vorzeichen.

Programm-Implementierung bedeutet Realisierung eines gegebenen Algorithmus durch den gegebenen, begrenzten Befehlsvorrat eines Mikrocontrollers. Bei den behandelten Algorithmen tauchen Additions- bzw. Subtraktions-Operationen auf, die bereits besprochen wurden. Weiterhin erweisen sich für beide Algorithmen sogenannte Schiebeoperationen als nützlich, d. h. das Verschieben des Inhalts eines Registers, z. B. des Akkumulators A oder des Inhalts einer Speicherzelle nach links oder rechts um eine Bitposition. Drei der wichtigsten Schiebeoperationen sind in *Abb. 2.35* gezeigt. Man erkennt, dass das Carrybit allgemein die Aufgabe des Auffangens des „herausfallenden" Bits hat.

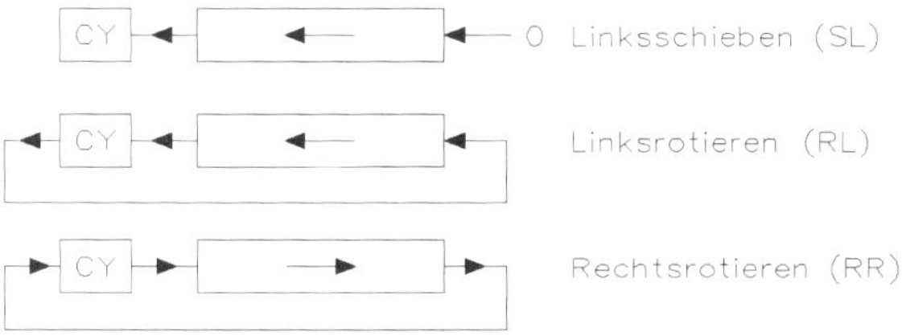

Abb. 2.35: Wichtige Schiebeoperationen für Multiplikation und Division

Der Multiplikationsablauf im Rechenwerk ist unter Verwendung der Zahlenwerte des obigen Multiplikationsbeispiels in zwei Versionen in den Tabellen 2.5 und 2.6 dargestellt. In beiden Fällen wird vorausgesetzt, dass der Multiplikand im Mikrocontroller gespeichert ist, aus der er zum Akkumulatorinhalt hinzuaddiert werden kann, und dass der Multiplikator im Mikrocontroller gespeichert ist, in der er einer Linksschiebe- bzw. Rechtsrotations-Operation unterzogen werden kann (diese „Einrichtungen" könnten Register oder Speicherzellen im SRAM-Speicher sein). In beiden Versionen wird übrigens die Addition der Teilprodukte immer sofort nach deren Entstehung vorgenommen.

Tabelle 2.5: Multiplikationsablauf bei high-low-Abarbeitung
SL = Linksschieben, MKR = Multiplikator, MKD = Multiplikand

Operationsfolge	CY	Rechenregister A	MKD-Speicher	MKR-Speicher
Löschen A	0	00000000	00001011	11010000
SL MKR	1 ◄- - -	- - - - - - - - - -	- - - - - - - - - -	10100000
CY = 1 → Addition				
MKD ausführen	0	00001011		
SL A	0	00010110		
SL MKR	1 ◄- - -	- - - - - - - - - -	- - - - - - - - - -	01000000
CY = 1 → Addition				
MKD ausführen	0	00100001		
SL A	0	01000010		
SL MKR	0 ◄- - -	- - - - - - - - - -	- - - - - - - - - -	10000000
CY = 0 → keine				
Addition MKD				
SL A	0	10000100		
SL MKR	1 ◄- - -	- - - - - - - - - -	- - - - - - - - - -	00000000
CY = 1 → Addition				
MKD ausführen	0	10001111 = Ergebnis		

Die in Tabelle 2.5 dargestellte Version benutzt die Methode der high-low-Abarbeitung des Multiplikators (vgl. Punkt a des Multiplikationsbeispiels). Dieses Verfahren ist zwar recht leicht zu verstehen, es hat jedoch in der dargestellten einfachen Form einen entscheidenden Nachteil.

Die Version in Tabelle 2.6 benutzt die Methode der low-high-Abarbeitung des Multiplikators. Die Operation „RR MKR" soll kurz erläutert werden. Die Operation hat

Tabelle 2.6: Multiplikationsablauf bei low-high-Abarbeitung
RR = Rechtsrotieren, MKR = Multiplikator, MKD = Multiplikand

Operationsfolge	CY	Rechenregister A	MKD-Speicher	MKR-Speicher
Löschen A	0	00000000	00001011	00001011
RR MKR	- ►1 - - -			- ► 00000110 - ►
CY = 1 → Addition MKD ausführen	0	00001011		
RR A	- ►1 - - -	► 00000101 - ►		
RR MKR	- ►1 - - -			- ► 10000011 - ►
CY = 0 → keine Addition MKD				
RR A	- ►1 - - -	► 00000010 - ►		
RR MKR	- ►1 - - -			- ► 11000001 - ►
CY = 1 → Addition MKD ausführen	0	00001101		
RR A	- ►1 - - -	► 00000110 - ►		
RR MKR	- ►1 - - -			- ► 11100000 - ►
CY = 1 → Addition MKD ausführen	0	00010001		
RR A	- ►1 - - -	► 00001000 - ►	Ergebnis	
RR MKR	- ►0 - - -			- ► 111100000 - ►

neben der Aufgabe, das zu untersuchende Multiplikatorbit in das CY-Bit zu bringen, noch die Aufgabe, ein vorher durch Rechtsrotation aus dem Rechenregister „herausgefallenes" Bit zu speichern. Am Ende des Ablaufs steht das Ergebnis jeweils zur Hälfte im Rechenregister und im Multiplikatorspeicher. Dieser Umstand und der um zwei Operationen größere Umfang lassen das zweite Verfahren gegenüber dem ersten zunächst ungünstiger erscheinen. Dafür hat das Verfahren jedoch den Vorteil, dass es sich bei gleichem Register- bzw. Speicherzellen-Format leicht auf eine 8 × 8-Bit-Multiplikation ausdehnen lässt! Wegen des dann achtstelligen Multiplikators ist die Operationsfolge „RR MKR, ADD MKD, RR A" (ein Multiplikationsschritt) achtmal auszuführen. Das 16-Bit-Ergebnis steht anschließend im Akkumulator und MKR-Speicher.

Das in Tabelle 2.6 dargestellte Verfahren lässt sich mit etwas größerem Aufwand auch auf eine 8 x 8-Bit-Multiplikation erweitern. Man ersetzt die Operationen „SL" jeweils durch „RL" und schiebt damit die höherwertigen Ergebnisbits in den frei werdenden MKR-Speicher. Allerdings ergibt sich die Schwierigkeit, dass die CY-Bit-Information nach der Addition verloren geht. Um dieses zu verhindern, muss unmittelbar nach der Addition, falls CY gesetzt ist, der Inhalt des MKR-Speichers um 1 erhöht werden. Diese zusätzliche bedingte Operation macht Programme nach diesem Verfahren gewöhnlich etwas umständlicher als solche, die nach dem Verfahren in Tabelle 2.6 arbeiten.

Der Divisionsablauf im Rechenwerk ist in Tabelle 2.7 dargestellt. Er bezieht sich auf das obige Divisions-Zahlenbeispiel 1. Hier werden folgende Voraussetzungen getroffen: Der Divisor muss mit dem Akkumulatorinhalt subtraktiv und additiv verknüpft und der Dividend einer Linksrotation unterzogen werden können. Zur Erklärung des Ablaufs soll die mehrfach wiederkehrende Operationsfolge „RL DVD, RL A, ..., CY invertieren" (ein Divisionsschritt) in Tabelle 2.7 betrachtet werden: Die Kombination „RL DVD, RL A" hat in erster Linie die Aufgabe, das nächste zu berücksichtigende Dividendenbit ins Rechenregister hineinzuschieben. Zugleich sorgt „RL DVD" dafür, dass das vorher ermittelte Ergebnisbit aus dem CY-Bit in die rechtsbündige Stelle des Ergebnisspeichers gerettet wird. Danach wird die Methode der versuchsweisen Subtraktion angewendet, d. h. der Divisor wird auf jeden Fall vom zu untersuchenden Dividendenteil abgezogen, jedoch wird diese Aktivität durch eine Addition des Divisors dann wieder rückgängig gemacht, wenn der Divisor nicht im Dividendenteil enthalten war (erkennbar an CY =1 nach der Subtraktion!). Da das CY-Bit in beiden Fällen gerade das inverse Ergebnisbit beinhaltet, wird es invertiert.

Der in Tabelle 2.7 dargestellte Ablauf lässt sich leicht auf eine 8/8-Bit-Division mit 8-Bit-Ergebnis ausdehnen, indem acht statt vier Divisionsschritte ausgeführt werden.

Tabelle 2.7: Divisionsablauf zum Divisionsbeispiel (Division zweier 4-Bit-Dualzahlen)
RL = Linksrotieren, ADD = Addition, SUB = Subtraktion, DVD = Dividend, DVS = Divisor

Operations-folge	CY	Rechenregister A	DVS-Speicher	DVD/Ergebnis-Speicher
Löschen A	0	00000000	00000011	10110000
RL DVD	◄-1 ◄- - -	- - -	- - -	- - - 01100000◄-
RL A	◄-0 ◄- -	00000001◄-		
SUB DVS	1	11111110		
CY = 1				
→ ADD DVS	1	00000001		
CY invertieren	0			
RL DVD	◄-0 ◄- - -	- - -	- - -	- - - 11000000◄-
RL A	◄-0 ◄- -	00000010◄-		
SUB DVS	1	11111111		
CY = 1				
→ ADD DVS	1	00000010		
CY invertieren	0			
RL DVD	◄-1 ◄- - -	- - -	- - -	- - - 10000000◄-
RL A	◄-0 ◄- -	00000101◄-		
SUB DVS	0	00000010		
CY = 0				
→ keine ADD				
CY invertieren	1			
RL DVD	◄-1 ◄- - -	- - -	- - -	- - - 00000001◄-
RL A	◄-0 ◄- -	00000101◄-		
SUB DVS	0	00000010 = Rest		
CY = 0				
→ keine ADD				
CY invertieren	0			
RL DVD	◄-0 ◄- - -	- - -	- - -	- - - 00000011◄-
				Ergebnis

Bei Anwendung der Methode der Vorabprüfung, die oben für den Fall etwa gleich großer Operanden vorgeschlagen wurde, ändert sich der Ablauf wie folgt: Der Dividend steht am Anfang im Rechenregister. Vor dem Start müssen allerdings die Bedingungen von Tabelle 2.6 und 2.7 erfüllt sein. Dies lässt sich am einfachsten dadurch sicherstellen, dass man beide Operanden, falls das höchste Bit des Divisors gesetzt ist, vor Beginn der Division um ein Bit nach rechts verschiebt.

Die in der Multiplikation und der Division enthaltenen Operationen Addition, Subtraktion und Schieben sind mit mehrfacher Wortlänge auszuführen. Neu ist hier das Schieben über eine mehrfache Wortlänge. Dieses ist mithilfe der Rotationsbefehle RL bzw. RR sehr einfach zu realisieren, indem man sie nacheinander auf die einzelnen Einfachwort-Teile des Mehrwort-Operanden wirken lässt. Das CY-Bit dient dabei wie schon bei der Mehrwort-Addition als Verbindungsglied (link).

Anders sollte man bei Mikrocontrollern vorgehen, die bereits über Befehle zur Multiplikation und Division mit einfacher Wortlänge verfügen. Da diese Befehle mindestens zehnmal schneller ausgeführt werden als die entsprechenden Programmlösungen, lohnt es sich, Mehrwort-Multiplikationen und evtl. auch -Divisionen auf solche Befehle zurückzuführen (Reduktionslösung).

Eine Doppelwort-Multiplikation der Zahlen X und Y, die jeweils aus einem HIGH-Teil und einem LOW-Teil bestehen, kann zerlegt werden in eine Summe von vier Einfachwort-Multiplikationen:

$$X \cdot Y = (X1 + X0) \cdot (Y1 + Y0) = X1 \cdot Y1 + X1 \cdot Y0 + X0 \cdot Y1 + X0 \cdot Y0$$

Wegen der unterschiedlichen Gewichtung der einzelnen Teilprodukte sind diese, wie in *Abb. 2.36* dargestellt, stellenversetzt zu addieren. Sollte nur die höherwertige Hälfte des Ergebnisses benötigt werden, so kann die Bildung des letzten Teilprodukts entfallen.

Nachteilig ist eine Reduktionslösung für die Mehrwort-Division nur unter einer bestimmten Voraussetzung und auch dann nur als Näherungslösung möglich. Diese Voraussetzung ist für die Doppelwort-Division X/Y der Sonderfall, dass das höchste Bit des HIGH-Teils Y1 gesetzt ist, sodass unter Berücksichtigung der Stellenwerte die Näherung Y0 << Y1 gilt. Arbeitet beispielsweise das Einfachwort-Format mit 8-Bit-Breite, so ist die ungünstigste Bitkombination für Y im Sinne der geforderten Näherung

Y1	Y0
10000000	11111111

und es gilt $Y1 \approx 128 \cdot Y0$ und somit $Y1 << Y0$.

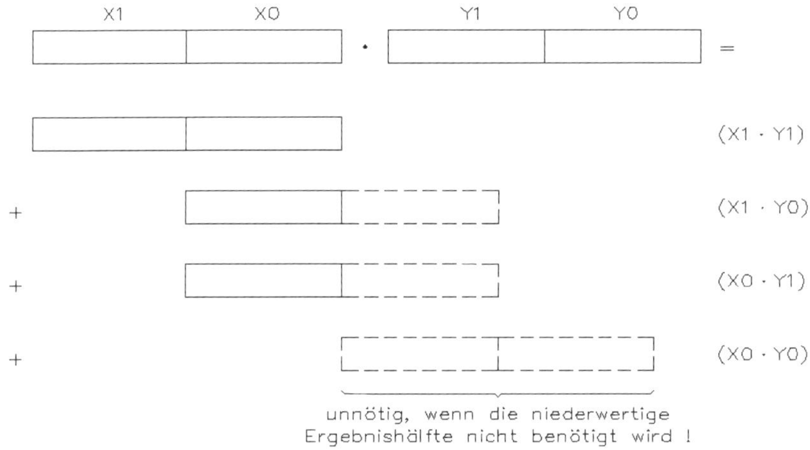

Abb. 2.36: Reduktion der Doppelwort-Multiplikation auf mehrere Einfachwort-Multiplikationen

Unter der genannten Voraussetzung kann folgende Näherung verwendet werden:

$$\frac{X}{Y} = \frac{X1 + X0}{Y1 + Y0} \approx \frac{X1 + X0}{Y1}\left(1 - \frac{Y0}{Y1}\right) \qquad \text{für } Y0 << Y1$$

$$\frac{X}{Y} \approx \frac{X1}{Y1} + \frac{X0}{Y1} - \frac{X1}{Y1} \cdot \frac{Y0}{Y1} - \frac{X0}{Y1} \cdot \frac{Y0}{Y1}$$

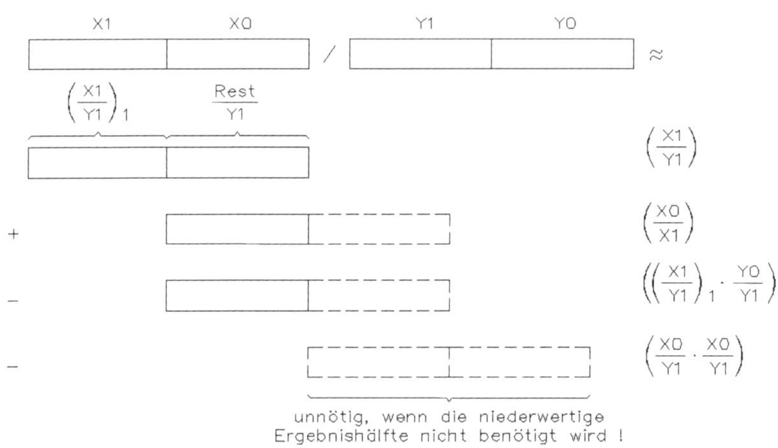

Abb. 2.37: Reduktion der Doppelwort-Division auf Einfachwort-Divisionen und -Multiplikationen bei gesetzten höchsten Bit in Y

Wie die einzelnen Teilausdrücke wertmäßig einzuordnen sind, geht aus *Abb. 2.37* hervor. Man erkennt, dass der Quotient X1/Y1 mit doppeltem Format ermittelt werden muss (erreichbar durch Division des Restes durch Y1 nach der eigentlichen Division) und dass der letzte Teilausdruck in der Gleichung entfallen kann.

Die für Multiplikation und Division beschriebenen Doppelwort-Verfahren lassen sich auch auf größere Vielfache der Wortlänge erweitern, allerdings steigt der Aufwand dann beträchtlich an.

Diese Aufgaben führt das Programm „div" durch und anschließend werden die Werte ausgegeben.

2.9 Ansteuerung einer zehnstelligen LED-Anzeige (Bargraph)

Die Anzeige mit dem Schieberegister und den 7-Segment-Anzeigen entfallen. Stattdessen kommt ein Bargraph mit zehn separaten Leuchtdioden zum Einsatz, wie die Schaltung in *Abb. 2.38* zeigt.

Die Anzeige HDSP-4840 besteht aus zehn Leuchtdioden. In der Schaltung von *Abb. 2.38* sind die Anoden der Leuchtdioden verbunden und liegen an einer Betriebsspannung von +5 V. Die Ansteuerung der Leuchtdioden übernimmt der TTL-Baustein 74145. Es gilt Tabelle 2.8 für die Ansteuerung.

Liegt an den Eingängen ein bestimmter dezimaler Wert, schaltet der betreffende Ausgang auf 0-Signal und es kann ein Strom über die Leuchtdiode fließen.

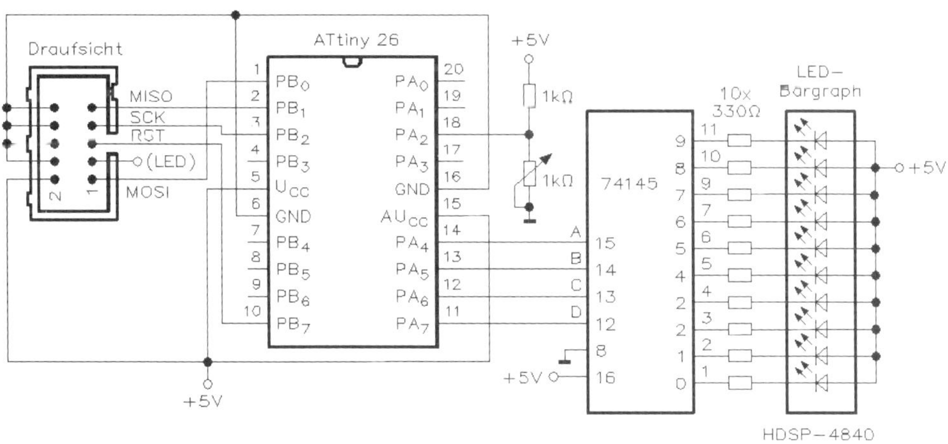

Abb. 2.38: Schaltung zur Ansteuerung einer zehnstelligen LED-Anzeige

Tabelle 2.8: Ansteuerung des TTL-Bausteins 74145

Nummer	Eingänge				Ausgänge									
	D	C	B	A	0	1	2	3	4	5	6	7	8	9
0	0	0	0	0	0	1	1	1	1	1	1	1	1	1
1	0	0	0	1	1	0	1	1	1	1	1	1	1	1
2	0	0	1	0	1	1	0	1	1	1	1	1	1	1
3	0	0	1	1	1	1	1	0	1	1	1	1	1	1
4	0	1	0	0	1	1	1	1	0	1	1	1	1	1
5	0	1	0	1	1	1	1	1	1	0	1	1	1	1
6	0	1	1	0	1	1	1	1	1	1	0	1	1	1
7	0	1	1	1	1	1	1	1	1	1	1	0	1	1
8	1	0	0	0	1	1	1	1	1	1	1	1	0	1
9	1	0	0	1	1	1	1	1	1	1	1	1	1	0
A	1	0	1	0	1	1	1	1	1	1	1	1	1	1
B	1	0	1	1	1	1	1	1	1	1	1	1	1	1
C	1	1	0	0	1	1	1	1	1	1	1	1	1	1
D	1	1	0	1	1	1	1	1	1	1	1	1	1	1
E	1	1	1	0	1	1	1	1	1	1	1	1	1	1
F	1	1	1	1	1	1	1	1	1	1	1	1	1	1

Der Baustein 74145 decodiert den Standard-BCD-Code mit vier Bits in eine Dezimalzahl von 0 bis 9. Es kann auch jeden 3-Bit-Code in 1-aus-8-Ausgänge umwandeln. Der BCD-Code wird an den Anschlüssen von 12 bis 15 eingegeben, mit dem niederwertigen Bit $2^0 = 1$ an A, Bit $2^1 = 2$ an B, Bit $2^2 = 4$ an C und Bit $2^3 = 8$ an D. Für ein gegebenes Eingangssignal geht der entsprechende Ausgang auf 0-Signal und die anderen Ausgänge bleiben auf 1-Signal. Der auf 0-Signal gezogene Ausgang kann maximal 80 mA gegen Masse ableiten. Ein 1-Signal am Ausgang erhält man aber nur, wenn ein externer Widerstand an eine Betriebsspannung gelegt wird.

Der Mikrocontroller wandelt die analoge Eingangsspannung an PA2 in einen digitalen Wert um und erzeugt an den Ausgängen PA4 ($2^0 = 1$), PA5 (Bit $2^1 = 2$), PA6 ($2^2 = 4$) und PA7 ($2^3 = 8$) die einzelnen Wertigkeiten für den BCD-Code.

Abb. 2.39 zeigt das Programm für die Ansteuerung einer zehnstelligen LED-Anzeige. Das Hauptprogramm für die Ansteuerung einer zehnstelligen LED-Anzeige umfasst drei Programmteile. Zuerst wird das Register vom Statusvektor mit einer Konstanten mit dem Wert 03 verglichen und danach wird der Wert geprüft, ob das Ergebnis gleich oder ungleich ist. Bei ungleich springt das Programm zurück auf „main“, andernfalls beginnt es mit der Ladeoperation, wobei das „hlp0“-Register mit dem Wert direkt aus dem RAM-Speicher geladen wird. Danach wird der Akkumulator mit dem Wert 08 geladen. Das „hlp0“-Register wird mit dem Akku-

```
; mainprogram
main:
    cpi   stavec,$03
    brne  main

    ; measurement done, result in AVH:AVL
    lds   hlp0,AVL
    ldi   acc0,$08
    add   acc0,hlp0
    lds   hlp0,AVH
    adc   hlp0,null
    andi  acc0,$F0
    or    acc0,hlp0
    swap  acc0

    clr   hlp0
sub_next:
    subi  acc0,26
    brcs  sub_done
    inc   hlp0
    rjmp  sub_next
sub_done:
    in    acc0,PORTA
    andi  acc0,$0f
    swap  hlp0
    or    acc0,hlp0
    out   PORTA,acc0
    cbr   stavec,$03
    ; restart ADC
    sts   AVH,null
    sts   AVL,null
    ldi   acc0,(1<<ADEN)|(1<<ADSC)|(1<<ADIF)|(1<<ADIE)|(1<<ADPS1)|(1<<ADPS0)
    out   ADCSR,acc0
    rjmp main
```

Abb. 2.39: Programm für die Ansteuerung einer zehnstelligen LED-Anzeige (Bargraph)

mulator addiert. Das „hlp0"-Register wird mit dem Wert des AVH-Registers direkt aus dem RAM-Speicher geladen und dann erfolgt eine Addition unter Berücksichtigung des Carrybits zwischen „hlp0"-Register und „null"-Register. Der Akkumulator mit der Konstanten F0 über UND verknüpft und dann der Inhalt mit dem „hlp0"-Register über ein ODER verknüpft. Es erfolgt ein „swap"-Befehl mit der Vertauschung der beiden Nibbles des Akkumulators und dann wird das „hlp0"-Register gelöscht.

Das Programm „sub_next" subtrahiert eine Konstante 26 vom Akkumulator. Der Wert 26 ist fast der zehnte Teil von 255, also der 8-Bit-Auflösung. Durch die Subtraktion ergeben sich zehn Schwellen, die dann direkt auf den Bargraphen gegeben werden. Mit „brcs" wird das Carrybit abgefragt und ist es gesetzt, wird das Programm auf „sub_done" fortgesetzt. Andernfalls wird das „hlp0"-Register inkrementiert und anschließend erfolgt der Rücksprung nach „sub_next".

Das Programm „sub_done" lädt zuerst PORTA in den Akkumulator und dann wird eine UND-Verknüpfung zwischen dem Akkumulator und einer Konstanten 0F durchgeführt. Danach werden durch den „swap"-Befehl die beiden Nibbles im Akkumulator vertauscht. Es erfolgt eine ODER-Verknüpfung mit dem Akkumulator und dem „hlp0"-Register. Anschließend wird der Inhalt des Akkumulators auf

PORTA transferiert. Dann wird das Register im Statusvektor auf 03 gesetzt und der Restart für den AD-Wandler beginnt. Zum Schluss wird das Register „null" in dem SRAM-Speicher unter AVH und dann unter AVL direkt gespeichert. Der Akkumulator wird mit den Werten der Steuerregister geladen und dann an das Register ADCSR übergeben. Es erfolgt der Rücksprung.

2.10 Rechteckgenerator mit gemultiplexter Anzeige

Der Mikrocontroller wird in der Schaltung von *Abb. 2.40* nicht mehr über die Schieberegister betrieben, sondern die Anzeige wird im Multiplexbetrieb angesteuert.

Über die Anschlüsse PB0, PB1, PB2 und PB3 werden die BCD-Werte ausgegeben und die Anschlüsse weisen die Wertigkeit von PB0 ($2^0 = 1$), PB1 (Bit $2^1 = 2$), PB2 ($2^2 = 4$) und PB3 ($2^3 = 8$) auf. Diese Anschlüsse steuern den TTL-Baustein 7447 an. Der Baustein ist ein BCD zu 7-Segment-Decoder mit Anzeigentreiber. Die sieben Ausgänge sind offene Kollektoren und können Ströme bis 40 mA gegen 0 V (Masse) treiben. Am Ausgang des 7447 sind die sieben Strombegrenzungswiderstände vorhanden.

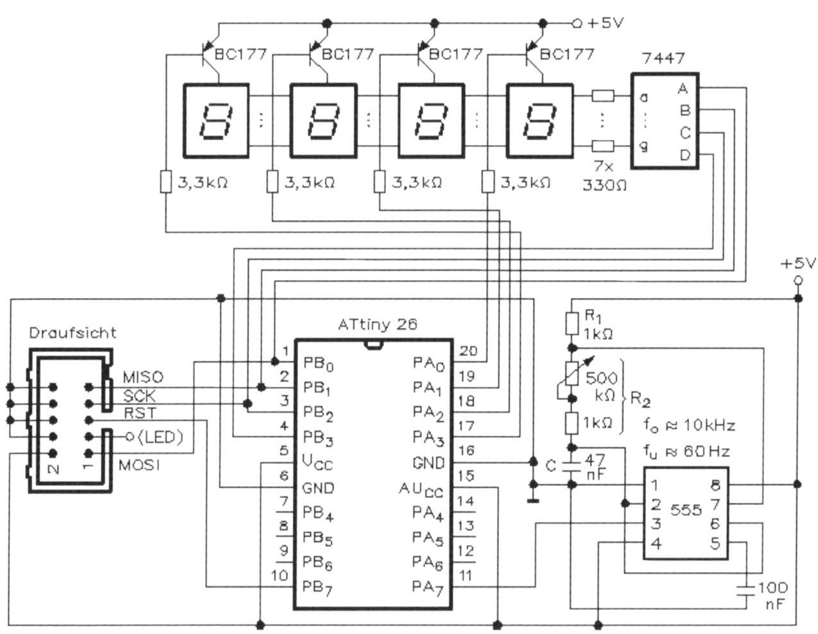

Abb. 2.40: Schaltung eines Rechteckgenerators mit gemultiplexter Anzeige

Abb. 2.41: Hardware eines Rechteckgenerators mit gemultiplexter Anzeige

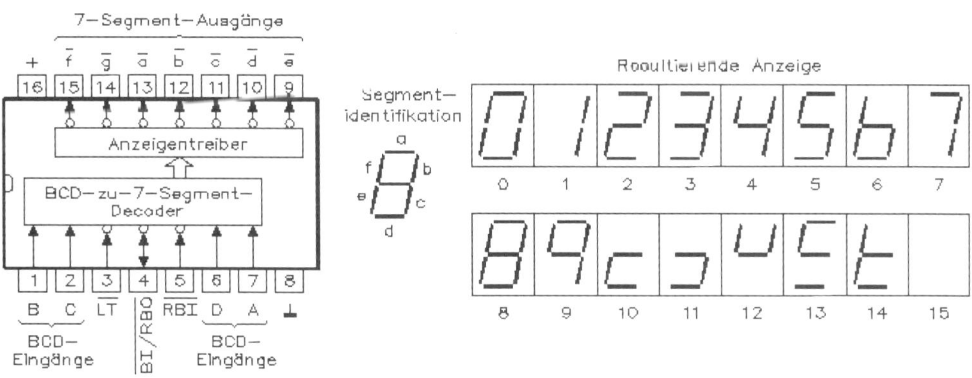

Abb. 2.42: Anschlussschema und resultierende Anzeige

Für den Digitbetrieb benötigt man vier Transistoren vom Typ BC177 (pnp-Transistoren) und diese Transistoren werden über die Ausgänge PA0, PA1, PA2 und PA3 angesteuert. Wenn beispielsweise der Ausgang PA0 ein 0-Signal ausgibt, sind die anderen Ausgänge auf 1. Es fließt ein Basisstrom aus dem rechten Transistor und dieser schaltet durch. Damit liegt die Betriebsspannung von +5 V an der 7-Segment-Anzeige und es fließt ein Strom durch die Leuchtdioden, wenn die entsprechenden Ausgänge des 7447 auf 0-Signal sind.

Wie das Anschlussschema von *Abb. 2.42* zeigt, sind vier BCD-Eingänge und sieben Segmentausgänge vorhanden. Der 7447 enthält jedoch keinen Zwischenspeicher für die Eingangsdaten.

Die drei Steuereingänge sind mit einem Querbalken versehen und im Normalbetrieb liegen die Anschlüsse LT*, BI/RBO* und RBI* auf 1-Signal. Eine Überprüfung aller sieben Segmente erfolgt, indem man LT* (Lamp Test) auf 0-Signal legt. Es müssen alle Segmente eingeschaltet sein, d. h. es wird eine 8 angezeigt. Eine Unterdrückung führender Nullen in mehrstelligen Anzeigen erhält man, indem der Ausgang BI/RBO* (Ripple Blanking Output) einer Stelle mit dem Eingang RBI* (Ripple Blanking Input) der nächstniedrigen Stufe verbunden wird. RBI* der höchstwertigen Stufe ist dann mit Masse (0 V) zu verbinden. Da im Allgemeinen eine Nullen-Unterdrückung in der niedrigsten Stelle nicht gewünscht wird, lässt man den Eingang RBI* für diese Stelle offen. Ähnlich kann man nachfolgende Nullen in gebrochenen Dezimalzahlen unterdrücken. Da mit BI/RBO auf Masse alle Segmente dunkel gesteuert werden, kann man über diesen Anschluss eine Helligkeitssteuerung über eine Impulsdauer-Modulation durchführen.

Für den Betrieb in der Schaltung in *Abb. 2.42* sind die Anschlüsse LT*, BI/RBO* und RBI* entweder nicht angeschlossen oder sie sind mit +5 V zu verbinden.

Der Timer 555 arbeitet in der Schaltung als Rechteckgenerator und erreicht eine untere Frequenz von $f_u \approx 60$ Hz und $f_o \approx 10$ kHz. Der Baustein 555 besteht aus zwei Operationsverstärkern, die als Komparatoren arbeiten. Die Leerlaufverstärkung liegt in der Größenordnung von $v_0 \approx 10^5$. Die beiden Komparatorausgänge sind mit einem Flipflop verbunden, das die Eingangsinformationen speichern kann. Dieses Flipflop hat eine Vorzugslage, d. h., wenn man die Betriebsspannung einschaltet, hat der Ausgang Q des Flipflops ein 0-Signal. Dieses Signal wird durch den nachfolgenden Inverter mit einem Leistungstransistor am Ausgang negiert. Der Ausgang hat also nach dem Einschalten der Betriebsspannung immer ein 1-Signal.

Die beiden Komparatoren, das Flipflop und der invertierende Ausgangsverstärker in *Abb. 2.43* sind in dem Zeitgeberbaustein 555 vorhanden. Das Flipflop steuert außerdem direkt einen internen Transistor für die Entladefunktion des externen Kondensators an, der einen offenen Kollektorausgang hat. Ist das Flipflop gesetzt,

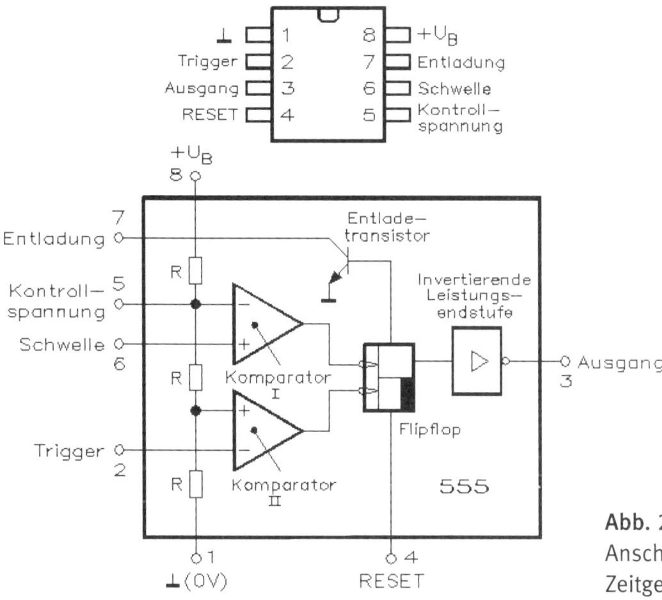

Abb. 2.43: Aufbau und Anschlussschema des Zeitgeberbausteins 555

ist dieser Transistor durchgeschaltet und der Eingang „Entladung“ befindet sich auf 0 V. Wurde das Flipflop zurückgesetzt, ist der Transistor gesperrt. Mit einem 0-Signal an dem Reset-Eingang lässt sich das Flipflop direkt zurücksetzen. Im Ruhezustand ist dieser Eingang immer mit $+U_B$ zu verbinden.

Wichtig in dem Baustein 555 ist der Spannungsteiler, der aus drei gleich großen Widerständen mit R = 5 kΩ mit einer Toleranz von 1 % besteht. Durch den internen Spannungsteiler ergeben sich folgende Verhältnisse an den beiden Komparatoren:

Komparator I: Schaltpunkt bei 2/3 der Betriebsspannung
Komparator II: Schaltpunkt bei 1/3 der Betriebsspannung

Aus diesen Spannungsverhältnissen lassen sich die einzelnen Funktionen des 555 ableiten. Die Betriebsspannung darf zwischen 4 V und 18 V schwanken, ohne dass sich die Funktionsweise ändert, denn der Spannungsteiler ist direkt mit der Betriebsspannung verbunden.

Der invertierende Eingang des Komparators I ist mit dem Eingang „Kontrollspannung“ verbunden. Über diesen Eingang kann man den Spannungsteiler in seinen Verhältnissen geringfügig ändern. Wird dieser Eingang nicht benötigt, verbindet man ihn mittels eines Kondensators von 10 nF bis 100 nF mit Masse. Andernfalls kann es im Betrieb unangenehme Störungen geben, besonders bei elektromagnetischen Impulsen.

Die Vergleichsspannung von 2/3 der Betriebsspannung liegt an dem invertierenden Eingang des Komparators I. Legt man an den Eingang „Schwelle“ eine Spannung, vergleicht der Komparator I diese mit der Vergleichsspannung und der Eingangsspannung. Ist die Spannung kleiner als 2/3 der Betriebsspannung, hat der Ausgang des Komparators ein 1-Signal. Überschreitet die Spannung den Wert 2/3, kippt der Ausgang des Komparators auf 0-Signal. Da eine sehr hohe Leerlaufverstärkung für die beiden Komparatoren vorhanden ist, erfolgt der negative Ausgangssprung im µs-Bereich. Mit dieser negativen Flanke wird das nachgeschaltete Flipflop getriggert und setzt sich. Der Ausgang Q des Flipflops hat ein 1-Signal, der Ausgang des 555 dagegen ein 0-Signal. Unterschreitet die Spannung an dem Eingang „Schwelle“ wieder den Wert 2/3 der Betriebsspannung, kippt der Ausgang des Komparators I von 0- nach 1-Signal zurück. Diese positive Flanke wird aber von dem Flipflop nicht verarbeitet und der Zustand des Flipflops bleibt erhalten.

Die Vergleichsspannung 1/3 der Betriebsspannung liegt an dem nicht invertierenden Eingang des Komparators II. Legt man an den Eingang „Trigger“ eine Spannung an, erfolgt ein Vergleich zwischen der internen und der externen Spannung. Ist die Triggerspannung größer 1/3 der Betriebsspannung, hat der Ausgang des Komparators ein 1-Signal. Unterschreitet die Triggerspannung den Wert 1/3 der Betriebsspannung, schaltet der Komparator an seinem Ausgang auf 0-Signal um und es entsteht eine negative Triggerflanke, die das Flipflop zurücksetzt. Vergrößert sich die Triggerspannung wieder und überschreitet 1/3 der Betriebsspannung, schaltet der Komparator von 0- auf 1-Signal. Die dadurch entstehende positive Flanke hat aber keinen Einfluss auf das Flipflop und das Flipflop bleibt in seinem stabilen Zustand. Der Ausgang des 555 hat während dieser Zeit immer ein 1-Signal.

Für den 555 ergeben sich daher folgende Trigger-Bedingungen:

Eingang „Schwelle“: positiver Triggerimpuls bei 2/3 der Betriebsspannung
Eingang „Trigger“: negativer Triggerimpuls bei 1/3 der Betriebsspannung

Die beiden Triggerimpulse müssen an ihren Flanken keine Steilheit aufweisen. Selbst langsame Analogspannungen werden durch die beiden internen Komparatoren digitalisiert und von dem nachgeschalteten Flipflop weiterverarbeitet. Durch seine stabile Funktionsweise ist der Baustein in der Praxis universell verwendbar.

Der Frequenzbereich des 555 liegt zwischen 10^{-3} Hz und 10^{6} Hz. Die Frequenz wird von zwei externen Widerständen und einem Kondensator bestimmt. Dabei ergibt sich eine hohe Frequenzstabilität, denn die Temperaturdrift des 555 liegt bei nur 50 ppm/K (Prozent pro Million/Kelvin).

Die Schaltung von *Abb. 2.43* zeigt den 555 in seiner Funktion als Rechteckgenerator. Schaltet man die Betriebsspannung ein, kann sich der Kondensator C über die beiden Widerstände R_1 und R_2 nach einer e-Funktion aufladen. Erreicht die Spannung an dem Kondensator den Wert 2/3 der Betriebsspannung, schaltet der Komparator I das Flipflop. Der Ausgang des 555 kippt auf 0-Signal und gleichzeitig schaltet der interne Transistor durch. Dadurch kann sich der Kondensator nur über den Widerstand R_2 nach einer e-Funktion entladen. Die Spannung am Kondensator sinkt und unterschreitet die Spannung den Wert 1/3 der Betriebsspannung, schaltet der Komparator das Flipflop wieder zurück. Der Ausgang des 555 hat nun ein 1-Signal und der interne Transistor für die Entladung sperrt. Jetzt kann sich der Kondensator C wieder über die beiden Widerstände aufladen.

Die Ladezeit für den Kondensator C berechnet sich aus

$$t_1 = 0{,}7 \cdot (R_1 + R_2) \cdot C$$

und die Entladezeit aus

$$t_2 = 0{,}7 \cdot R_2 \cdot C$$

Die Periodendauer ist die Addition von t_1 und t_2 mit

$$T = 0{,}7 \cdot (R_1 + R_2) \cdot C + 0{,}7 \cdot R_2 \cdot C = 0{,}7 \cdot (R_1 + 2 \cdot R_2) \cdot C$$

Die Periodendauer und daher die Frequenz des Rechteckgenerators mit dem 555 wird durch die beiden Widerstände und den Kondensator bestimmt mit

$$f = \frac{1}{0{,}7 \cdot (R_1 + 2 \cdot R_2) \cdot C}$$

In der Schaltung hat man folgende Werte: $R_1 = R_2 = 1\ k\Omega$ (Potentiometer 0 Ω) und C = 47 nF. Für die Dauer des 1-Signals gilt

$$t_1 = 0{,}7 \cdot (R_1 + R_2) \cdot C = 0{,}7 \cdot 2\ k\Omega \cdot 47\ nF = 65{,}8\ \mu s$$

und für die Periodendauer

$$T = 0{,}7 \cdot (R_1 + 2 \cdot R_2) \cdot C = 0{,}7 \cdot (3\ k\Omega) \cdot 47\ nF = 98{,}7\ \mu s$$

Damit hat das 0-Signal eine Zeitdauer von $t_2 = 98{,}7\ \mu s - 65{,}8\ \mu s = 32{,}9\ \mu s$.

Die obere Frequenz errechnet sich aus:

$$f_o = \frac{1}{0{,}7 \cdot (R_1 + 2 \cdot R_2) \cdot C} = \frac{1}{0{,}7 \cdot (1\ k\Omega + 2 \cdot 1\ k\Omega) \cdot 47\ nF} \approx 10\ kHz$$

Die untere Frequenz errechnet sich aus:

$$f_u = \frac{1}{0{,}7 \cdot (R_1 + 2 \cdot R_2) \cdot C} = \frac{1}{0{,}7 \cdot (1\ k\Omega + 2 \cdot 501\ k\Omega) \cdot 47\ nF} \approx 60\ Hz$$

Die Frequenz lässt sich durch das Widerstandsverhältnis einfach ändern. Hat man einen Baustein 555 in Transistor-Standardtechnologie, dürfen Widerstandswerte zwischen 1 kΩ und 1 MΩ verwendet werden. Hat man dagegen einen 555 in CMOS-Technologie, sind Widerstände bis zu 22 MΩ erlaubt. Für den Kondensator eignen sich Kapazitätswerte zwischen 1 nF und 1000 µF für die Standardtechnologie und bis zu 10000 µF für die CMOS-Technik.

Die Ausgangsspannung des Timers 555 ist direkt mit dem PA7-Eingang verbunden. Der Mikrocontroller erfasst die Frequenz und gibt diese umgewandelt an die Anzeigeneinheit weiter. Das Programm ist in *Abb. 2.44* gezeigt.

Für eine Messung benötigt man eine Sekunde und für die gemultiplexte Anzeige ist alle vier Millisekunden ein Interrupt erforderlich, denn jede Sekunde muss das Messergebnis berechnet und ausgegeben werden und für die Multiplexbedingung der 7-Segment-Anzeige benötigt man vier Millisekunden.

```
; mainprogram
main:
    sbrc    stavec,0
    rjmp    new_input

    sbrs    stavec,1
    rjmp    main

display3:
    lds     acc0,ODEZ3
    ori     acc0,$f0
    out     PORTB,acc0
    in      acc0,PORTA
    andi    acc0,$f0
    ori     acc0,$07
    out     PORTA,acc0
    cbr     stavec,$02
display2:
    sbrs    stavec,1
    rjmp    display2
    lds     acc0,ODEZ2
    ori     acc0,$f0
    out     PORTB,acc0
    in      acc0,PORTA
    andi    acc0,$f0
    ori     acc0,$0b
    out     PORTA,acc0
    cbr     stavec,$02
display1:
    sbrs    stavec,1
    rjmp    display1
    lds     acc0,ODEZ1
    ori     acc0,$f0
    out     PORTB,acc0
    in      acc0,PORTA
    andi    acc0,$f0
    ori     acc0,$0d
    out     PORTA,acc0
    cbr     stavec,$02
display0:
    sbrs    stavec,1
    rjmp    display0
    lds     acc0,ODEZ0
    ori     acc0,$f0
    out     PORTB,acc0
    in      acc0,PORTA
    andi    acc0,$f0
    ori     acc0,$0e
    out     PORTA,acc0
    cbr     stavec,$02
    rjmp    main


new_input:
    sbrs    stavec,2
    rjmp    select0
    lds     acc0,FREQ1_L
    lds     acc1,FREQ1_H
    cbi     PORTA,6
    sbi     PORTA,5
    rjmp    select_done
select0:
    lds     acc0,FREQ0_L
    lds     acc1,FREQ0_H
    cbi     PORTA,5
    sbi     PORTA,6

select_done:
    clr     hlp0
dez3:
    subi    acc0,$e8
    sbci    acc1,$03
    brcs    dez3_end
    inc     hlp0
    rjmp    dez3
dez3_end:
    ;addi   acc0,$e8
    ldi     acc2,$e8
    add     acc0,acc2
    ldi     acc2,$03
    adc     acc1,acc2
    sts     ODEZ3,hlp0
    clr     hlp0
dez2:
    subi    acc0,$64
    sbci    acc1,$00
    brcs    dez2_end
    inc     hlp0
    rjmp    dez2
dez2_end:
    ;addi   acc0,$64
    subi    acc0,$9c
    sts     ODEZ2,hlp0
    clr     hlp0
dez1:
    subi    acc0,$0a
    brcs    dez1_end
    inc     hlp0
    rjmp    dez1
dez1_end:
    ;addi   acc0,$0a
    subi    acc0,$f6
    sts     ODEZ1,hlp0
    sts     ODEZ0,acc0
    cbr     stavec,$01
    rjmp    display3
```

Abb. 2.44: Programm für einen Rechteckgenerator mit gemultiplexter Anzeige

Das Hauptprogramm ist in zwölf Abschnitte unterteilt und beginnt mit „main". Hier wird mit dem „sbrc"-Befehl das Register vom Statusvektor mit 0 geladen. Anschließend erfolgt ein relativer Sprung nach „new_input". Danach wird mit dem „sbrs"-Befehl das Register vom Statusvektor mit 1 geladen. Anschließend erfolgt ein relativer Sprung nach „main".

Das Programm „display3" startet mit dem Laden des Akkumulators direkt aus dem SRAM-Speicher mit dem Registerwert von „ODEZ3". Dann wird der Inhalt des Akkumulators mit der Konstanten F0 über ein ODER verknüpft. Danach erfolgt die Ausgabe an PORTB, dem BCD-Datenausgang. Der Akkumulator wird mit der Konstanten 07 geladen und über PORTA ausgegeben für die Ansteuerung der 7-Segmentanzeige.

```
BCD-Datenausgang   Segmenttreiber
X X X X            0 1 1 1
                   └→ PA0
```

Die rechte Anzeige kann einen Wert von 0 bis 9 anzeigen, der PNP-Transistor ist leitend und die Stelle (Digit) wird eingeschaltet. Die anderen Anzeigen sind dunkel, da der PNP-Transistor gesperrt ist. Zum Schluss wird das Register vom Statusvektor gelöscht.

Im Programm „display2" wird zuerst das Register im Statusvektor gesetzt mit der Konstanten 1. Dann erfolgt ein relativer Sprung nach „display2" und danach startet das Programm mit dem Laden des Akkumulators direkt aus dem SRAM-Speicher mit dem Registerwert von „ODEZ2". Dann wird der Inhalt des Akkumulators mit der Konstanten F0 über ein ODER verknüpft und anschließend erfolgt die Ausgabe an PORTB, dem BCD-Datenausgang. Der Akkumulator wird mit der Konstanten 02 geladen und über PORTA ausgegeben für die Ansteuerung der 7-Segmentanzeige.

```
BCD-Datenausgang   Segmenttreiber
X X X X            1 0 1 1
                     └→ PA1
```

Diese Anzeige kann einen Wert von 0 bis 9 anzeigen, der PNP-Transistor ist leitend und die Stelle (Digit) wird eingeschaltet. Zum Schluss wird das Register vom Statusvektor gelöscht.

Die nächsten beiden Programme, „display1" und „display0", funktionieren nach dem gleichen Prinzip.

Mit dem Programm „new_input" werden die Register „FREQ1_L" und „FREQ1_H" direkt in die beiden Akkumulatoren aus dem SRAM-Speicher geladen. Zum Schluss wird das „hlp0"-Register gelöscht.

Das Programm „dez3“ beginnt wieder mit einer Subtraktion der Konstanten E8 vom Akkumulator und einer weiteren Subtraktion unter Berücksichtigung des Carrybits. Ist das Carrybit gesetzt, springt das Programm auf „dez3_end“, andernfalls wird das „hlp0“-Register inkrementiert. Es erfolgt ein relativer Sprung nach „dez3“.

Das Programm „dez3_end“ beginnt mit einem Hinweis, dass der „addi“-Befehl bei diesem Mikrocontroller fehlt. Stattdessen wird der Akkumulator mit einer Konstanten E8 geladen und dann erfolgt eine Addition zwischen den beiden Akkumulatoren. Der Akkumulator wird mit einer Konstanten 03 geladen und danach erfolgt eine Addition unter Berücksichtigung des Carrybits. Das „hlp0“-Register wird im SRAM-Speicher unter „ODEZ3“ abgespeichert und das „hlp0“-Register gelöscht.

Das Programm „dez2“ beginnt mit der Subtraktion der Konstanten 64 vom Akkumulator und einer weiteren Subtraktion mit Berücksichtigung des Carrybits. Ist das Carrybit gesetzt, springt das Programm auf „dez2_end“, andernfalls wird das „hlp0“-Register inkrementiert. Es erfolgt ein relativer Sprung nach „dez2“.

Das Programm „dez2_end“ beginnt mit einem Hinweis, da der „addi“-Befehl bei diesem Mikrocontroller fehlt. Mit dem „subi“-Befehl wird das Komplement von „64“, also „9C“ subtrahiert. Das „hlp0“-Register wird im SRAM-Speicher unter „ODEZ2“ abgespeichert und das „hlp0“-Register gelöscht.

Das Programm „dez1“ beginnt mit der Subtraktion der Konstanten 0A vom Akkumulator und einer weiteren Subtraktion mit Berücksichtigung des Carrybits. Ist das Carrybit gesetzt, springt das Programm auf „dez1_end“, andernfalls wird das „hlp0“-Register inkrementiert. Es erfolgt ein relativer Sprung nach „dez1“.

Das Programm „dez1_end“ beginnt mit einem Hinweis, dass der „addi“-Befehl bei diesem Mikrocontroller fehlt. Mit dem „subi“-Befehl wird das Komplement von „0A“, also „F6“, subtrahiert. Das „hlp0“-Register wird im SRAM-Speicher unter „ODEZ1“ und der Akkumulator unter „ODEZ0“ abgespeichert. Zum Schluss wird das „hlp0“-Register gelöscht.

2.11 Zwei Rechteckgeneratoren mit gemultiplexter Anzeige

Bei der Schaltung von *Abb. 2.45* wird mit zwei Rechteckgeneratoren gearbeitet und ausgewertet.

Der linke Timer 555 liegt mit seiner Rechteckspannung am Eingang PA7 und der rechte am Eingang PB6 (Funktion für den externen Interrupt INT0). Die beiden

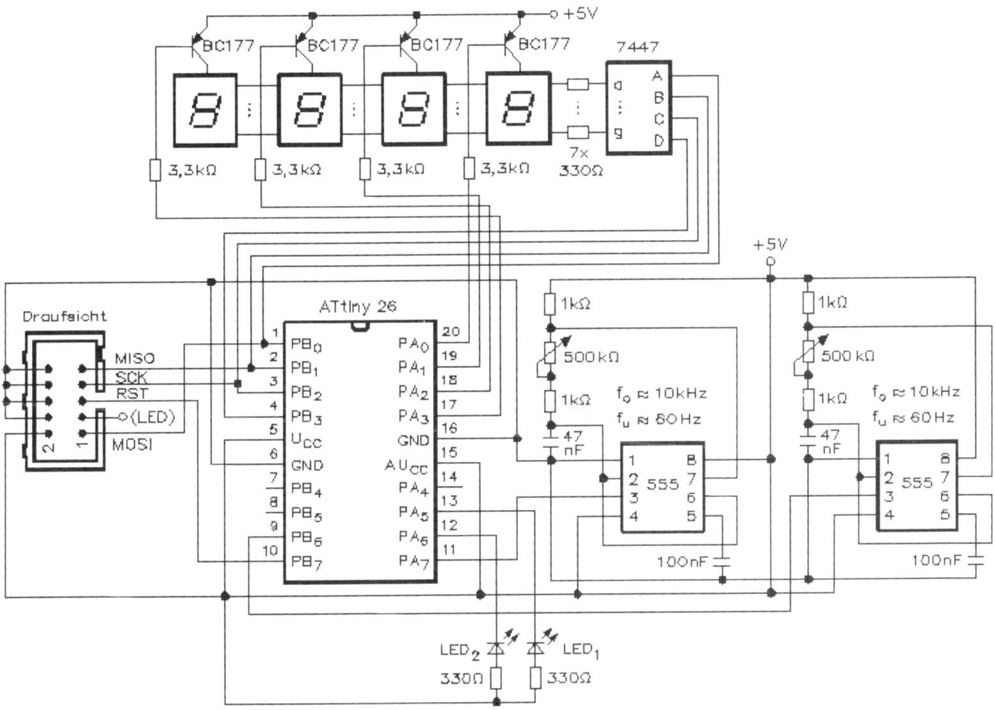

Abb. 2.45: Schaltung mit zwei Rechteckgeneratoren und einer gemultiplexten Anzeige

Frequenzen werden für eine Sekunde abwechslungsweise an der 7-Segment-Anzeige ausgegeben. Damit man den Unterschied der beiden Frequenzen erkennen kann, dient die LED1 an PA5 für den linken Timer 555 und die LED2 an PA6 für den rechten.

Die beiden Timer sind gleich aufgebaut. Die untere Frequenz errechnet sich aus:

$$f_u = \frac{1}{0{,}7 \cdot (R_1 + 2 \cdot R_2) \cdot C} = \frac{1}{0{,}7 \cdot (1\ k\Omega + 2 \cdot 501\ k\Omega) \cdot 47\ nF} \approx 60\ Hz$$

Die obere Frequenz errechnet sich aus:

$$f_o = \frac{1}{0{,}7 \cdot (R_1 + 2 \cdot R_2) \cdot C} = \frac{1}{0{,}7 \cdot (1\ k\Omega + 2 \cdot 1\ k\Omega) \cdot 47\ nF} \approx 10\ kHz$$

Abb. 2.46 zeigt das Programm für zwei Rechteckgeneratoren mit gemultiplexter Anzeige. Im Programmierkopf muss die Definition des Statusvektors erweitert werden mit „stavec(2) freq0 or freq1 selected“. Damit schaltet man die rechte und linke Leuchtdiode abwechslungsweise ein. Danach sind „COMP1_L“ und „COMP1_H“

```
; mainprogram
main:
    sbrc  stavec,0
    rjmp  new_input

    sbrs  stavec,1
    rjmp  main

display3:
    lds   acc0,ODEZ3
    ori   acc0,$f0
    out   PORTB,acc0
    in    acc0,PORTA
    andi  acc0,$f0
    ori   acc0,$07
    out   PORTA,acc0
    cbr   stavec,$02
display2:
    sbrs  stavec,1
    rjmp  display2
    lds   acc0,ODEZ2
    ori   acc0,$f0
    out   PORTB,acc0
    in    acc0,PORTA
    andi  acc0,$f0
    ori   acc0,$0b
    out   PORTA,acc0
    cbr   stavec,$02
display1:
    sbrs  stavec,1
    rjmp  display1
    lds   acc0,ODEZ1
    ori   acc0,$f0
    out   PORTB,acc0
    in    acc0,PORTA
    andi  acc0,$f0
    ori   acc0,$0d
    out   PORTA,acc0
    cbr   stavec,$02
display0:
    sbrs  stavec,1
    rjmp  display0
    lds   acc0,ODEZ0
    ori   acc0,$f0
    out   PORTB,acc0
    in    acc0,PORTA
    andi  acc0,$f0
    ori   acc0,$0e
    out   PORTA,acc0
    cbr   stavec,$02
    rjmp  main

freq_diff:
    cbi   PORTA,5
    cbi   PORTA,6
    lds   acc0,FREQ0_L
    lds   acc1,FREQ0_H
    lds   acc2,FREQ1_L
    lds   acc3,FREQ1_H
    sub   acc0,acc2
    sbc   acc1,acc3
    brcc  select_done
    neg   acc0
    neg   acc1
    sec
    adc   acc0,null
    adc   acc1,null
    rjmp  select_done
new_input:
    sbrc  stavec,3
    rjmp  freq_diff
    sbrs  stavec,2
    rjmp  select0
    lds   acc0,FREQ1_L
    lds   acc1,FREQ1_H
    cbi   PORTA,6
    sbi   PORTA,5
    rjmp  select_done
select0:
    lds   acc0,FREQ0_L
    lds   acc1,FREQ0_H
    cbi   PORTA,5
    sbi   PORTA,6
select_done:
    clr   hlp0
dez3:
    subi  acc0,$e8
    sbci  acc1,$03
    brcs  dez3_end
    inc   hlp0
    rjmp  dez3
dez3_end:
    ;addi acc0,$e8
    ldi   acc2,$e8
    add   acc0,acc2
    ldi   acc2,$03
    adc   acc1,acc2
    sts   ODEZ3,hlp0
    clr   hlp0
dez2:
    subi  acc0,$64
    sbci  acc1,$00
    brcs  dez2_end
    inc   hlp0
    rjmp  dez2
dez2_end:
    ;addi acc0,$64
    subi  acc0,$9c
    sts   ODEZ2,hlp0
    clr   hlp0
dez1:
    subi  acc0,$0a
    brcs  dez1_end
    inc   hlp0
    rjmp  dez1
dez1_end:
    ;addi acc0,$0a
    subi  acc0,$f6
    sts   ODEZ1,hlp0
    sts   ODEZ0,acc0
    cbr   stavec,$01
    rjmp  display3
```

Abb. 2.46: Programm für zwei Rechteckgeneratoren mit gemultiplexter Anzeige

und „FREQ1_L“ und „FREQ1_H“ noch zu modifizieren. Das Programm „RESET“ ist auf „A0..A3, A5, A6 output“ und „A7 input to ANA_COMP“ zu erweitern. Während „B0..B3 output“ als BCD-Ausgänge arbeiten, ist „B6 input ohne pullup“.

Das Hauptprogramm ist in 14 Programme aufgeteilt. Die Programme „main“, „display3“, „display2“, „display1“ und „display0“ sind mit *Abb. 2.44* identisch.

Das Programm „new_input“ beginnt mit dem Setzen des Registers im Statusvektor und dann erfolgt ein relativer Sprung nach „select0“. Danach wird der Speicherplatz „FREQ1_L“ aus dem SRAM-Speicher in den Akkumulator geladen, ebenso „FREQ1_H“. Das I/O-Register von PORTA wird gelöscht und anschließend gesetzt. Zum Schluss erfolgt ein relativer Sprung nach „select_done“.

Das Programm „select0“ steuert die beiden Leuchtdioden an. Mit „lds“ wird der Speicherplatz „FREQ0_L“ aus dem SRAM-Speicher in den Akkumulator geladen,

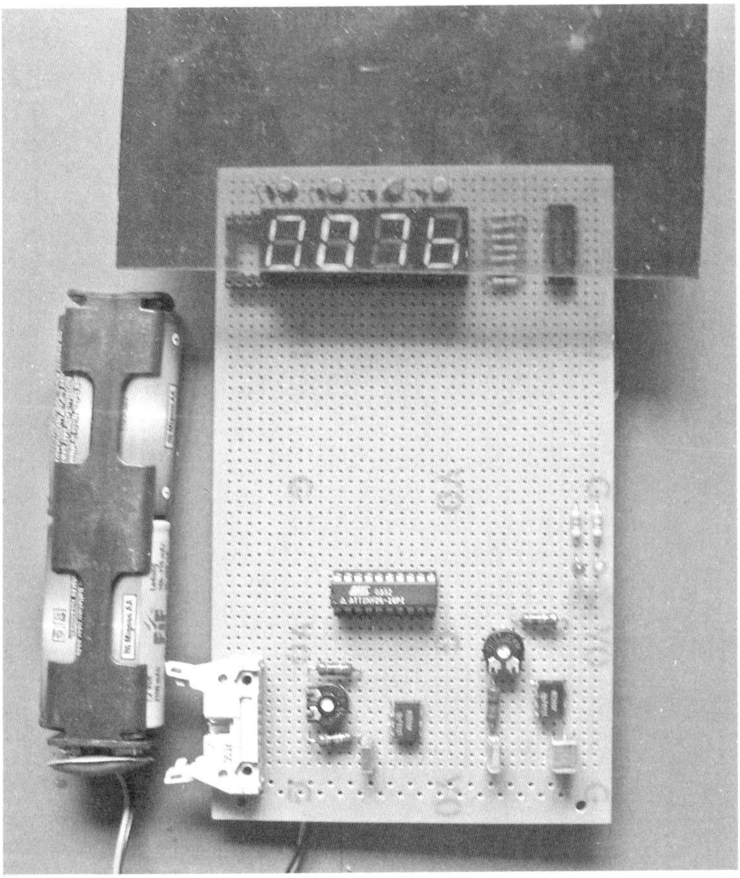

Abb. 2.47: Hardware für zwei Rechteckgeneratoren mit gemultiplexter Anzeige

ebenso „FREQ0_H". Das I/O-Register von PORTA wird gelöscht und anschließend wieder gesetzt.

Das Programm „select_done" löscht das „hlp0"-Register.

Die Programme „dez3", „dez3_end", „dez2", „dez2_end", „dez1" und „dez1_end" sind mit den Programmen von *Abb. 2.44* identisch.

2.12 Differenzmessung zweier Frequenzen der Rechteckgeneratoren

Bei der Schaltung von *Abb. 2.48* erfolgt eine Differenzmessung zwischen den beiden Ausgangsfrequenzen.

Der linke Timer 555 liegt mit seiner Rechteckspannung an dem Eingang PA7 und der rechte am Eingang PB6 (Funktion für den externen Interrupt INT0). Die beiden Frequenzen werden für eine Sekunde abwechslungsweise über die 7-Segment-Anzeige ausgegeben. Damit man den Unterschied der beiden Frequenzen erkennen kann, dient die LED1 an PA5 für den linken Timer 555 und die LED2 an PA6 für den rechten. Wenn man die Taste drückt, wird die Differenz der beiden Rechteckspannungen angezeigt. Zur Kennzeichnung der Differenzmessung leuchten beide LEDs auf. Die Differenzmessung wird solange durchgeführt, bis die Taste nochmals gedrückt wird. Die beiden Leuchtdioden zeigen wieder an, welcher Timer 555 arbeitet.

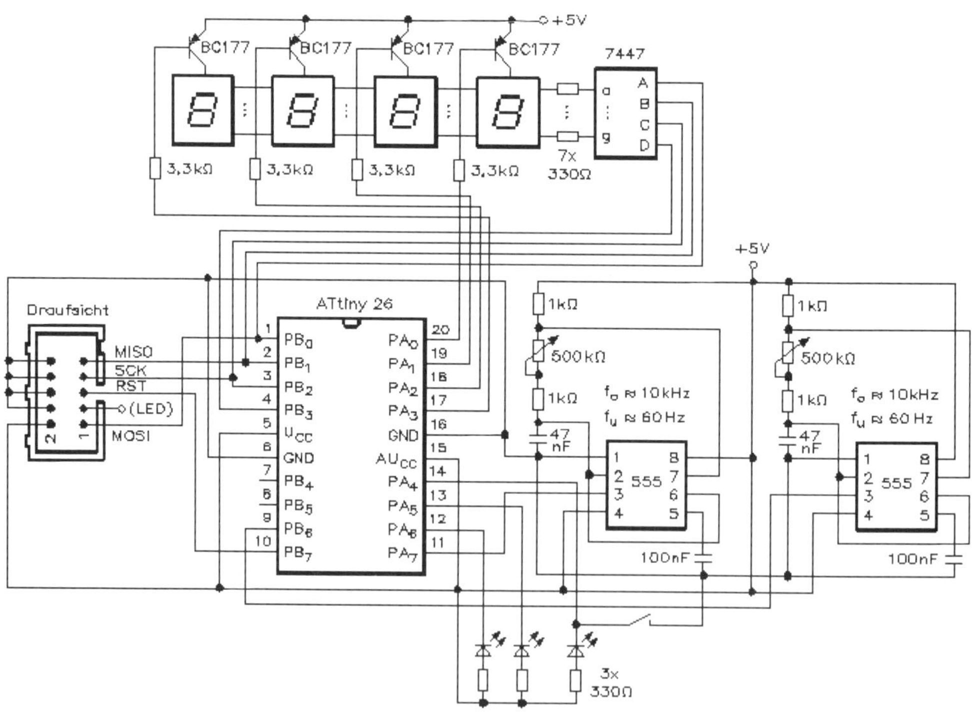

Abb. 2.48: Schaltung für die Differenzmessung zweier Frequenzen der Rechteckgeneratoren

Abb. 2.49 zeigt das Programm für die Differenzmessung zweier Frequenzen der Rechteckgeneratoren. Im Programmkopf sind umfangreiche Definitionen und Programmteile zu modifizieren. Das Register 22 muss definiert werden mit:

.def stavec = r22
; stavec(0) = 1, TIM0_OVF: 1sec flag
; stavec(1) = 1, TIM0_OVF: 4ms flag
; stavec(2) = freq0 or freq1 selected
; stavec(3) = 1, freq_diff selected
; stavec(4) = old button value

Mit „TIM0_OVF" wird das Flag für die Sekunden und für die Millisekunden definiert. Dann wird entweder die Frequenz 0 oder die Frequenz 1 bestimmt. Danach erfolgt die Festlegung der Differenz und zum Schluss die Frage ob der Taster offen oder geschlossen ist.

Die Programmteile „TIM0_OVF" , „TIM0_OVF_button_pressed", „TIM0_OVF_button_not_pressed" und „TIM0_OVF_button_done" sind recht umfangreich und ausreichend dokumentiert.

Das Hauptprogramm ist in 15 Programme unterteilt. Die Programme „main", „display3", „display2", „display1" und „display0" sind mit *Abb. 2.44* identisch.

Das Programm „freq_diff" setzt mit dem „cbi"-Befehl den PORTA auf PORTA5 und PORTA6 ist für die Ansteuerung der beiden Leuchtdioden. Dann erfolgt ein direktes Laden des Akkumulators aus dem SRAM-Speicher, und zwar die Frequenzen „FREQ0_L", „FREQ0_H", „FREQ1_L" und „FREQ1_H". Danach werden zwei Subtraktionen mit den Akkumulatoren durchgeführt, und zwar eine normale und eine mit Carrybit. Ist das Carrybit nicht gesetzt, wird das Programm auf „select_done" fortgesetzt, andernfalls erfolgen zwei Zweierkomplementbildungen mit den Inhalten der Akkumulatoren. Mit „sec" wird das Register gesetzt und danach erfolgen zwei Additionen unter Berücksichtigung des Carrybits. Zum Schluss ergibt sich ein bedingter Sprung nach „select_done".

Bei Beginn des Programms „new_input" wird das Register für den Statusvektor gelöscht und dann folgt ein relativer Sprung auf „freq_diff". Mit dem „sbrs"-Befehl wird das Register für den Statusvektor gesetzt und dann erfolgt ein relativer Sprung auf „select0". Anschließend erfolgt das Laden der Akkumulatoren mit „FREQ1_L" und „FREQ1_H". Anschließend wird das I/O-Register von PORTA6 gelöscht und das I/O-Register von PORTA5 gesetzt. Zum Schluss erfolgt ein relativer Sprung nach „select_done".

Die Programme „dez3", „dez3_end", „dez2", „dez2_end", „dez1" und „dez1_end" sind mit den Programmen von Abb. 2.44 und Abb. 2.46 identisch.

```
; mainprogram
main:
        sbrc   stavec,0
        rjmp   new_input

        sbrs   stavec,1
        rjmp   main

display3:
        lds    acc0,ODEZ3
        ori    acc0,$f0
        out    PORTB,acc0
        in     acc0,PORTA
        andi   acc0,$f0
        ori    acc0,$07
        out    PORTA,acc0
        cbr    stavec,$02
display2:
        sbrs   stavec,1
        rjmp   display2
        lds    acc0,ODEZ2
        ori    acc0,$f0
        out    PORTB,acc0
        in     acc0,PORTA
        andi   acc0,$f0
        ori    acc0,$0b
        out    PORTA,acc0
        cbr    stavec,$02
display1:
        sbrs   stavec,1
        rjmp   display1
        lds    acc0,ODEZ1
        ori    acc0,$f0
        out    PORTB,acc0
        in     acc0,PORTA
        andi   acc0,$f0
        ori    acc0,$0d
        out    PORTA,acc0
        cbr    stavec,$02
```

```
display0:
        sbrs   stavec,1
        rjmp   display0
        lds    acc0,ODEZ0
        ori    acc0,$f0
        out    PORTB,acc0
        in     acc0,PORTA
        andi   acc0,$f0
        ori    acc0,$0e
        out    PORTA,acc0
        cbr    stavec,$02
        rjmp   main

freq_diff:
        cbi    PORTA,5
        cbi    PORTA,6
        lds    acc0,FREQ0_L
        lds    acc1,FREQ0_H
        lds    acc2,FREQ1_L
        lds    acc3,FREQ1_H
        sub    acc0,acc2
        sbc    acc1,acc3
        brcc   select_done
        neg    acc0
        neg    acc1
        sec
        adc    acc0,null
        adc    acc1,null
        rjmp   select_done
new_input:
        sbrc   stavec,3
        rjmp   freq_diff
        sbrs   stavec,2
        rjmp   select0
        lds    acc0,FREQ1_L
        lds    acc1,FREQ1_H
        cbi    PORTA,6
        sbi    PORTA,5
        rjmp   select_done
```

```
select0:
        lds    acc0,FREQ0_L
        lds    acc1,FREQ0_H
        cbi    PORTA,5
        sbi    PORTA,6

select_done:
        clr    hlp0
dez3:
        subi   acc0,$e8
        sbci   acc1,$03
        brcs   dez3_end
        inc    hlp0
        rjmp   dez3
dez3_end:
        ;addi  acc0,$e8
        ldi    acc2,$e8
        add    acc0,acc2
        ldi    acc2,$03
        adc    acc1,acc2
        sts    ODEZ3,hlp0
        clr    hlp0
dez2:
        subi   acc0,$64
        sbci   acc1,$00
        brcs   dez2_end
        inc    hlp0
        rjmp   dez2
dez2_end:
        ;addi  acc0,$64
        subi   acc0,$9c
        sts    ODEZ2,hlp0
        clr    hlp0
dez1:
        subi   acc0,$0a
        brcs   dez1_end
        inc    hlp0
        rjmp   dez1
dez1_end:
        ;addi  acc0,$0a
        subi   acc0,$f6
        sts    ODEZ1,hlp0
        sts    ODEZ0,acc0
        cbr    stavec,$01
        rjmp   display3
```

Abb. 2.49: Programm für die Differenzmessung zweier Frequenzen der Rechteckgeneratoren

2.13 Einstellbarer Rechteckgenerator

Der veränderbare Rechteckgenerator mit dem ATtiny26 hat einen Frequenzbereich von 2 kHz bis 7,5 kHz und ist über ein Potentiometer einstellbar. Der Anschluss PB3 ist ein Ausgang für die Pulsweitenmodulation PWM und daher muss die Datenleitung für die Anzeige auf PB4 geändert werden. *Abb. 2.50* zeigt die Schaltung.

Der Umbau für die Datenleitung D des BCD-Ausgabecodes ist kein großes Problem, aber die Software muss umgeschrieben werden, was aber nicht sehr aufwendig ist. Pin PB3 dient als Rechteckausgang und über die Leuchtdiode wird der Ausgang angezeigt. Gleichzeitig ist der Ausgang PB3 mit Pin PB6 für die Frequenzmessung verbunden. Über einen Spannungsteiler erhält der interne AD-Wandler (ADC3) seine Spannung von 0 V bis 2,5 V und diese analoge Eingangsspannung bestimmt die Ausgangsfrequenz von 2 kHz bis 7,5 kHz.

Abb. 2.51 zeigt das Programm für einen einstellbaren Rechteckgenerator. Zuerst muss das Register vom Statusvektor geändert werden:

.def stavec = r22
; stavec(0) = 1, TIM0_OVF: 1sec flag
; stavec(1) = 1, TIM0_OVF: 4ms flag
; stavec(2) = 1, ADC_INT: average complete

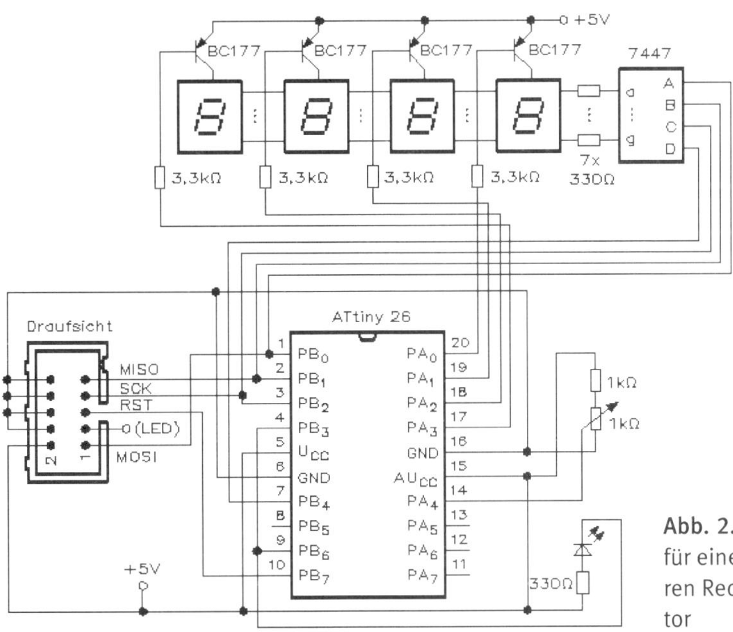

Abb. 2.50: Schaltung für einen einstellbaren Rechteckgenerator

```
; mainprogram
main:
    sbrc  stavec,0
    rjmp  new_output
    sbrs  stavec,1
    rjmp  main

display3:
    lds   acc0,ODEZ3
    ori   acc0,$a0
    out   PORTB,acc0
    in    acc0,PORTA
    andi  acc0,$f0
    ori   acc0,$07
    out   PORTA,acc0
    cbr   stavec,$02
display2:
    sbrs  stavec,1
    rjmp  display2
    lds   acc0,ODEZ2
    ori   acc0,$a0
    out   PORTB,acc0
    in    acc0,PORTA
    andi  acc0,$f0
    ori   acc0,$0b
    out   PORTA,acc0
    cbr   stavec,$02
display1:
    sbrs  stavec,1
    rjmp  display1
    lds   acc0,ODEZ1
    ori   acc0,$a0
    out   PORTB,acc0
    in    acc0,PORTA
    andi  acc0,$f0
    ori   acc0,$0d
    out   PORTA,acc0
    cbr   stavec,$02
display0:
    sbrs  stavec,1
    rjmp  display0
    lds   acc0,ODEZ0
    ori   acc0,$a0
    out   PORTB,acc0
    in    acc0,PORTA
    andi  acc0,$f0
    ori   acc0,$0e
    out   PORTA,acc0
    cbr   stavec,$02
    rjmp  main

new_input:
    ; input measurement done, result in AVH:AVL
    lds   hlp0,AVL
    ldi   acc0,$08
    add   acc0,hlp0
    lds   hlp0,AVH
    adc   hlp0,null
    andi  acc0,$F0
    or    acc0,hlp0
    swap  acc0
    mov   sacc0,acc0
    rcall byteout
    ; start output measurement
    ; internal 2.56V reference
    ; B6 single ended
    ldi   acc0,$89
    out   ADMUX,acc0
    cbr   stavec,$04
    sts   AVL,null
    sts   AVH,null
    ldi   acc0,(1<<ADEN)|(1<<ADSC)|(1<<ADIF)|(1<<ADIE)|(1<<ADPS1)|(1<<ADPS0)
    out   ADCSR,acc0
new_input_done:
    sbrs  stavec,2
    rjmp  new_input_done
    ; output measurement done, result in AVH:AVL
    lds   hlp0,AVL
    ldi   acc0,$04
    add   acc0,hlp0
    lds   acc1,AVH
    adc   acc1,null
    lsr   acc1
    ror   acc0
    lsr   acc1
    ror   acc0
    lsr   acc1
    ror   acc0
    sts   OUT_L,acc0
    sts   OUT_H,acc1
    ; restart input measurement
    ; internal 2.56V reference
    ; A4 single ended
    ldi   acc0,$83
    out   ADMUX,acc0
    cbr   stavec,$04
    sts   AVL,null
    sts   AVH,null
    ldi   acc0,(1<<ADEN)|(1<<ADSC)|(1<<ADIF)|(1<<ADIE)|(1<<ADPS1)|(1<<ADPS0)
    out   ADCSR,acc0

new_output:
    sbrc  stavec,2
    rjmp  new_input

    lds   acc0,OUT_L
    lds   acc1,OUT_H

    clr   hlp0
dez3:
    subi  acc0,$e8
    sbci  acc1,$03
    brcs  dez3_end
    inc   hlp0
    rjmp  dez3

dez3_end:
    ;addi  acc0,$e8
    ldi   acc2,$e8
    add   acc0,acc2
    ldi   acc2,$03
    adc   acc1,acc2
    mov   acc2,hlp0
    lsl   acc2
    andi  acc2,$10
    or    acc2,hlp0
    sts   ODEZ3,acc2
    clr   hlp0
dez2:
    subi  acc0,$64
    sbci  acc1,$00
    brcs  dez2_end
    inc   hlp0
    rjmp  dez2
dez2_end:
    ;addi  acc0,$64
    subi  acc0,$9c
    mov   acc2,hlp0
    lsl   acc2
    andi  acc2,$10
    or    acc2,hlp0
    sts   ODEZ2,acc2
    clr   hlp0
dez1:
    subi  acc0,$0a
    brcs  dez1_end
    inc   hlp0
    rjmp  dez1
dez1_end:
    ;addi  acc0,$0a
    subi  acc0,$f6
    mov   acc2,hlp0
    lsl   acc2
    andi  acc2,$10
    or    acc2,hlp0
    sts   ODEZ1,acc2
    mov   acc2,acc0
    lsl   acc2
    andi  acc2,$10
    or    acc2,acc0
    sts   ODEZ0,acc2
    cbr   stavec,$01

    rjmp  display3

byteout:
    ldi   sacc1, $08
byteout_next:
    cbi   PORTA, 6
    lsl   sacc0
    brcs  byteout_1
    cbi   PORTA, 7
    rjmp  byteout_2
byteout_1:
    sbi   PORTA, 7
byteout_2:
    sbi   PORTA, 6
    dec   sacc1
    brne  byteout_next
    cbi   PORTA, 6
    sbi   PORTA,5
    nop
    nop
    cbi   PORTA,5
    ret
```

Abb. 2.51: Programm für einen einstellbaren Rechteckgenerator

Die Register für „stavec(0)“ und „stavec(1)“ definieren die beiden Timer und „stavec(2)“ gilt für den AD-Wandler.

Als Nächstes muss der Interrupt für den AD-Wandler gesetzt werden und dies ist in dem Programmkopf vorhanden. Ebenso ist der Timer 1 auf seine Bedingungen zu setzen und dies ist in dem Programmkopf übersichtlich dokumentiert.

Das Hauptprogramm ist in 13 Programme unterteilt, wobei man viele Programmteile vom Programm 11 kennt. Das „main“-Programm beginnt mit der Rücksetzung des Registers im Statusvektor. Dann folgt ein bedingter Sprung auf „new_output“ und dem Setzen des Registers im Statusvektor. Zum Schluss folgt ein bedingter Sprung nach „main“.

Das Programm „display3“ muss an die Besonderheiten angepasst werden, da nicht mehr PB3, sondern PB4 das BCD-Signal ausgibt. Die ODER-Verknüpfung wird nicht mit „f0“ verknüpft, sondern mit „e0“. Es ergibt sich das geänderte Format:

1 1 1 0 0 0 0 0

Das Programm „display2“, „display1“, „display0“ muss ebenfalls von „f0“ auf „e0“ geändert werden. Ansonsten bleibt das Anzeigeprogramm gleich.

Das Programm „new_input“ startet mit einem Hinweis, dass das Ergebnis in den beiden Registern AVH und AVL gespeichert wird. Dann wird der Inhalt des SRAM-Speichers AVL in das „hlp0“-Register geladen und der Akkumulator erhält eine Konstante. Danach erfolgt eine Addition zwischen „hlp0“-Register und Akkumulator. Anschließend wird der Inhalt des SRAM-Speichers AVH in das „hlp0“-Register geladen und es erfolgt eine Addition zwischen dem Akkumulator und dem Register r0 unter Berücksichtigung des Carrybits. Der Inhalt des Akkumulators wird mit der Konstanten über UND verknüpft und danach mit ODER über das „hlp0“-Register verknüpft. Mit „swap“ werden die beiden Nibbles des Akkumulators vertauscht und danach wird der Inhalt des Akkumulators um eine Stelle nach rechts verschoben. Mit „mov“ erfolgt eine Speicherung des Akkumulators im „hlp0“-Register und danach wird der Inhalt des „hlp0“-Registers um eine Stelle nach rechts geschoben. Es folgt eine weitere Addition des Akkumulators mit dem „hlp0“-Register. Jetzt folgt der Hinweis, dass mit dem Mikrocontroller kein „addi“-Befehl durchgeführt werden kann. Stattdessen wird eine Subtraktion mit dem Komplement ausgeführt und im Register OCR1C gespeichert. Anschließend wird das Register für den Statusvektor gelöscht und es erfolgt eine direkte Speicherung im SRAM unter AVL und AVH. Der Akkumulator wird mit den Bedingungen für den AD-Wandler geladen und zum Schluss erfolgt eine Ausgabe des Akkumulators nach ADCSR.

Das Programm „new_output“ löscht das Register im Statusvektor und anschließend wird ein bedingter Sprung auf „new_input“ ausgeführt. Es folgt das Laden der beiden Akkumulatoren mit den Werten aus dem SRAM unter „FREQ_L" und „FREQ_H". Zum Schluss wird das „hlp0"-Register gelöscht.

Das Programm „dez3" bleibt, aber „dez3_end" wird erweitert. Bis zum „mov"-Befehl ist das Programm identisch. Mit „mov" wird das „hlp0"-Register in den Akkumulator geladen und dann erfolgt ein Linksschieben des Inhalts vom Akkumulator. Der Inhalt des Akkumulators wird über UND mit der Konstanten verknüpft und dann erfolgt eine ODER-Verknüpfung zwischen Akkumulator und „hlp0"-Register. Der Inhalt wird direkt im SRAM abgespeichert und danach wird das „hlp0"-Register gelöscht.

Die Programme „dez2" und „dez1" bleiben, aber „dez3_end" und „dez1_end" werden erweitert. Bis zum „mov"-Befehl ist das Programm identisch. Mit „mov" wird das „hlp0"-Register in den Akkumulator geladen und dann erfolgt ein Linksschieben des Inhalts vom Akkumulator. Der Inhalt des Akkumulators wird über UND mit der Konstanten verknüpft und dann erfolgt eine ODER-Verknüpfung zwischen Akkumulator und „hlp0"-Register. Der Inhalt wird direkt im SRAM abgespeichert und danach wird das „hlp0"-Register gelöscht.

2.14 ATtiny26 mit externem DA-Wandler

Wenn man einen kompletten DA-Wandler kauft, sind die meisten erheblich teurer als der Mikrocontroller ATtiny26. Ausweg schafft ein Schieberegister mit seriellem Eingang und parallelen Ausgängen. An den Ausgängen befindet sich ein R2R-Widerstandsnetzwerk mit acht Widerständen von 1 kΩ (R) und 2,2 kΩ (2R). Wenn man den Innenwiderstand des TTL-Ausgangs betrachtet, ergibt sich kein großer Fehler, wenn für 2R-Werte 2,2 kΩ verwendet wird, besser sind natürlich 2 kΩ. Die Schaltung von *Abb. 2.52* zeigt den ATtiny26 mit externem DA-Wandler.

Für die Realisierung des Bewertungsnetzwerkes, das im Wesentlichen die Genauigkeit eines DA-Wandlers bestimmt, gibt es unterschiedliche Möglichkeiten (Bewertungswiderstände, abgestufte Teilströme usw.), von denen sich für integrierte Schaltungen das R2R-Leiternetzwerk als besonders geeignet erwiesen hat. Dies hängt damit zusammen, dass für dieses Netzwerk nur zwei Widerstandswerte im Verhältnis 2 : 1 erforderlich sind. Es kommt also nicht auf die absoluten Toleranzen der Widerstände an, sondern auf die relativen. Dies ist insofern vorteilhaft, als sich Widerstände der gleichen Größenordnung mit geringen relativen Toleranzen in integrierter Technik gut herstellen lassen.

Abb. 2.52 zeigt die Schaltung eines DA-Wandlers mit R2R-Leiternetzwerk. Da die Ausgänge des Schieberegisters in ihren TTL-Stromausgängen entsprechend ihrer

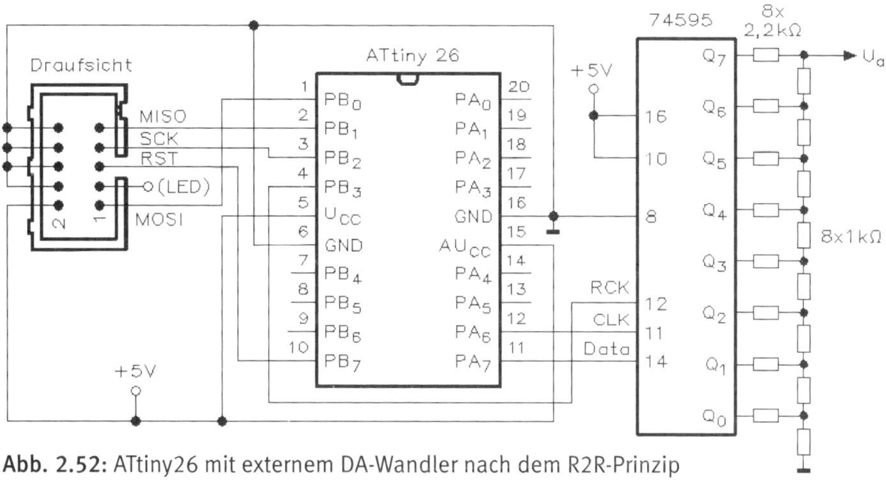

Abb. 2.52: ATtiny26 mit externem DA-Wandler nach dem R2R-Prinzip

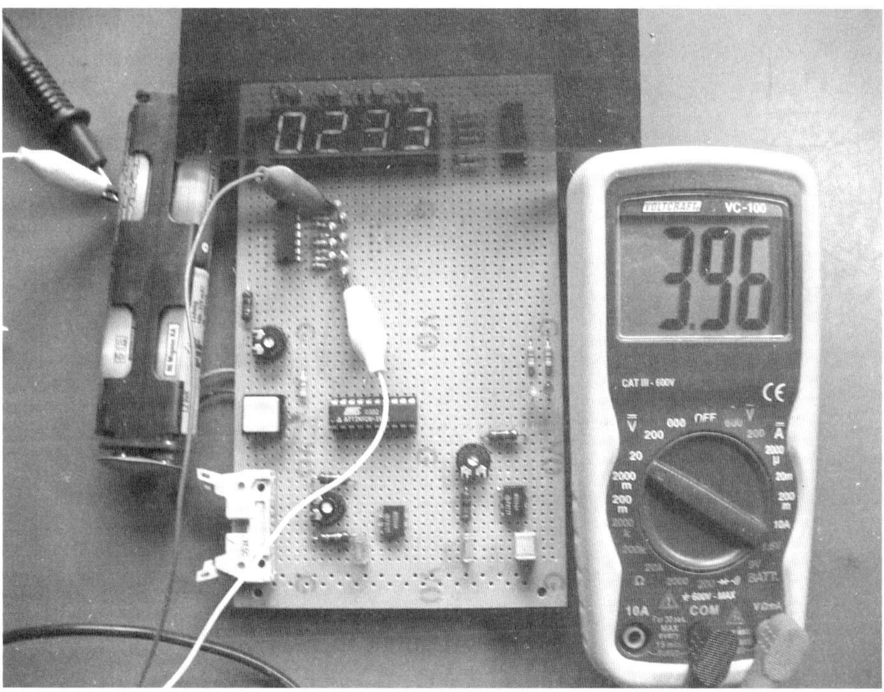

Abb. 2.53: Hardware mit dem ATtiny26 und externem DA-Wandler mit R2R-Leiternetzwerk

Strombelastung gewählt werden, erreicht man, in Verbindung mit dem für alle Endstufen erzeugten Ausgangsstrom, dass die Ausgangsstufen auf gleichem Spannungspotenzial liegen. Dies ist notwendig, damit sich die gewünschte Stromverteilung im Leiternetzwerk einstellt.

Der Referenzstrom I_{Ref} teilt sich am Knoten 1 im Verhältnis der beiden dort angreifenden Widerstände auf. Der eine Widerstand liegt als diskreter Wert 2R vor dem anderen Widerstand R und wird gebildet durch das restliche R2R-Netzwerk. Betrachtet man dieses ausgehend vom Knoten 8, so findet man oben neben jedem Knoten den Wert 2R. Dieser bildet zusammen mit dem nach rechts abgehenden Widerstand 2R die Parallelschaltung R. Dies bedeutet gleichzeitig, dass in diesem Knoten der nach links abfließende Summenstrom halbiert wird. Zu dieser Parallelschaltung addiert sich der nach links abgehende Serienwiderstand R, sodass vom nächsten linken Knoten (7) aus gesehen wieder der Wert 2R erscheint. Also wird auch in diesem Knoten die nach links abfließende Stromsumme halbiert. Dies lässt sich fortsetzen bis zum Knoten 1 und bedeutet, dass sich der Referenzstrom wie folgt verteilt:

Am Knoten 1 entstehen zwei Ströme $I_{Ref}/2$ am Knoten 2 zwei Ströme $I_{Ref}/4$ usw. bis zum Knoten 8, wo zwei Ströme $I_{Ref}/256$ auftreten. Es ergeben sich zwei Gleichungen:

$$I_0 = I_{Ref}\left(\frac{B_7}{2} + \frac{B_6}{4} + \ldots + \frac{B_1}{128} + \frac{B_0}{256}\right)$$

$$I_0 = \frac{255}{256} \cdot I_{Ref}$$

Damit die Gleichungen hinsichtlich der Stromverteilung erfüllt sind, muss der letzte Teilstrom $I_{Ref}/256$ über den Ausgang fließen.

Die acht Ausgänge gewährleisten nicht nur gleiche Potentiale an den 2R-Widerständen, sie entkoppeln auch das Netzwerk von den anderen Ausgängen. Auf diese Weise verhindert man, dass im Bewertungsnetzwerk parasitäre Kapazitäten umgeladen werden müssen, was sich in Störspitzen, auch als „Glitches“ bekannt, auf den Ausgangsstrom I_0 bemerkbar machen würde.

An den Ausgängen des Schieberegisters stehen jetzt die binär bewerteten Teilströme zur Verfügung, die, je nach Wertigkeit, über den Ausgang I_0 oder über den Masseanschluss fließen. Damit wurde die in der ersten Gleichung aufgestellte Beziehung zwischen Ausgangs- und Referenzstrom im Prinzip schaltungstechnisch realisiert.

Neben dem Betrieb mit einem festen Referenzstrom sind einige DA-Wandler in der Lage, mit einem variablen Referenzstrom und unter Umständen sogar mit einem

Referenzwechselstrom zu arbeiten. Diese Wandler werden als multiplizierende DA-Wandler definiert, denn sie gestatten, wie aus erster Gleichung ersichtlich ist, die Multiplikation einer analogen Größe (dargestellt durch den Strom I_{Ref}) mit einer digitalen Größe (dargestellt durch das Digitalwort B_7 bis B_0). Das Produkt tritt am Ausgang des DA-Wandlers in analoger Form auf. Dies ist neben der reinen DA-Umsetzung ein weit verbreiteter Anwendungsbereich des DA-Wandlers.

Mit dem Potentiometer am Eingang PA4 bestimmt man die Ausgangsspannung der Schaltung. Der interne AD-Wandler PA4 liefert eine digitalisierte Spannungswertigkeit von 0 V bis 2,55 V und gibt diese an das Schieberegister 74595 als seriellen Datenstrom aus. Damit entsteht eine Ausgangsspannung zwischen 0 V und 4 V, je nach Belastungsfall. Die Ausgangsspannung des DA-Wandlers wird über den Spannungsteiler auf den internen AD-Wandler gegeben und dieser Wert wird auf die Anzeige ausgegeben. *Abb. 2.54* zeigt das Anschlussschema des TTL-Schieberegisters 74595.

Für die Schaltung ist ein TTL-Schieberegister 74595 mit einer Speicherung der Ausgangswertigkeiten erforderlich. Dieser Baustein enthält ein 8-stufiges Schieberegister mit serieller Eingabe sowie paralleler und serieller Ausgabe. Die parallele Ausgabe erfolgt über einen getakteten Zwischenspeicher mit Tristate-Ausgängen.

Die Dateneingabe erfolgt seriell über den Eingang SER. Bei jedem 01-Übergang (positive Flanke) des Taktes an SCK (Shift Register Clock) werden die Informationen von Pin 14 übernommen und die bereits im Schieberegister befindlichen Daten um eine Stufe weitergeschoben. Am Anschluss 9 (Q_7*) können die Daten seriell entnommen werden. Der asynchrone Löschanschluss SCLR (Shift Register Clear) liegt

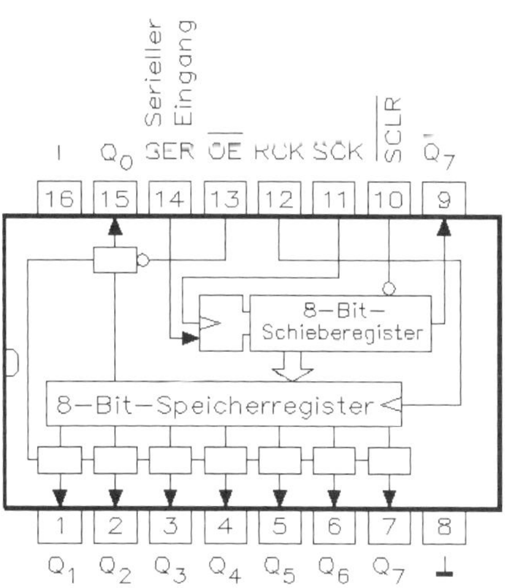

Abb. 2.54: TTL-Schieberegister 74595

normalerweise auf 1-Signal. Wird der Löschanschluss auf 0-Signal gebracht, gehen alle Stufen des Schieberegisters auf Null.

Wenn am Takteingang für den Ausgangszwischenspeicher RCK (Register Clock) ein 01-Übergang des Taktes anliegt, werden die im Schieberegister befindlichen Daten in den 8-Bit-Zwischenspeicher übernommen.

Die parallelen Daten liegen an den Ausgängen Q_0 bis Q_7, wenn der Anschluss für die Ausgangs-Freigabe OE (Output Enable) auf 0-Signal liegt. Legt man diesen Anschluss auf 1-Signal, gehen alle Ausgänge in den hochohmigen Zustand.

Man kann beide Takteingänge (SCK und RCK) miteinander verbinden und dann wird der Inhalt des Schieberegisters immer um einen Taktimpuls später in den Ausgangszwischenspeicher übernommen. Der 74596 ist ein ähnlicher Baustein, besitzt jedoch Ausgänge mit offenem Kollektor.

Der Programmierkopf des Programms kann fast ohne Softwarekorrekturen übernommen werden. Die Änderungen sind dokumentiert und lassen sich einfach nachvollziehen. Das Hauptprogramm ist in 18 Teilprogramme aufgegliedert. *Abb. 2.55* zeigt das Programm für den externen DA-Wandler nach dem R2R-Prinzip.

Das „main"-Programm beginnt mit der Rücksetzung des Registers im Statusvektor. Dann folgt ein bedingter Sprung auf „new_output" und dem Setzen des Registers im Statusvektor. Zum Schluss ist ein bedingter Sprung nach „main" vorhanden.

Das Programm „display3" muss an die Besonderheiten angepasst werden, da nicht mehr PB3 sondern PB4 das BCD-Signal aufgibt. Die ODER-Verknüpfung wird nicht mit „f0" oder mit „e0" verknüpft, sondern mit „a0". Es ergibt sich das geänderte Format:

1 0 1 0 0 0 0 0

Das Programm „display2", „display1" „display0" muss ebenfalls von „f0" auf „e0" geändert werden. Ansonsten bleibt das Anzeigeprogramm gleich.

Das Programm „new_input" startet mit einem Hinweis, dass das Ergebnis in den beiden Registern AVH und AVL gespeichert wird. Dann wird der Inhalt des SRAM-Speichers AVL in das „hlp0"-Register geladen und der Akkumulator erhält eine Konstante. Danach erfolgt eine Addition zwischen „hlp0"-Register und Akkumulator. Anschließend wird der Inhalt des SRAM-Speichers AVH in das „hlp0"-Register geladen und es erfolgt eine Addition zwischen dem Akkumulator und dem Register r0 unter Berücksichtung des Carrybits. Der Inhalt des Akkumulators wird mit der Konstanten mit UND und danach mit ODER mit dem „hlp0"-Register verknüpft. Mit „swap" werden die beiden Nibbles des Akkumulators vertauscht und danach

```
; mainprogram
main:
    sbrc   stavec,0
    rjmp   new_output
    sbrs   stavec,1
    rjmp   main

display3:
    lds    acc0,ODEZ3
    ori    acc0,$a0
    out    PORTB,acc0
    in     acc0,PORTA
    andi   acc0,$f0
    ori    acc0,$07
    out    PORTA,acc0
    cbr    stavec,$02
display2:
    sbrs   stavec,1
    rjmp   display2
    lds    acc0,ODEZ2
    ori    acc0,$a0
    out    PORTB,acc0
    in     acc0,PORTA
    andi   acc0,$f0
    ori    acc0,$0b
    out    PORTA,acc0
    cbr    stavec,$02
display1:
    sbrs   stavec,1
    rjmp   display1
    lds    acc0,ODEZ1
    ori    acc0,$a0
    out    PORTB,acc0
    in     acc0,PORTA
    andi   acc0,$f0
    ori    acc0,$0d
    out    PORTA,acc0
    cbr    stavec,$02
display0:
    sbrs   stavec,1
    rjmp   display0
    lds    acc0,ODEZ0
    ori    acc0,$a0
    out    PORTB,acc0
    in     acc0,PORTA
    andi   acc0,$f0
    ori    acc0,$0e
    out    PORTA,acc0
    cbr    stavec,$02
    rjmp   main

new_input:
    ; input measurement done, result in AVH:AVL
    lds    hlp0,AVL
    ldi    acc0,$08
    add    acc0,hlp0
    lds    hlp0,AVH
    adc    hlp0,null
    andi   acc0,$F0
    or     acc0,hlp0
    swap   acc0
    mov    sacc0,acc0
    rcall  byteout
    ; start output measurement
    ; internal 2.56V reference
    ; B6 single ended
    ldi    acc0,$89
    out    ADMUX,acc0
    cbr    stavec,$04
    sts    AVL,null
    sts    AVH,null
    ldi    acc0,(1<<ADEN)|(1<<ADSC)|(1<<ADIF)|(1<<ADIE)|(1<<ADPS1)|(1<<ADPS0)
    out    ADCSR,acc0
new_input_done:
    sbrs   stavec,2
    rjmp   new_input_done
    ; output measurement done, result in AVH:AVL
    lds    hlp0,AVL
    ldi    acc0,$04
    add    acc0,hlp0
    lds    acc1,AVH
    adc    acc1,null
    lsr    acc1
    ror    acc0
    lsr    acc1
    ror    acc0
    lsr    acc1
    ror    acc0
    sts    OUT_L,acc0
    sts    OUT_H,acc1
    ; restart input measurement
    ; internal 2.56V reference
    ; A4 single ended
    ldi    acc0,$83
    out    ADMUX,acc0
    cbr    stavec,$04
    sts    AVL,null
    sts    AVH,null
    ldi    acc0,(1<<ADEN)|(1<<ADSC)|(1<<ADIF)|(1<<ADIE)|(1<<ADPS1)|(1<<ADPS0)
    out    ADCSR,acc0

new_output:
    sbrc   stavec,2
    rjmp   new_input

    lds    acc0,OUT_L
    lds    acc1,OUT_H

    clr    hlp0
dez3:
    subi   acc0,$e8
    sbci   acc1,$03
    brcs   dez3_end
    inc    hlp0
    rjmp   dez3
```

Abb. 2.55: Programm für den externen DA-Wandler nach dem R2R-Prinzip

wird der Inhalt des Akkumulators nach rechts um eine Stelle verschoben. Mit „mov" wird der Inhalt des Akkumulators in den Akkumulator des Statusvektors geladen und dann folgt ein relativer Aufruf der Subroutine „byteout". Jetzt beginnt die Umsetzung des internen AD-Wandlers an Pin PB6. Der Akkumulator wird mit der Konstanten geladen und dann auf das „ADMUX"-Register gegeben. Es wird das Register im Statusvektor gelöscht und dann das SRAM mit der Adresse „AVL" und „AVH" direkt unter „null" abgespeichert. Danach folgt ein Laden des Akkumulators mit den Wertigkeiten des AD-Registers und der Akkumulator wird mit einem „out"-Befehl in das „ADCSR"-Register geladen.

Es startet das Programm „new_input_done" mit Setzen des Registers im Statusvektor und es erfolgt ein Rücksprung, wenn die Bedingung nicht erfüllt ist. Ist die Bedingung erfüllt, startet das neue Programm mit der Speicherung des Ergebnisses in AVH und AVL. Das „hlp0"-Register wird mit dem Wert von AVL direkt am SRAM geladen und dann beginnt das Laden des Akkumulators mit einer Konstanten. „hlp0"-Register und Akkumulator werden addiert und anschließend wird der Speicherplatz von AVH direkt aus dem SRAM im Akkumulator übernommen. Mit dem „adc"-Befehl erfolgt eine Addition unter Berücksichtigung des Carrybits zwischen Akkumulator und „null"-Register. Der Inhalt des Akkumulators wird um eine Stelle nach rechts geschoben. Der Inhalt des anderen Akkumulators wird ebenfalls um eine Stelle nach rechts geschoben, aber unter der Berücksichtigung des Carrybits. Dieser Schiebevorgang wird noch zweimal wiederholt. Danach wird der Inhalt des Akkumulators direkt im SRAM unter „OUT_L" und der andere Inhalt des Akkumulators direkt im SRAM unter „OUT_H" gespeichert. Es beginnt dann wieder eine Messung mit dem internen AD-Wandler, der mit dem Eingang PA4 verbunden ist. Der Akkumulator wird mit einer Konstanten geladen und dies aktiviert den AD-Multiplexer. Mit dem „out"-Befehl wird der AD-Multiplexer angesprochen. Es wird das Register im Statusvektor gelöscht und dann das SRAM mit der Adresse „AVL" und „AVH" direkt unter „null" abgespeichert. Danach folgt ein Laden des Akkumulators mit den Wertigkeiten des AD-Registers und der Akkumulator wird mit einem „out"-Befehl in das „ADCSR"-Register geladen.

Das Programm „new_output" löscht das Register im Statusvektor und anschließend wird ein bedingter Sprung auf „new_input" ausgeführt. Es folgt das Laden der beiden Akkumulatoren mit den Werten aus dem SRAM unter „OUT_L" und „OUT_H". Zum Schluss wird das „hlp0"-Register gelöscht.

Das Programm „dez3" bleibt, aber „dez3_end" wird erweitert. Bis zum „mov"-Befehl ist das Programm identisch. Mit „mov" wird das „hlp0"-Register in den Akkumulator geladen und dann erfolgt ein Linksschieben des Inhalts vom Akkumulator. Der Inhalt des Akkumulators wird über UND mit der Konstanten verknüpft und dann erfolgt eine ODER-Verknüpfung zwischen Akkumulator und „hlp0"-Register. Der Inhalt wird direkt im SRAM abgespeichert und danach wird das „hlp0"-Register gelöscht.

Das Programm „dez2" und „dez1" bleibt, aber „dez3_end" und „dez1_end" wird erweitert. Bis zum „mov" ist das Programm identisch. Mit dem „mov"-Befehl wird das „hlp0"-Register in den Akkumulator geladen und dann erfolgt ein Linksschieben des Inhalts vom Akkumulator. Der Inhalt des Akkumulators wird über UND mit der Konstanten verknüpft und dann erfolgt eine ODER-Verknüpfung zwischen Akkumulator und „hlp0"-Register. Der Inhalt wird direkt im SRAM abgespeichert und danach wird das „hlp0"-Register gelöscht.

2.15 Synthetischer Sinusgenerator mit dem ATtiny26

Für die Schaltung eines synthetischen Sinusgenerators mit dem ATtiny26 benötigt man keine Anzeige für die Frequenzmessung oder die Messung der Ausgangsspannung. Es soll mit der Schaltung von *Abb. 2.56* eine sinusförmige Wechselspannung mit einer Frequenz von 5 kHz erzeugt werden.

Das Schieberegister 74595 ist an dem Mikrocontroller angeschlossen. Am Eingang „Daten" (Pin 14) erhält das Schieberegister die Daten des Mikrocontrollers vom Ausgang PA7. Das Taktsignal CLK an Pin 11 des Schieberegisters sorgt für den ordnungsgemäßen Schiebebetrieb. Für die Steuerung des Ausgabezwischenregisters im 74595 sorgt der Ausgang PB6 des Mikrocontrollers und dieser Pin arbeitet in der PWM-Betriebsart.

Bevor man mit dem Programm beginnt, sind einige Überlegungen und Rechnungen erforderlich. Der interne Taktgenerator wird auf 16 MHz eingestellt und mit der internen PLL-Schaltung ergibt sich eine Taktfrequenz von 64 MHz des Timers 1. Damit arbeitet der Mikrocontroller mit einem Systemtakt von 16 MHz, der relativ genau ist.

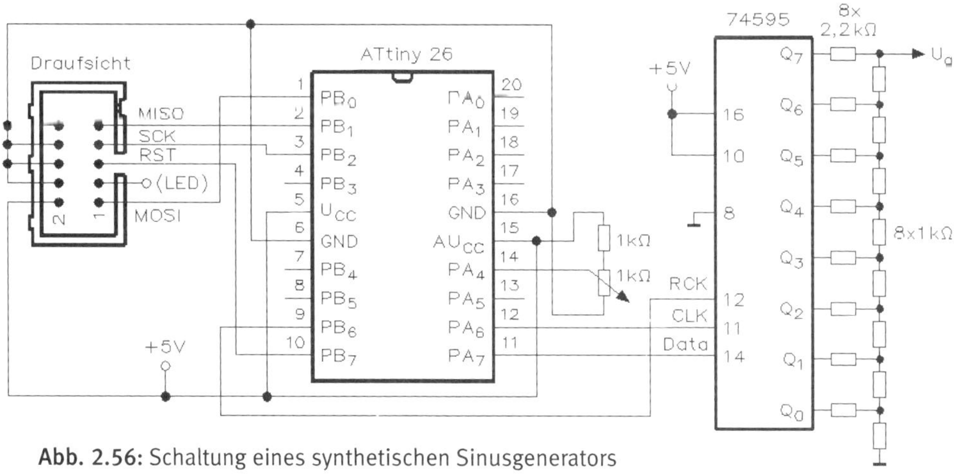

Abb. 2.56: Schaltung eines synthetischen Sinusgenerators

Abb. 2.57: Ansicht der Hardware des synthetischen Sinusgenerators

Viele Anwendungen benutzen Tabellen zum Speichern von Werten, die während der Verarbeitung benötigt werden. Bei einigen Programmen sind in diesen Tabellen die Ergebnisse von Berechnungen gespeichert, für deren mathematische Ableitung viel Zeit erforderlich wäre, wie beispielsweise das Berechnen des Sinus eines Winkels. Bei anderen Anwendungen enthalten die Tabellen Parameter, die eine vordefinierte Beziehung zu den Programmeingaben aufweisen, aber nicht berechnet werden können. Man kann beispielsweise nicht erwarten, dass der Mikrocontroller automatisch die Telefonnummer einer Person „berechnet", deren Namen man eingegeben hat. Anwendungen wie diese erfordern Tabellen. Über eine Tabelle kann man eine Informationseinheit (ein Argument) auf der Grundlage eines bekannten Wertes (einer Funktion) ausfindig machen.

Tabellen können komplizierte und zeitaufwendige Konvertierungen ersetzen, wie etwa das Berechnen der Quadrat- oder Kubikwurzel einer Zahl oder die Ableitung einer trigonometrischen Funktion (Sinus, Cosinus und so weiter) eines Winkels. Tabellen sind besonders dann effektiv, wenn eine Funktion nur einen kleinen Argumentbereich abdeckt. Durch die Verwendung von Tabellen braucht der Mikrocomputer komplexe Berechnungen nicht mehr jedesmal durchzuführen, wenn die Funktion benötigt wird.

Tabellen reduzieren die Verarbeitungsgeschwindigkeit der 8-Bit-Mikrocontroller in fast allen Fällen. Nur bei ganz einfachen Beziehungen nicht, man würde beispielsweise keine Tabelle verwenden, um Argumente zu speichern, die immer doppelt so groß sind wie die Funktion. Da Tabellen jedoch gewöhnlich einen großen Teil des Speichers belegen, sind sie bei solchen Anwendungen am effektivsten, bei denen man zugunsten der Ausführungszeit auf Speicher verzichten kann.

Man kann Verarbeitungs- und Programmierzeit sparen, indem man die Ergebnisse von komplexen Berechnungen in Tabellen bereitstellt. Als ein typisches Beispiel wird hier beschrieben, wie mithilfe einer Tabelle der Sinus eines Winkels gefunden werden kann.

Wie sicherlich aus der Schultrigonometrie noch bekannt ist, kann der Sinus aller Winkel zwischen 0° und 360° dargestellt werden. Mathematisch kann diese Kurve näherungsweise mit dieser Formel berechnet werden:

$$Sinus(x) = x - \frac{x^3}{3!} + \frac{x^5}{5!} - \frac{x^7}{7!} + \frac{x^9}{9!} + \dots$$

Es ist durchaus möglich, ein Programm zu schreiben, das diese Berechnungen durchführt, doch ein solches Programm würde wahrscheinlich viele Millisekunden für die Ausführung benötigen. Wenn eine Anwendung sehr genaue Sinuswerte verlangt, kann es notwendig sein, ein solches Programm zu schreiben. Die meisten Anwendungen kommen jedoch mit einer Tabelle zur Umrechnung von Winkeln in Sinuswerte aus.

Wenn eine Anwendung den Sinus eines beliebigen Winkels zwischen 0° und 360° benötigt, wobei der Winkel eine ganzzahlige Gradangabe ist, wie viele Sinuswerte muss die Tabelle enthalten? 360 Werte? Nein, es reicht eine Tabelle mit elf Sinuswerten und man hat einen Wert für jeden Winkel zwischen 0° und 360°. Wenn man einen genauen Sinus am Ausgang benötigt, schreibt man eine Tabelle mit 91 Sinuswerten und rechnet mit einem Winkel von 0° bis 90°, d. h. der Mikrocontroller wird erheblich langsamer.

Nun muss man sich den Timer 1 genau betrachten. Mit OCR1B wird der Timer 1 auf 1-Signal am Ausgang gesetzt und nach maximal 40 Takten reagiert das Register OCR1C mit einem Wert von 255. Es ergibt sich eine Ausgangsfrequenz von:

$$\frac{62{,}5\ kHz}{n} = Sinusfrequenz$$

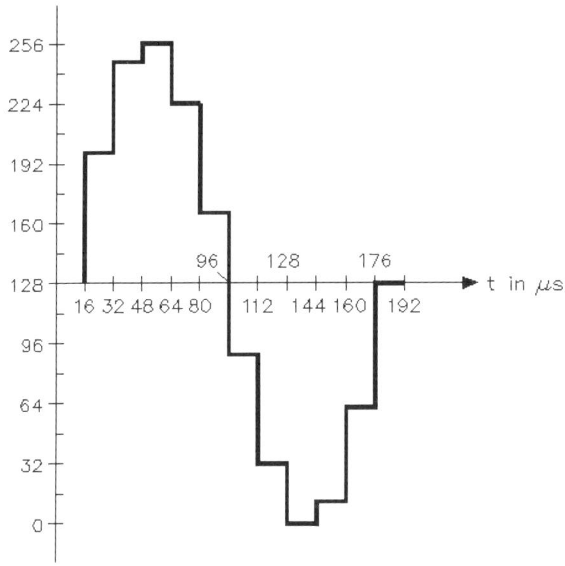

Abb. 2.58: Aufbau des synthetischen Sinussignals mit f = 5,68 kHz

Es ergibt sich eine Sinusfrequenz von 5,68 kHz und dies ist die Ausgangsfrequenz der PWM-Funktion. Aus diesen 255 Werten setzt sich die Sinusspannung zusammen, wie *Abb. 2.58* zeigt.

Die Nulllinie des Sinussignals beginnt bei dem Wert 128. Die Gleichung zeigt die Berechnung:

$$127 \cdot \left(\sin \frac{360°}{11} \cdot n \right) + 128$$

Würde man in die Gleichung den Wert 10 einsetzen, hätte man alle 36° die Ausgabe eines Tabellenwertes und eine symmetrische Sinusspannung. In der Praxis ist es aber üblich, mit dem Wert 11 zu arbeiten, also 32,7°. Setzt man den Wert 11 in die Gleichung ein, ergibt sich Tabelle 2.9.

Im Programm steht:

.org $0010

Damit wird der Adresszähler auf den angegebenen Wert gesetzt. Der Assembler speichert den darauf folgenden Objektcode ab dieser Adresse. Der Objektcode ist relativ zum aktuellen Adresszähler im Speicher abgelegt, da ein Dollarzeichen verwendet wird. *Abb. 2.59* zeigt das Programm für die Erzeugung der symmetrischen Sinusspannung.

Tabelle 2.9: Symmetrische Sinusspannung

Zeit in µs	Dezimalzahl	Hexadezimalzahl
0	128	80
16	197	C5
32	244	F4
64	254	FE
128	224	E0
144	164	A4
160	92	5C
176	32	20
192	2	02
208	12	0C
224	59	3B
240	128	80

Im Programm steht:

.dB $80, $C5, $F4, $FE, $E0, $A4, $5C, $20, $02, $0C, 3B, $80

Das Programm verwendet Speicherzellen, um Variablen aufzubewahren und dazu werden die Datenbereiche mit Namen versehen, die nach Bedarf geändert werden können. Der Assembler hat dazu drei Pseudobefehle, die Platz für Variablen zuweisen. Der Ausdruck „dB“ steht für „definiere Byte“ und weist 8-Bit-Bytes im Speicher zu. Der zweite Ausdruck „dW“ steht für „definiere Wort“ und weist zwei Bytes im Speicher zu. Der dritte Ausdruck „dD“ steht für „definiere 4-Byte-Doppelwort“ und weist vier Bytes im Speicher zu. Wenn man mit einem Doppelwort arbeitet, wird die Ausgangsfrequenz mit dem 8-Bit-Mikrocontoller erheblich reduziert.

2.16 Veränderbarer synthetischer Sinusgenerator

Für den veränderbaren synthetischen Sinusgenerator benötigt man einen Spannungsteiler, bestehend aus einem Festwiderstand und einem Potentiometer. *Abb. 2.60* zeigt die Schaltung.

Zur Frequenzeinstellung dient das Potentiometer an Pin 4. Nachfolgend wird ein Teil des Programmierkopfes in *Abb. 2.61* gezeigt.

Das Programm „RESET“ beginnt mit dem Laden des Akkumulators mit dem Inhalt des Registernamens „RAMEND“. Danach folgt eine Ausgabe zum Stackpointer SP. Anschließend wird das Register „null“ gelöscht. Die Ein- und Ausgänge des PortA

```
; .org gibt wortadresse an !!!
.org $0010

.db $80,$c5,$f4,$fe,$e0,$a4,$5c,$20,$02,$0c,$3b,$80

TIM0_OVF:
    in      itmp,SREG
    push    itmp
    ldi     itmp,CNTVAL
    out     TCNT0,itmp
    sbr     stavec,$02

    lds     itmp,MS4
    inc     itmp
    sts     MS4,itmp
    cpi     itmp,$fc
    brlo    TIM0_OVF_DONE
    sts     MS4,null
    sbr     stavec,$01

TIM0_OVF_DONE:
    pop     itmp
    out     SREG,itmp
    reti


ADC_INT:
    in      itmp,SREG
    push    itmp

    lds     itmp,AVC
    inc     itmp
    sts     AVC,itmp
    ; ignore 1. sample
    cpi     itmp,$01
    breq    ADC_NEXT
    lds     itmp,AVL
    in      ihlp,ADCL
    add     itmp,ihlp
    sts     AVL,itmp
    lds     itmp,AVH
    in      ihlp,ADCH
    adc     itmp,ihlp
    sts     AVH,itmp
    sts     AVL,itmp
    lds     itmp,AVH
    in      ihlp,ADCH
    adc     itmp,ihlp
    sts     AVH,itmp
    lds     itmp,AVC
    cpi     itmp,$05
    brne    ADC_NEXT
    ; sum of 4 samples in AVH:AVL
    sts     AVC,null
    ori     stavec,$04
    rjmp    ADC_DONE

ADC_NEXT:
    ldi     itmp,(1<<ADEN)|(1<<ADSC)|(1<<ADIF)|(1<<ADIE)|(1<<ADPS2)
    out     ADCSR,itmp
ADC_DONE:
    pop     itmp
    out     SREG,itmp
    reti


TIM1_CMP1B:
    in      itmp,SREG
    push    itmp

    lds     itmp,DA_NUM
    inc     itmp
    cpi     itmp,$0b
    brne    TIM1_CMP1B_0
    clr     itmp
TIM1_CMP1B_0:
    sts     DA_NUM,itmp
    ldi     ZL,$20
    add     ZL,itmp
    lpm     ihlp,Z
    ldi     itmp, $08
TIM1_CMP1B_next:
    cbi     PORTA, 6
    lsl     ihlp
    brcs    TIM1_CMP1B_1
    cbi     PORTA, 7
    rjmp    TIM1_CMP1B_2
```

Abb. 2.59: Programm für die Erzeugung der symmetrischen Sinusspannung

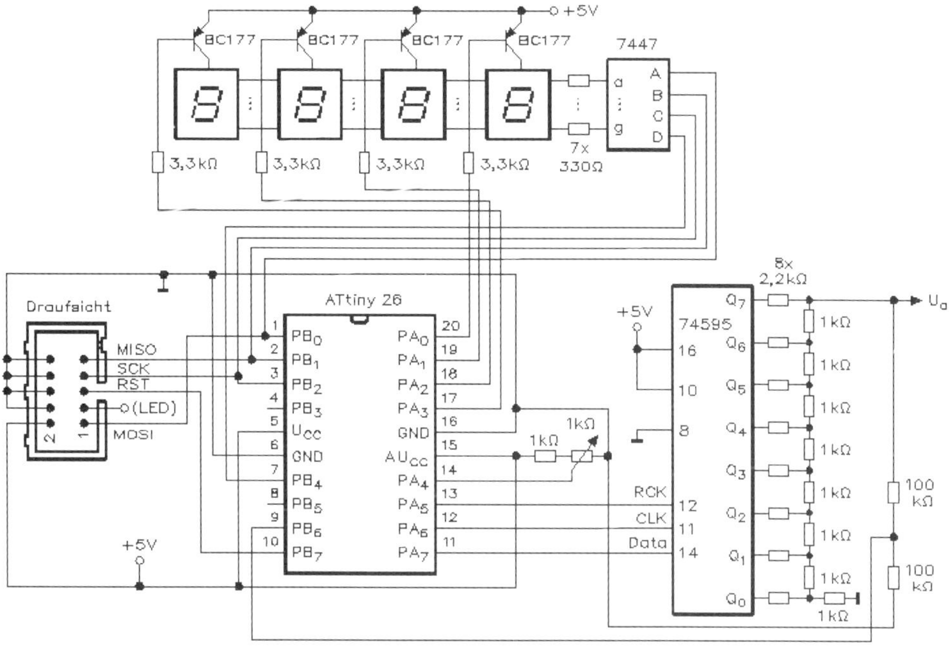

Abb. 2.60: Schaltung eines veränderbaren synthetischen Sinusgenerators

werden mit dem Laden des Akkumulators mit der Konstanten gesetzt und mit dem „out"-Befehl wird das Register PORTA geladen. Dann wiederholt sich der Ladevorgang mit dem Register DDRA. Das gleiche wird mit dem Ausgang von PortB durchgeführt. Die PLL-Einheit wird mit dem Laden des Akkumulators mit einer Konstanten aktiviert und dieser Wert wird in das „PLLCSR"-Register geschrieben.

Danach kommt das Programm „wait_pll_locked" und im ersten Schritt wird der Inhalt des „PLLCSR"-Registers in den Akkumulator übernommen. Mit dem nächsten Befehl wird der Akkumulator gelöscht und es folgt ein relativer Sprung, wenn die Bedingung „wait_pll_locked" erfüllt ist. Es folgt der Hinweis auf den Timer 0 und CK/1024. Es wird der Akkumulator mit einer Konstanten geladen und in das „TCCR0"-Register geladen. Dann folgt der Hinweis „clear TIMER0 OVF". Der Akkumulator wird mit der Konstanten geladen und an das „TIFR"-Register übergeben. Es folgt der Hinweis „cnt \$100 –\$C2 = \$3E ~ 3,97 ms" und das Laden des Akkumulators mit der Konstanten „CNTVAL". Dieser Wert wird in das „TCNT0"-Register geladen.

Damit der Timer1 in der PWM-Betriebsart arbeitet, müssen die einzelnen Register geladen werden. Mit dem „ldi"-Befehl wird der Akkumulator mit einer Konstanten

```
RESET:
    ldi   acc0,RAMEND
    out   SP,acc0
    clr   null

    ; A0 .. A3, A6, A7 output
    ; A4 input to ADC
    ldi   acc0,$2f
    out   PORTA,acc0
    ldi   acc0,$cf
    out   DDRA,acc0

    ; B0 .. B4  Output
    ; sonst Input with Pullup
    ldi   acc0,$1f
    out   PORTB,acc0
    ldi   acc0,$1f
    out   DDRB,acc0

    ; activate PLL
    ldi   acc0,$02
    out   PLLCSR,acc0
wait_pll_locked:
    in    acc0,PLLCSR
    sbrs  acc0,0
    rjmp  wait_pll_locked

    ; Timer0
    ; CK/1024
    ldi   acc0,$0d
    out   TCCR0,acc0
    ; clear TIMER0 OVF
    ldi   acc0,(1<<TOV0)
    out   TIFR,acc0
    ; cnt $100 - $c2 = $3e ~ 3.97 ms
    ldi   acc0,CNTVAL
    out   TCNT0,acc0

    ; Timer1
    ; PWM Mode
    ldi   acc0,$31
    out   TCCR1A,acc0
    ldi   acc0,$c2
    out   TCCR1B,acc0
    ldi   acc0,$08
    out   OCR1B,acc0
    ldi   acc0,$ff
    out   OCR1C,acc0
    ; enable TIMER0 OVF Interrupt and TIMER1 OC1B Interrupt
    ldi   acc0,(1<<TOIE0)|(1<<OCIE1B)
    out   TIMSK,acc0

    ; internal 2.56V reference
    ; A4 single ended
    ldi   acc0,$83
    out   ADMUX,acc0

    ; single conversion
    ; INT-freq = CK/(128*13) =~ 9615 Hz
    ldi   acc0,(1<<ADEN)|(1<<ADIF)|(1<<ADIE)|(1<<ADPS2)|(1<<ADPS1)|(1<<ADPS0)
    out   ADCSR,acc0

    sts   AVC,null
    sts   AVH,null
    sts   AVL,null

    sts   OUT_L,null
    sts   OUT_H,null
    sts   DA_NUM,null
    ser   acc0
    sts   DA_OUT,acc0
```

Abb. 2.61: Teil des Programmierkopfes für einen veränderbaren synthetischen Sinusgenerator

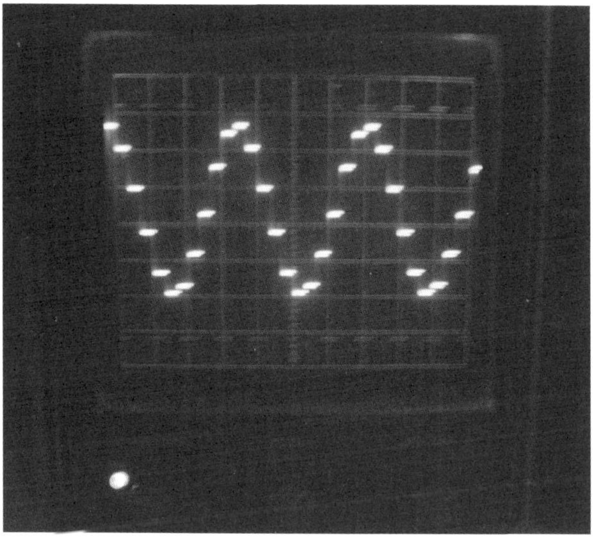

Abb. 2.62: Erzeugung eines synthetischen Sinussignals

geladen und dann in das „TCCR1A“-Register geschrieben. Mit dem „ldi“-Befehl wird der Akkumulator mit einer Konstanten geladen und dann in das „TCCR1B“-Register übernommen. Danach wird mit dem „ldi“-Befehl der Akkumulator mit einer Konstanten geladen und dann in das OCR1B-Register geschrieben. Zum Schluss wird mit dem „ldi“-Befehl der Akkumulator mit einer Konstanten geladen und dann in das „OCR1C“-Register geschrieben. Mit dem Hinweis „enable TIMER0 OVF Interrupt and TIMER 1 OC1B Interrupt“ erfolgt die Sperrung der beiden Interrupts. Mit dem „ldi“-Befehl wird der Akkumulator mit den Werten „1<<TOIE0“ oder „1<<OCIE1B“ geladen und dann in das „TIMSK“-Register geschrieben.

Es folgt die Freigabe des internen AD-Wandlers mit dem „ldi“-Befehl. Dazu wird der Akkumulator mit einer Konstanten geladen und dann in das „ADCSR“-Register geschrieben.

Anschließend werden mit dem STS-Befehl die einzelnen Werte direkt in den SRAM-Speicher geschrieben.

Sachverzeichnis